소리의 얼굴들

소리의 얼굴들

구자현 지음

경북대학교출판부

저자_구자현

서울대학교 물리학과 학사, 동 대학원 과사철 협동과정 석사 및 박사
현재 영산대학교 자유전공학부 교수
2010년 제1회 한국창의연구논문상 장려상(한국연구재단) 수상
2010년 연구개발사업 기초 연구 우수성과(교과부 장관상), 2012년 인문사회 기초학문육성 10년 대표성과(한국연구재단) 선정
마르퀴즈 후즈후(Marquis Who's Who), 국제인명센터(International Biographical Centre), 미국인명연구소(American Biographical Institute)에서 편찬하는 다수의 인명사전에 2009년부터 연속 등재

주요 저서·역서와 논문

『레일리의 음향학 연구의 성격과 성과』, 『레일리의 수력학 전기학 연구』, 『쉬운 과학사』, 『앨프레드 메이어와 19세기 미국 음향학의 발전』, 『공생적 조화: 19세기 영국의 음악 과학』(2012년 문화체육관광부 우수학술도서), 『음악과 과학의 만남: 역사적 조망』(2013년 문화체육관광부 우수학술도서), 『음악과 과학의 길: 본질적 긴장』
『자연에 대한 온전한 이해: 이론 물리학, 옴에서 아인슈타인까지』 1~4권(한국연구재단 명저번역지원 도서)
"British acoustics and its transformation from the 1860s to the 1910", *Annals of science*(2006), "Uses and forms of instruments: Resonator and tuning fork in Rayleigh's acoustical experiments", *Annals of science*(2009), "Alfred M. Mayer and acoustics in nineteenth-century America", *Annals of science*(2013)

소리의 얼굴들

찍은 날 2015년 4월 23일 | **펴낸 날** 2015년 4월 30일
지은이 구자현 | **펴낸이** 손동철 | **펴낸 곳** 경북대학교출판부
출판등록 1973년 10월 10일 ㉔97호 | **주소** 대구광역시 북구 대학로 80
전화 053-950-6741~3 | **팩스** 053-953-4692
이메일 press@knu.ac.kr | **홈페이지** http://knupress.com
ISBN 978-89-7180-421-6 93420

정가는 뒤표지에 있습니다.
파본은 바꾸어 드립니다.

서문

필자가 소리의 역사와 인연을 맺은 지 20여 년이 흘렀다. 헬름홀츠의 음향학을 석사 논문의 연구 주제로 삼은 것이 1993년이었고, 이후로 소리와 음향학은 늘 필자의 주된 관심사였다. 소리라는 물리적 현상은 물리학을 공부하던 학부 과정 때부터 관심을 가졌으므로 소리에 대한 필자의 관심은 훨씬 오래되었다고 할 수 있겠다. 그때만 하더라도 소리의 역사를 연구의 중심으로 삼을 줄은 미처 몰랐다. 소리를 주제로 삼아 연구를 해오면서 연구자로서 새로운 길을 개척하는 보람을 느낄 수 있었고 노력한 만큼 그에 상응하는 보답도 받았다.

소리는 누구에게나 친숙한 주제이기 때문에 이 책에서 논의하는 모든 주제가 독자의 삶과 그렇게 동떨어진 이야기는 아닐 것이다. 이 책을 통해 너무나도 당연하게 받아들였던 소리의 다양한 얼굴들에 대해서 다시 한 번 생각해 보는 기회를 독자에게 제공할 수 있다면 더할 나위 없이 기쁠 것이다.

이 책이 나올 수 있도록 연구를 지원해 주고 책을 출판해 준 경북대학교출판부에 깊이 감사드린다. 그리고 연구 자료를 얻는 과정에서 도움을 준 이들과 연구에 대해 조언해 준 이들에게 감사한다. 또한 인생의 반려자로서 늘 지원과 격려를 아끼지 않는 아내 최윤정에게 고마운 마음을 전하고 싶다.

2015년 3월

청산을 향해 여유롭게 나는 흰새의 소리를 그리며

구자현

차례

책을 시작하며

우리는 소리의 바다에 빠져서 살고 있다. 대부분의 사람들은 무언가를 듣지 않는 날이 단 하루도 없을 것이다. 소리는 우리의 세계에 대한 인식을 구성한다. 우리가 세계를 지각하는 데에는 빛이 소리보다 더 직접적인 역할을 한다고 혹자는 말할지도 모른다. 그렇지만 귀를 막고 돌아다녀 보면 우리 눈에 들어오는 세계는 소리가 나오지 않는 동영상처럼 밋밋하기 그지없다는 것을 느낄 것이다. 세계는 소리로부터 그 맥박을 부여 받는 것이다. 반대로 눈을 감고 있는 사람에게 몰래 다가가 보라. 잠들어 있는 아들의 방에 몰래 들어가 열린 창문을 닫고 나오려고 하면 내 발자국 소리가 얼마나 큰지 깜짝 놀라게 된다. 우리는 의외로 소리를 통해 세계에 대한 많은 정보를 입수한다. 소리를 들음으로써 우리는 주변의 물체의 움직임이나 닥쳐 오는 위험을 감지한다. 정보의 총량에서는 눈이 귀보다 더 주요한 감각 기관의 역할을 수행한다지만 소리가 차지하는 비중은 간과할 수 없게 크다. 눈의 경우에는 대상을 주목하기 위해 눈을 돌려야 하지만 귀는 고개를 돌리지 않더라도 모든 방향에서 일어나는 변화를 감지한다. 뛰어난 무술의 고수들은 눈이 아니라 귀를 이용해서 주변 적수들의 움직임을 정확하게 감지한다. 조용한 방에서 바늘 하나가 떨어졌을 때 방의 구석에 앉아 있는 사람의 귀에 도달하는 소리 에너지의 양은 무척 작지만, 귀는 용케도 그 소리를 감지한다. 이것은 사람의 청각이 매우 민감하여 사물의 움직임을 지각하는 데 크게 기여하고 있음을 보여 준다. 그러므로 사람이 소리를 듣고 소리가 발생한 지점의 방향과 그 지점까지의 거리를 가늠하는 능력은 사람의 생존을 위하여 매우 중요하다. 거리에서 자동차가 내는 엔진 소리는 우리가 길을 갈 때 안전한지 그렇지 않은지를 파악하는 중요한 힌트가 된다. 전기 자동차는 엔진 소리가 나지 않기 때문에 조용하게 달려서 오히려 보행자에게 위험하므로 일부러 소리를 내도록 만들기도 한다.

빛보다 소리가 더 중심적인 역할을 한다고 자부할 수 있는 측면도 있다. 우리는 의사소통을 위하여 소리를 매개물로 사용한다. 사람의 구강이 만들어 내는 소리의 다양함이 소리를 통해서 복잡한 사고를 전달하는 큰 일을 가능하게 해 준다. 이 방면에서 빛은 보조적인 역할만 한다. 우리 눈으로 들어오는 빛을 통하여 다른 사람의 의사를 전달받을 수 있는 방법은 그 사람의 표정이나 몸짓이 고작이다. 정교화된 몸짓과 표정은 수화라는 시각적인 언어를 만들어 냈지만 그 문법은 소리 언어만큼 정교하지 못하여 정확한 의사 전달에 한계가 있다. 물론 인간은 문자라는 시각적 언어를 발명함으로써 빛을 매개로 하여 의사소통을 할 뿐 아니라 시간적·공간적 간격을 둔 상대방에게 정교화된 언어 정보를 전달할 수 있게 되었다. 그렇지만 문자 때문에 소리로 하는 의사소통의 중요성이 줄어든 것은 아니다. 여전히 소리 언어는 생각을 전달하고 사람들의 생각을 모으는 놀라운 일을 수행할 수 있게 함으로써 문명의 초석이 되고 있다. 소리를 통한 정교한 의사소통을 위해 사람의 입은 분절화된 음성을 만들어 낸다. 자음과 모음으로 구성되는 소리는 다차원의 기호가 되어 의사소통을 위한 단어와 문장을 만들어 낸다. 사람의 입이 식별되는 기호로서의 소리를 어떻게 만들어 내는지에 대한 오래된 관심은 음성학이라는 전문 연구 분야를 탄생시켰다. 성대와 구강과 비강, 혀와 입천장과 치아에서 만들어지는 소리의 비밀이 소리에 대한 사람들의 과학적 관심을 촉발시켰다.

원시 시대부터 소리를 통한 의사소통이 인간 사회에서 중심적인 역할을 하게 되면서 소리에 대한 귀의 민감성은 더욱 커졌고 이렇게 해서 민감한 귀로 음악을 즐길 수 있는 길이 열렸다. 사람보다 청각이 더 민감하여 작은 소리나 높은 소리, 낮은 소리를 잘 들을 수 있는 동물들은 많이 있으나 사람처럼 풍부하게 소리의 아름다움을 감상할 수 있는 민감성을 가진 동물은 거의 없다. 음악은 영혼의 소리가 되어 사람을 즐겁게도 하고, 슬프게도 하고, 우울하게도 하고, 벅차게도 한다. 온갖 감정과 정서가 음악에 담기면서 악음(樂音)은 영혼에 작용할 뿐 아니라 영혼과 교감한다는 믿음이 널리 공유되었다. 실제로 음악을 활용하여 인성을 계발하고 감정을 통제하며 마음의 병을 치료할 수 있게 되었다. 한편으로 어떻게 악기에서 소리가 만들어지고, 어떤 소리들은 서로 잘 어우러져 유쾌한 감정을 일으키는 반면에 어떤 소리들은 불쾌한 감정을 일으키는지가 관심을 끌었다. 일찍부터 화음은 인간의 소리에 대한 지적 관심을 증폭시켰고 화음을 일으키는 악기의 상태 간의 수학적 관계를 발견함으로써 자연 세계를 수학적으로 이해하고자 하는 동기를 불러일으켰다.

들리지 않는다면 더 이상 소리가 아니라고 생각하겠지만 세상에는 들리지 않는 소리도 있다. 특히 진동수가 커서 가청 주파수를 넘어서는 소리가 있다는 사실이 처음에는 많은 이들에게 충격을 주었다. 들을 수 없다면 더 이상 소리가 아닐 텐데, 소리 연구자들에게는 그러한 소리도 동일한 원인, 즉 사물의 기계적 진동에서 기원하기 때문에 여전히 소리였다. 사람에게 들리지 않는 소리가 다른 동물에게는 들린다는 사실이 알려지면서 주체에 따라 소리에 대한 지각이 달라진다는 인식의 문제가 새롭게 대두되었다. 당장에는 그러한 높은 진동수의 소리가 가진 실용적 가치를 누구도 알아차리지 못했으나, 머지않아 인간의 가청 주파수의 개인적 차이와 연령별 분포, 그리고 동물들의 가청 주파수의 측정이라는 과학적인 문제에 관심이 쏠렸다. 더불어 초음파가 가진 다양한 특성들이 열정적인 연구자들에 의해 연구되었고, 초음파를 발생시키는 여러 가지 방법과 귀가 아닌 다른 수단으로 더욱 효과적으로 초음파를 검출할 수 있는 방법들이 고안되었다. 이로써 소리를 사람이 듣는 것이 아니라 기계가 듣고 사람이 그 존재나 세기를 평가할 수 있게 되었다. 뿐만 아니라 원하는 진동수의 초음파를 인공적으로 발생시키는 일도 가능해졌다. 이렇게 초음파에 대한 새로운 이해와 그것을 다루는 취급 기술의 진보는 초음파를 실용적인 용도로 이용할 수 있는 길을 열어 주었다. 초음파는 파장이 짧고 직진성이 있기 때문에 실험실에서 다루기 쉬워 우선적으로 소리에 대한 과학적 탐구를 위한 수단으로 사용되기 시작하였다. 그렇지만 그것은 초음파의 실용적 가치를 제대로 알지 못했던 초기의 일이었다. 엑스선처럼 초음파도 그것을 다루는 기술이 진보하면서 예상하지 못했던 엄청난 실용적 가치로 세상을 변화시켰다.

소리의 또 다른 얼굴은 숨겨진 세계의 비밀을 전해 주는 데 있다. 소리는 눈으로 볼 수 없는 것을 지각할 수 있게 해 준다. 소리에는 빛이 가지고 있는 한계를 뛰어넘는 미덕이 있기 때문이다. 빛은 빈 공간을 통과해서 우주의 메아리를 전해 주지만, 소리는 채워져 있는 물질을 통과해서 진동을 전해 준다. 사람의 몸에서 들려오는 다양한 소리는 건강상의 이상을 파악하는 데 힌트를 준다. 사람의 몸속을 헤쳐 보지 않고 몸에서 나오는 소리를 듣고서 몸속의 상태를 파악하려는 소극적인 시도는 오래전부터 존재했지만, 기구를 사용하여 적극적으로 몸속을 들여다보는 일은 19세기에 이르러 가능해졌다. 의사가 사람 몸의 소리를 듣는 데 큰 장애가 된 것은 기술상의 문제가 아니라 근접성에 대한 사회적 장벽이었다. 사람마다 가지고 있는 사적 영역에 대한 근접성의 한계는 의사가 환자의 몸에 귀를 대고 듣는 일을 어렵게 만들었다. 특히 환자가 여성이고 의사가 남성일 때에는 더욱 그러했다. 조선 시대에는 의원이 양반집 규수의 손목을 잡고 맥을 짚는 것이 어렵지 않았던가. 그러므로 청진기는 몸의 소리를 증폭시키고 다양한 소리를 분별할 수 있게 해 줄 뿐 아니라 접근 범위 밖에서 몸속의 소리를 들을 수 있게 해 주었기에 큰 성공을 거둘 수 있었다. 오히려 환자의 몸에서 거리를 둠으로써 몸속의 소리를 더 잘 들을 수 있었다.

눈에 보이지 않는 것을 소리를 통해 '보는' 일은 여러 인접 연구 분야에서 얻어 낸 지식과 맞물려서 더욱 큰 실용적 가치를 부여받았다. 몸속뿐 아니라 외부 세계에서도 소리를 통해서 특이한 대상을 발견하는 일이 중요하다는 것이 알려졌다. 특히 전쟁 상황에서 적의 배나 비행기의 움직임을 소리를 통해서 감지하려는 다양한 노력이 있었다. 빛에 대하여 불투명한 물체가 소리에 대해서는 투명할 수 있다는 사실이 적대적 대상에 대한 시각적 탐지가 불가능한 상황에서도 청각적 탐지를 가능하게 해준다는 인식을 일깨웠다. 소리의 전술적 가치에 대한 정부 주도의 연구가 성황리에 이루어져 음향학이 발전하는 계기가 마련되었다. 이와 대조적으로 더 적극적으로 소리를 물체의 내부에 쏘아서 물체와 상호작용을 거친 소리를 탐지함으로써 내부의 상태를 알아낼 수 있게 되면서 초음파 진단과 비파괴 검사의 길이 열렸다. 이것은 초음파의 짧은 파장과 소리의 파동성에서 나오는 회절과 간섭의 효과를 이용한다는 점에서 음향학의 이론적·실험적 연구의 총체라고 볼 수 있다.

한편 소리를 통 속에 넣어 보관한다는 꿈 같은 생각이 19세기 후반에 실현되면서 소리 기술에 혁명이 일어났고 소리에 대한 새로운 인식이 열렸을 뿐 아니라, 사람의 존재는 불멸성을 얻게 되었다. 그 이전까지 소리는 비록 인간이 만들어 낸 것이기는 하지만 모두 자연적인 소리였고 복제된 소리는 아니었다. 소리는 발생과 동시에 모두 사라졌고 오로지 기억 속에만 살아남았다. 그렇기에 소리를 저장해 두었다가 필요할 때 듣고 싶다는 인간의 꿈은 늘 상상력을 자극했다. 또 한편으로는 말하는 기계를 만들려는 노력이 다양한 방면으로 쏟아 부어졌다. 처음에 만들어진 말하는 기계는 사무실에서 업무용 발언을 저장하는 용도로 쓰일 것이라 기대되었지만 정작 그것의 용도는 생각지 못한 곳에서 발견되어 새로운 수요를 창출하였다. 그것은 음악을 저장하였다가 재생하는 것이었다. 이로써 음악을 통 속에 넣어서 판매하는 새로운 시장이 열렸다. 이 사업의 성패는 복제된 소리가 얼마나 원음을 닮았느냐가 관건이었다. 음질의 향상을 위한 노력이 가속화되었고 그에 따라 제조사의 수입 또한 늘어났다. 소리의 재생 기술은 이러한 산업적 효과만 있는 것이 아니었다. 소리를 저장함으로써 소리가 영원히 남을 수 있는 길이 열렸다. 이제 소리는 불멸성을 얻고 어떤 사람이 죽은 후에도 그 사람의 목소리를 들을 수 있게 되었다. 사진이 사람의 형상을 그대로 후대에 전해 주는 것인 반면, 소리의 저장과 재생 기술은 사람의 목소리에 담긴 정신을 후손들에게 전해 주는 것이다. 소리가 시간을 넘어서 여행을 할 수 있게 됨으로써 인간 존재의 불멸성은 크게 강화되었다.

비슷한 시기에 소리가 먼 거리를 이동하는 것이 가능해졌다. 소리를 멀리 보내려는 노력도 오랜 역사를 가지고 있었지만, 오랜 시간이 지나도록 소리는 그 자연적인 도달 범위 내에 머물렀다. 그러다가 몇몇 사람들이 전기를 사용하면 그러한 한계를 넘어 소리를 멀리까지 전달할 수 있을 것이라 생각하였고 그러한 생각을 실현시키기 위해 집중적으로 노력하였다. 그 결과 완전하지는 않지만 사람의 목소리를 어느 정도 멀리 전달할 수 있었다. 이러한 노력이 성공을 거두는 데에는 소리가 진동이고 다양한 진동수를 갖는 진동의 합이라는 이해도 한몫했다. 전화기가 전선을 통해 소리를 멀리 보내는 기술이었던 반면에 라디오는 무선으로 소리를 멀리 보내는 기술이었다. 이 두 기술은 경쟁 관계에 있었지만, 한쪽의 기술이 다른 한쪽의 기술을 발전시키기도 하였다. 서로 볼 수 없을 정도로 멀리 떨어져 있는 두 사람이 서로 대화를 할 수 있다는 것은 의사소통에 있어서 혁명이었다. 이러한 기술들은 소리가 다른 매체를 거친 후에 다시 소리로 변환되는 과정을 거친다는 점에서 축음기와 유사한 점이 있었다. 이 모든 기술에서 역시 재생 음질을 확보하는 것이 기술의 성패에 중요한 영향을 미쳤다. 이로써 인공적으로 재생되는 소리는 새로운 성격의 소리로서 자연적인 소리와 뒤섞이면서 소리와 관련한 복잡한 인식을 새롭게 촉발하였다.

소리와 관련하여 살펴볼 수 있는 또 하나의 흥미로운 측면은 소리와 빛의 유비적 관계이다. 인간의 주된 두 감각인 시각과 청각에 관련된 현상으로서 소리와 빛은 늘 비교의 대상이었다. 연구자들은 연구 과정에서 부닥친 문제를 풀어 나가기 위해서 소리와 빛 사이의 유사점과 차이점에 더욱 깊이 천착하였다. 특히 19세기에 들어와 빛의 파동성이 알려지면서 일찍부터 파동으로 인식되어 왔던 소리와 더 긴밀한 연관 하에서 빛을 탐구하려는 시도가 생겨났다. 진동을 이론적으로 이해하려는 연구자들에게 소리의 진동은 빛을 포함하여 자연에 널리 존재하는 진동을 이해하는 대표적인 수단이었다. 그들은 악기에서 소리가 발생하고 그것이 매질을 통하여 퍼져나가는 과정을 수학적으로 이해하고자 미분 방정식을 수립하고 그것의 해를 구하려고 하였다. 이러한 소리에 대한 수학적 연구는 소리를 빛과 마찬가지로 물리학의 영역에 확고하게 자리잡게 하였다. 한편 소리를 효과적으로 발생시키고 검출하기 위해 이를 가시적인 기호로 바꾸는 것이 편리하다는 생각이 실험 연구자들에게 널리 확산되었다. 그리하여 다양한 가시화의 방법과 시각화된 기록 방법들이 소리의 검출장치들에 활용되었다. 특히 소리의 가시화는 정밀성을 추구하는 연구자들에게는 정확성을 확보하는 길이었다. 또한 한편으로는 청각 장애인들에게 소리를 볼 수 있게 해 주려는 노력도 광범위하게 이루어졌고, 그것은 뜻하지 않은 실용적 기술을 낳기도 했다.

연구자의 입장에서 보면, 소리의 속도는 가장 먼저 광범위하게 이루어진 음향학의 연구 주제였다. 17세기부터 음속을 추정하고 측정하는 일은 일류급 과학자들에게 우선적으로 탐구해야 할 과제로 인식되었다. 가히 최초의 물리 상수로 음속이 등장하였고, 소리의 속도를 정확하게 결정하려는 다양한 노력이 다양한 연구 팀에 의해 경쟁적으로 이루어졌다. 일찍이 뉴턴은 이론적으로 음속을 유도하였고, 그 값과 관측치의 차이는 많은 논쟁을 불러일으켰다. 다양한 조건에서 소리의 빠르기를 측정하려는 노력들이 이어졌고, 음속 측정은 많은 일류 연구자들의 거대 연구 프로젝트가 되었다. 소리를 측정하기 위해서는 일정한 먼 거리의 측정이 선행되어야 했고, 시간을 재기 위한 정확한 시계도 필요했다. 이런 점에서 첨단 측정 기술이 음속 측정에 동원되었다. 음속 측정을 위해서는 실험용 음원이 필요했는데, 군대의 대포가 그 음원을 제공해 주었다. 대포 소리라는 일상적이지 않은 소리가 우리의 일상 속에서 흔히 듣는 소리의 속도를 재는 도구가 되었던 것이다. 음속은 과학자가 자신의 과학적 역량을 과시할 수 있는 하나의 수단이었다. 소리는 더 이상 일상적인 경험의 대상이 아니라 이상화된 실험 대상이었다. 음속을 측정하려는 다양한 시도가 이루어지는 동안, 음속에 영향을 미칠 수 있는 다양한 변수들을 고려하는 형태로 실험이 정교화되었다. 음원이나 소리의 세기, 진동수에 따라 음속이 달라질 수 있는지가 테스트되었고, 이런 요소들이 모두 음속과 무관하다는 것도 긴 논쟁을 거쳐 확정되었다. 음속은 음향학 연구 분야 전체를 통틀어 과학적 연구 주제로서 가장 관심을 끈 주제였기에 음향학 분야에 대한 과학계의 관심을 환기시키는 중요한 역할을 하기도 했다. 소리의 측정에 사람의 반응 속도가 개입되는 문제를 해결하고 온전히 기계적인 작동에 의해 소리의 속도를 잴 수 있는 방법, 그리고 소리의 파장과 진동수를 재어서 그것으로부터 음속을 계산하는 간접적인 방법도 고안되어 과학과 기술이 함께 발전하는 분야로서 음속 측정학이 수립되었다.

이 책은 소리에 대한 사람들의 다양한 관심을 역사적으로 추적하여 소리의 다양한 얼굴을 탐색한다. 소리의 연구인 음향학은 19세기에 과학 전문 분야로 정립되었다. 그에 따라 소리에 대한 다각적 연구들이 이루어졌다. 이러한 과정에서 소리에 대한 이해가 심화되고 연구자들의 연구 관심이 다변화되었다. 연구 과정에서 실험 기구를 사용하여 소리를 발생시키고 검출하는 일이 가능해지면서 소리는 자연적 존재를 뛰어넘어 실험실에서 구성되는 것으로서의 독특한 존재론적 지위를 획득하였다. 특히 소리 기술의 발전으로 소리의 기록·재생과 원거리 전송이 가능해진 것은 소리의 본성 자체를 혁명적으로 변화시키는 계기가 되었다. 이러한 소리의 다면적 속성은 19세기에서 20세기에 이르는 음향학의 탐구 과정에서 더욱 두드러졌다. 소리는 우리가 사용하는 주된 감각인 청각의 대상으로서 세계를 인식해 나가는 주요 수단 중 하나이고, 음악이라는 청각적 예술의 수단으로 사람들에게 즐거움을 주기도 하고, 온갖 병을 치료하는 놀라운 용도로 쓰이기도 한다. 그렇지만 때때로 어떤 소리는 소음으로 여겨져 제거해야 할 대상이 되기도 한다. 이 책에서는 이러한 소리의 다양한 측면과 속성을 다각적으로 살펴봄으로써 소리가 인간 존재와 맺는 다양한 측면들을 살펴볼 것이다.

이 책은 음향학 연구와 관련하여 소리가 갖는 다양한 '얼굴들'을 여섯 개 장으로 나누어 살펴보고자 한다. 머리말에 해당하는 〈책을 시작하며〉에 이어 제1장에서는 소리의 지각에 관련된 연구들을 통하여 청각이 이루어지는 과정과 관련한 인간의 인식상의 변화를 추적해 본다. 제2장에서는 악음을 통해 인간의 감정에 일어나는 변화를 비롯하여 악음의 실체와 힘에 대해 이해하고자 했던 다양한 노력들을 살펴본다. 제3장에서는 들리지 않는 소리인 초음파를 발견함으로써 소리에 대한 인간의 인지가 어떻게 변화되었는지 살펴보고, 초음파의 예상치 못한 실용적 가치로 인해 인간의 소리 제어 능력이 어떻게 확대되었는지 논의한다. 제4장에서는 보이지 않는 세계를 탐지하는 목적으로 소리를 이용하게 된 역사를 다룬다. 라에네크의 청진기부터, 소리를 통한 잠수함과 비행기의 탐지, 그리고 비파괴 검사에 이르기까지 눈보다 더 잘 보게 해 주는 소리의 능력에 대하여 살펴본다. 제5장에서는 축음기, 전화기, 라디오의 소리 기술이 일으킨 인간의 인식상의 변화에 대하여 탐구한다. 제6장에서는 빛과 소리의 유비 관계로부터 소리를 모든 진동의 구체적인 실체로 인식하고, 빛의 이해로부터 소리의 파동성에 대한 이해로 심화되어 가는 탐구 과정을 추적한다. 이어서 가장 오래된 물리 상수이자 17세기부터 거대과학 프로젝트의 대상이 된 음속을 측정하기 위해 과학자들이 기울인 다양한 노력들을 분석하여 어떻게 음속 측정이 음향학을 선도하는 분야가 되었는지를 살핀다. 그런 다음 〈책을 마치며〉에서는 앞의 논의들을 종합하고 소리 탐구의 미래를 전망하며 이 책을 마무리한다.

제1장

소리의 지각

소리의 지각

헬름홀츠의 청각 이론

사람은 소리를 듣고 그것이 무슨 소리인지 어떻게 식별하는 것일까? 이러한 의문에 답하기 위해서는 사람의 청각 과정에 대한 이해가 필요하다. 그렇지만 이러한 의문에 답하기란 쉽지 않다. 해부학적 지식을 토대로 하여 인체의 각 기관들의 생리적 기능에 대한 이해뿐만 아니라 지각이 이루어지는 과정에 대한 심리적인 이해도 병행되어야 하기 때문이다. 이러한 어려운 문제에 대하여 19세기 중반에 독일의 생리학자이자 물리학자였던 헬름홀츠(Hermann von Helmholtz, 1821~1894)는 자기 나름의 명쾌한 해답을 제시하였다. 그는 특별히 사람이 음높이의 차이를 판별하고 다양한 음색을 식별하는 과정을 이해하고자 하였다. 헬름홀츠는 과학자로서의 화려한 경력 가운데 독특한 연구 성과를 내었다. 그의 이해가 비록 현대적 관점에서 보면 미흡한 점이 있었지만, 기계적 과정을 인간의 감각 과정에 끌어들여 이해하려 하였고 음의 지각 과정에 부위설(place theory)을 제창하였다는 점에서 그는 시대를 앞서 갔다고 평가할 수 있다. 이 절에서는 헬름홀츠의 청각의 공명 이론의 도출, 그리고 이에 개입한 다양한 지식들의 형태에 주의를 기울여 보자.

사람의 청각은 일찍부터 연구자들의 관심을 끌었다.[1] 연구자들은 먼저 귀의 구조를 이해하고자 했다. 이 분야에서 선구적인 연구는 이미 고대 그리스 시대에 이루어졌다. 그리스의 자연철학자였던 엠페도클레스(Empedocles, 기원전 490?~기원전 430?)는 최초로 내이의 미로(labyrinth)를 발견했고, 로마의 저명한 의사이자 의학 저술가였던 갈레노스(Claudios Galenos, 129~200?/216?)는 그것이 청각을 담당하고 있다고 보았다. 그러나 귀의 해부 구조가 구체적으로 밝혀지기 시작한 것은 16세기에 이르러서였다. 이탈리아의 해부학자였던 유스타키(Bartolomeo Eustachi, 1514~1574)는 1562년에 그의 논저인 『청각 기관에 관하여』(*De auditou organis*)에서 청소골, 고막, 유스타키오관 등 귀의 해부 구조에 대하여 상세하게 다루었다.[2]

18세기에 이르러 1763년에 스위스의 해부학자이자 생리학자인 할러(Albrecht von Haller, 1708~1777)는 『생리학의 기초』(*Elementa physiologiae)*에서 귀의 해부 구조를 자세히 정리하여 이후의 생리학자

1 청음 이론에 관한 자세한 역사는 E. G. Boring, *Sensation and Perception in the History of Experimental Psychology* (New York: Appleton-Century-Crofts, 1942) Chapter 11을 참조하라.

2 유스타키오관은 유스타키가 발견한 것이 아니라, 이미 기원전 6세기경에 고대 그리스에 알려져 있었다.

나 심리학자들이 청각을 이해하는 데 충분한 기본적인 토대를 닦았다. 그렇지만 그는 반고리관을 청각기로 보았고, 달팽이관의 기능에 대해서는 모르겠다고 말했다.

19세기에 들어와서 내이의 구조와 기능에 대한 체계적인 연구가 시작되었다. 1824년에 프랑스의 공학자 사바르(Felix Savart, 1791~1841)는 소리가 고막에 닿을 때에 고막이 진동한다는 것을 실험으로 보일 수 있었다. 같은 해에 프랑스의 생리학자 플루렌스(Jean Pierre Flourens, 1794~1867)는 반고리관이 몸이 기울어졌을 때에 그것을 인지하고 몸을 바로 세우게 하는 반사적 정위(reflex orientation)의 기능을 하는 것을 발견해 그 사실을 1830년에 발표했다. 이로써 반고리관이 청각기가 아니라는 것이 알려지게 되었고, 달팽이관이 청각기일 것이라는 인식이 자라나게 되었다. 1830년에 두 개의 렌즈를 사용하는 복합 현미경(compound microscope)이 개선되면서 귀의 미시적 해부 구조를 이해하는 데에 사용되기 시작했다.

한편 1809년에 스코틀랜드의 외과의사이자 해부학자였던 벨(Charles Bell, 1774~1842)은 달팽이관에 달려 있는 정원창(round window)이 달팽이관 속에 들어 있는 액체가 흔들릴 때 완충 작용을 한다는 올바른 이해에 도달하였다. 그렇지만 1838년에 독일의 생리학자인 뮐러(Johannes Müller, 1801~1858)는 벨의 견해를 받아들이지 않고, 난원창(oval window)과 정원창을 모두 소리 전달을 매개하는 통로로 보는 잘못을 범했다. 그는 고막을 통과한 소리의 진동이 청소골을 통해 난원창으로 전달되어 달팽이관 내부로 전달될 뿐 아니라 고막을 통과한 소리의 진동이 중이(中耳)의 공기를 통해서 정원창으로 들어가 달팽이관으로 전달된다고 보았다.

프랑스 수학자인 푸리에(J. B. J. Fourier, 1768~1830)가 1822년에 출판한 『열의 해석 이론』(*Théorie analytique de la chaleur*)은 음향학의 발전에 지대한 영향을 미쳤다. 푸리에는 이 책에서 소위 '푸리에의 정리'를 제시하였다. 즉, 유한하고 연속적인 어떠한 형태의 주기 운동도 항상 적당한 진폭과 위상을 갖는 일련의 단조화 운동들의 조합으로 표현될 수 있다는 것이다. 여기에서 단조화 운동이란 물결 모양의 파동, 즉 사인파의 형태로 표현되는 운동을 말한다. 이 정리는 복잡한 주기 운동이 소리를 구성한다면 소리를 단순한 단조화 성분들로 분해할 수 있다는 것을 말해 주었다. 이로써 복잡한 형태를 갖는 음파라 할지라도 간단한 사인파의 합으로 분해하여 분석할 수 있다는 사실이 널리 알려졌다.[3] 한편 독일의 물리학자인 옴(Georg Simon Ohm, 1789~1854)은 푸리에의 정리를 청음(聽音) 이론에 도입하였다. 1843년에 옴은 자신의 수학적 논의를 바탕으로 청음의 원리에 관한 중요한 이론을 발표했다. 옴은 귀가 단진동[4]만을 단음(單音)으로 인식하며[5] 다양한 음의 특성은 기음(基音)[6] 진

3 같은 책, pp. 44-45.
4 단진동은 용수철에 매달린 물체가 진동하는 것처럼 물체가 주기적으로 단순하게 일정한 진폭으로 왕복 운동하는 것을 말한다.
5 여기에서 단음(simple tone)은 순음(純音, pure tone)이라고도 부르는 것으로 복합음과는 상반되는 의미를 갖는다. 복합음이 여러 개의 단음이 합쳐져서 형성된 음인 반면, 단음은 단조화 진동을 하는 매질이 전달하는 음이다.
6 일반적인 악음을 구성하는 여러 개의 단음 중에서 진동수가 가장 낮은 음을 가리킨다. 보통 악음의 진동수는 이 기음 진동수를 가리킨다.

동수의 배수의 진동수를 갖는 단음 여러 개의 특수한 조합에 기인하는 것으로 보았고, 무엇보다도 복합음인 악음은 단음의 합으로 분해될 수 있으며, 그 각각이 분리되어 귀에서 감지된다고 하였다. 그렇지만 옴의 주장에 대하여 독일의 음향학자 제벡(August Seebeck, 1805~1849)은 반대 의견을 표명했다. 제벡은 옴의 주장대로 음이 단진동의 합으로 이루어져 있다는 것에는 동의했지만, 그것은 항상 종합적으로 인지될 뿐이라고 주장하였다.[7] 이러한 제벡의 강력한 논박 때문에 옴의 청음 이론은 한동안 학계에서 잊혀졌다.[8]

헬름홀츠는 1855년에 제벡이 옴의 법칙을 논박한 것을 비판하면서 음향학에 대한 논의를 시작하였다. 헬름홀츠는 악음의 특성이 부분음들의 배치, 수, 세기에 의존한다는 것을 입증했다. 더불어 그는 부분음을 90도까지 위상 변경시킬 수 있는 장치를 개발하였고, 이를 사용해서 부분음의 위상 변화는 악음의 특성에 아무런 영향을 미치지 않는다는 것을 보였다.

1857년에 헬름홀츠는 모음(母音)의 연구에 착수했다. 그가 관심을 가진 문제는 모음의 독특성이 어디에서 비롯되느냐였다. 그는 크기가 다른 여러 개의 소리굽쇠를 전기로 진동시켜 일정한 진동수의 음을 내도록 꾸

7 R. T. Beyer, *Sounds of Our Time: Two Hundred Years of Acoustics* (New York: Springer-Verlag, 1999), p. 268.

8 이에 관해서는 R. S. Turner, "The Ohm-Seebeck Dispute, Hermann von Helmholtz and the Origins of Physiological Acoustics", *The British Journal for the History of Science* 34 (1977), pp. 1-24에 상세하게 나와 있다.

며진 인공 모음 합성기를 고안하였다.[9] 소리굽쇠는 1711년에 영국의 트럼펫 연주자인 쇼어(John Shore, 1662~1752)가 악기를 조율하기 위한 목적으로 고안하였다. 그런데 이 도구가 매우 안정된 순음을 발생시킨다는 것이 알려지자 음향학자들이 실험에 적극적으로 활용하였다. 헬름홀츠의 인공 모음 합성기는 크고 작은 소리굽쇠 여러 개를 전기로 진동시키고 그로써 모음을 흉내 내도록 한 것이다. 이 장치를 이용해서 헬름홀츠는 영국의 과학자인 휘트스톤(Charles Wheatstone, 1802~1875)이 1837년에 제안한 모음에 대한 고정 음고(音高, pitch) 이론, 즉 모음은 구강이 만들어 내는 특정한 공명 구역에 의해 독특한 특성을 부여받으며 모음이 발성되는 기음에는 의존하지 않는다는 결과를 얻었다.

한편 조합음과 맥놀이 현상의 연구에서도 헬름홀츠는 독특한 기여를 했다. 헬름홀츠는 스웨덴의 과학자인 헬시트룀(Gustav Hällström, 1775~1844)이 진동수가 f_1과 f_2인 두 단음이 함께 울릴 때, 진동수 f_1-f_2인 차음(差音)이 다른 기본음과 상호 작용하여 $2f_1$-f_2, $2f_2$-f_1을 만들어 낼 것이라고 예견한 것을 1856년에 실험적으로 확증했을 뿐 아니라, 이론적으로도 그것을 유도해 내었다.[10] 헬름홀츠는 기음이 음고를 결정한다고 보고, 모든 배음이 배제된 음을 가지고 실험을 수행하였다. 이러한 실험에 적절한 음원은 사이렌이었다. 헬름홀츠는 이 과정에서 완전히 새로운 조합음으로 진동수 f_1+f_2인 합음(合音)의 존재를 발견하였다. 그는 오

9 Edwin G. Boring, *Sensation and Perception in the History of Experimental Psychology* (New York: Appleton-Century-Crofts, 1942), pp. 330-331, 372.

10 Helmholtz, *On the Sensations of Tone*, p. 154.

르간 파이프에서 합음을 들을 수 있었지만, 자신이 개선한 이중 사이렌인 도베(Dove) 사이렌을 사용해서 이를 가장 효과적으로 감지할 수 있었고, 더 나아가 진동수가 $2f_1+f_2$, $2f_2+f_1$인 합음도 발생함을 실험적으로 알아냈다.

헬름홀츠는 이러한 합음의 존재를 바탕으로 타르티니 음[11]에 대한 맥놀이 이론이 틀렸음을 주장하였다. 이 과정에서 헬름홀츠는 수학적 논의를 중요한 근거로 사용하였다. 헬름홀츠는 두 개의 진동수 p와 q를 갖는 강제 진동이 일으키는 공기 진동을 미분 방정식을 세워서 풀면 그 해들이 얻어지는데, 발생하는 진동의 진동수는 p, q뿐 아니라 $2q$, $2p$, $p-q$, $p+q$, $3p$, $3q$, $2p+q$, $2p-q$, $p+2q$, $p-2q$ 등도 될 수 있음을 보였다.[12] 이와 같이 헬름홀츠는 타르티니 음을 포함해서 고차의 차음과 가음의 존재를 이론적으로 이끌어 내는 과정에서 이들 조합음들은 맥놀이 때문이 아니라 진동계가 가지고 있는 비조화 꼬임(inharmonic torsion)에서 발생한다고 주장하였다.[13]

이렇게 헬름홀츠는 음의 다양한 현상에 대한 역학적 연구를 착실히 수행하여 이 분야에서 타의 추종을 불허하는 광범위한 지식과 통찰력을 갖추어 가고 있었다. 1856년에 발표된 조합음에 대한 연구에서 그는 옴의 법칙을 받아들여 음이 단조화 진동의 합으로 분해되어 감지됨을 자신

11 두 개의 단음이 함께 울릴 때 두 음의 진동수 차에 해당하는 진동수의 음도 함께 들린다. 이 음을 타르티니 음 또는 차음이라고 부른다.

12 같은 책, pp. 412-413.

13 Hermann von Helmholtz, "Über Kombinationstöne", *Annalen der Physik* 99 (1856), p. 497.

의 음향학 이론의 기초로 삼았다. 그는 어떤 종류의 악음도 기본적으로 단조화 진동의 합으로 분해될 수 있다고 했다. 그는 악음을 단음과 복합음으로 구분했다. 단음이란 그 음파가 단조화 진동인 악음이고 복합음은 진동수와 진폭이 다양한 단음들이 섞여 있는 악음이다. 이러한 복합음의 경우에 그 음고는 진동수가 가장 낮은 기음의 음고가 된다. 다시 말하면 현악기나 관악기가 어떤 음고의 음을 낼 때 보통의 경우에 그 음고의 단음이 들리는 것이 아니라 그 음 진동수의 2배, 3배, 4배 등의 진동수를 갖는 배음이 함께 들린다는 것이다. 이때 배음들은 각각 기음과 한 옥타브, 12도, 두 옥타브 등의 음정을 갖게 된다. 그러나 이러한 배음들은 기음과 조화로운 관계에 있기 때문에 기음과 잘 어우러져 들리게 된다. 그런데 옴의 법칙이 말하는 바는, 이러한 복합음에 관하여 귀는 복합음을 구성하는 모든 단음들인 부분음들 각각을 감지해 낸다는 것이었다. 이와 같은 이론은 1822년에 어떤 종류의 파형도 사인파의 합으로 분해해 낼 수 있다는 것을 말해 준 푸리에 분석으로부터 강한 지지기반을 확보하고 있었다.

그 후 1850년대 말에 헬름홀츠는 청음 메커니즘에 대한 연구로 들어갔다. 헬름홀츠는 이렇게 단순한 진동의 합으로 복잡한 진동을 기술해 낼 수 있는 분석적 방법에 큰 매력을 느껴서 부분음을 사용하는 분석적 방법에 의지하여 음의 다양한 현상을 기술하려고 시도했음에 틀림없다. 이러한 의도를 가지고 음의 문제를 풀어 가려는 헬름홀츠의 시도는 조합음, 음색, 모음 등 의외로 많은 음의 현상들을 수학적으로 단순한 조화 진동의 결합으로 깨끗하게 기술해 내었다. 이리하여 부분음은 그의 음향학에서 중심적인 역할을 하는 것으로 자리를 굳히게 되었다.

이런 점에서 헬름홀츠가 1863년에 그동안의 음향학에 관련된 연구 성과들을 종합하여 『음악 이론을 위한 생리학적 기초로서 음의 감각』(*Die Lehre von den Tonempfindungen als physiologische Grundlage für die Theorie der Musik*)을 출판했을 때 공명 이론을 전개해 나가는 핵심적인 개념적 기초로 부분음의 존재와 속성을 내세운 것은 당연했다. 부분음의 특성에 정통한 헬름홀츠는 그것을 활용하여 옴의 법칙을 실험적으로 증명하려고 시도했다.

헬름홀츠는 먼저 현을 진동시켜 음을 발생시키는 신중한 실험을 통하여 알아낸 특수한 현상들을 기술하였다. c음을 내는 피아노 현을 진동시키면 c음을 기음으로 하는 제1, 제2, 제3, 제4, 제5, 제6… 부분음에 해당하는 c, c′, g′, c″, e″, g″ … 등이 함께 들린다.[14] 이때 각각의 부분음들은 배의 수가 순서대로 1, 2, 3, 4, 5, 6… 개인 현의 부분 진동으로부터 나오는 음들이다. 그러므로 그 진동수들은 기음인 c음의 진동수의 1, 2, 3, 4, 5, 6… 배에 해당한다. 이때 현의 중앙을 손으로 누르면 그 위치에 배를 갖는 홀수차의 부분음들은 발생할 수 없게 되고 그 위치에 마디를 갖는 짝수차의 부분음들만 울려 나온다. 또 현의 한 끝에서 1/4의 위치를 누르면 제4, 제8, 제16… 부분음 등의 4의 배수차의 부분음들만 들리게 되고 나머지는 사라져 버린다. 이렇게 부분음의 일부가 사라지면 현의 음색이 달라지게 된다. 역으로 현의 중간을 뚱기면 그곳에 마디를 갖는 부

14 부분음은 기음을 포함하므로 제1 부분음은 기음을 의미하고 제2 부분음은 제2 배음이 된다.

분음들인 제2, 제4, 제6 부분음 등 짝수차의 부분음들은 울릴 수 없게 되고 홀수차 부분음들만 울리게 된다. 이때 들리는 소리는 코맹맹이 소리로 바뀐다. 또 현의 1/4의 위치를 뚱기면 그 위치에 마디를 갖는 제4, 제8, 제16 부분음 등 4의 배수차 부분음들은 사라지고 다른 부분음들만이 울려 소리가 달라지게 된다.

이러한 실험적 사실들을 토대로 하여 헬름홀츠는 옴의 법칙을 이끌어 내었다.

> c현의 1/3의 위치를 뚱기면 g′ [c음의 제3 부분음]이 들리지 않는데 조금만 옆을 뚱기면 g′의 음이 들린다. 이와 같이 귀는 이 개념에 대한 옴의 정의와 똑같이 공명에 의해 발견된 것과 같은 성분들인 단음들로 현의 소리를 분석한다.[15]

헬름홀츠가 옴의 법칙을 증명할 때 동원한 방법은 순수하게 역학적인 실험에 토대를 둔 것이었다. 음의 진동이 푸리에의 법칙에 따라 수학적으로 단진동의 합으로 분해된다는 사실이 귀도 생리적으로 동일한 분석을 할 것이라는 옴의 주장에 상당한 논거가 되고 있었으며, 특정 부분음의 제거나 특정 부분음의 발생을 통하여 귀가 이러한 소리들을 구분하여 들을 수 있다는 실험적 결과로부터 귀는 음의 조화 성분들 각각을 감지할 수 있다는 결론을 이끌어 낸 것이다. 이로부터 헬름홀츠는 부분음에

15 Helmholtz, *On the Sensations of Tone*, pp. 52-53.

대한 감각을 가능하게 하는 메커니즘이 무엇이며, 그러한 메커니즘은 어디에서 일어나는지를 구체적으로 구명하는 시도를 하게 되었다.

감각에 대해 연구하려면 신경에 대한 지식이 필수적이다. 헬름홀츠는 이미 근육과 신경의 연구를 통하여 이 분야에 전문적인 지식을 가지고 있었다. 더구나 그의 스승이었던 뮐러는 신경 이론에 있어서 탁월한 업적을 남긴 인물이었다. 비록 정원창에 대한 그릇된 이해로 혼동을 가중시켰지만 뮐러는 보편적인 신경의 작동 원리로서 특수 신경 에너지(specific nerve energies) 원리를 창안했고 이것을 헬름홀츠에게 전수함으로써 헬름홀츠의 감각 생리학 연구에 중요한 기초를 제공했다. 특수 신경 에너지 원리란 하나의 주어진 신경을 통해 감각 중추에 전해지는 충격의 특성은 독특하며 외부 자극의 특성과는 무관하다는 것이다.[16] 즉 특성의 차이는 흥분되는 신경이 다른 데에 의존한다는 것이다. 뮐러는 이 특성을 오감의 분화에만 적용했었다. 그러나 폴란드의 과학자인 나탄존(Ludwig N. Natanson, 1822~1871)은 1844년에 이 원리를 단일한 감각 내의 다른 특성들로 확장시켰다. 예를 들어 색에 대해서는 빨강, 노랑, 파랑의 각각을 독특한 특성으로 간주하여 각각에 독특한 신경을 할당하였다.[17]

헬름홀츠는 나탄존의 견해를 받아들여 이를 더욱 확장하였다. 그는 어떤 감각 특성의 식별역(JND, just noticeable differences)들은 각각 그

16 같은 책, p. 148. 특수 신경 에너지에서 '에너지'라는 말은 특성(quality)에 해당하는 개념이다.

17 Boring, *Sensation*, p. 403.

자신만의 감각 수용기를 소유하기를 요구한다는 것을 일반화하였다. 그리하여 그는 색 감각에 있어서 3원색 각각에 대하여 고유하게 반응을 보이는 세 종류의 시각기를 상정하였고 청음 감각에는 분별 가능한 모든 진동수들에 독특한 청각기를 할당해 주려고 하였다. 이렇게 뮐러의 특수 신경 에너지는 헬름홀츠의 감각 이론에 있어서 확고한 기초를 차지하고 있었다. 그는 생리학에 있어서 특수 신경 에너지의 원리를 역학에 있어서 뉴턴의 법칙과 같은 위치에 놓고 있었다.

헬름홀츠가 청각기의 작동 원리를 공명에 의한 것이라고 단정한 데에는 그가 음의 물리적 특성을 연구하는 과정에서 유용하게 사용한 공명기들의 특성을 인식한 것과 그의 환원주의적 사고가 결정적인 역할을 하였다. 헬름홀츠는 『음의 감각』에서 자신의 공명 이론을 전개해 나가기 전에 먼저 부분음의 특수한 역학적 효과에 대하여 언급하였다.[18] 이것은 그가 수년간 음의 역학적 특성을 연구하면서 음을 구성하는 기본 요소로서 부분음의 중요성에 대하여 깊이 인식한 것과 연관이 있었다. 그가 이러한 부분음을 실험적으로 검증해 낼 수 있게 해 준 것이 공명기였다. 더구나 그는 공명이 부분음에 의해서만 일어나는 역학적 효과라는 사실에 깊은 인상을 받았다.

역학적 현상으로서 공명을 깊이 있게 이해하고 있었던 헬름홀츠는 가장 쉬운 예로 종 치는 아이가 힘을 들이지 않고 종을 치는 방법을 들었다. 종 치는 아이가 힘을 적게 들이면서 종을 치려면 종의 흔들림의 자

18 Helmholtz, *On the Sensations of Tone*, chapter 3.

연 진동수의 1배, 1/2배, 1/3배, 1/4배 등의 진동수로 종의 끈을 당겨야 한다. 진동수들이 서로 간에 정수배를 이룰 때 진폭은 더욱 커진다. 모든 강제 진동에서도 동일한 방식으로 공명이 일어날 수 있다. 인접한 두 개의 현이 동음 상태이면 하나만 켜도 나머지 하나의 현이 진동한다. 피아노의 한 현에 그 현의 고유 진동수의 1/2배, 1/3배, 1/4배 등의 진동수를 갖는 음을 가하면 그 현이 진동한다.[19]

공명은 현에만 국한되지 않고 유리 파이프나 유리병에서도 잘 나타난다. 헬름홀츠는 부분음을 분리해 내는 데 유리 파이프나 유리병을 공명기로 사용하였다. 병이나 파이프는 고유 진동수를 가지고 있어서 이러한 진동수를 부분음으로 가지고 있는 음이 가해질 때에만 공명한다. 헬름홀츠는 숙련되지 않은 귀로는 도저히 식별하기 어려운 부분음들을 식별할 수 있게 하기 위하여 이러한 부분음에 의한 공명을 시각적으로 확인할 수 있게 하였다. 헬름홀츠는 〈그림 1-1〉과 같이 한쪽은 소리가 들어가는 작은 구멍 a가 있고 다른 한쪽은 팽팽하고 얇은 막으로 막혀 있는 큰 구멍 b가 있는 병을 공명기로 사용하였다.[20] 그 막에는 작은 밀랍 방울 하나를 매달아 놓아 막이 진동하는 것을 관찰할 수 있게 해 놓았다. 현의 진동에서 발생한 음을 그 현이 발생시키는 음의 배음 중 한 진동수를 고유 진동수로 갖는 〈그림 1-1〉과 같은 공명기의 구멍 b에 가하면, 막 위에 있는 밀랍 방울의 진동을 통하여 공명기 안의 공기가 현의 악음에 공명하는 것을 눈으로 확인할 수 있었다. 그러나 그 공명기의 고유 음고를 부

19 같은 책, pp. 36-39.
20 같은 책, p. 42.

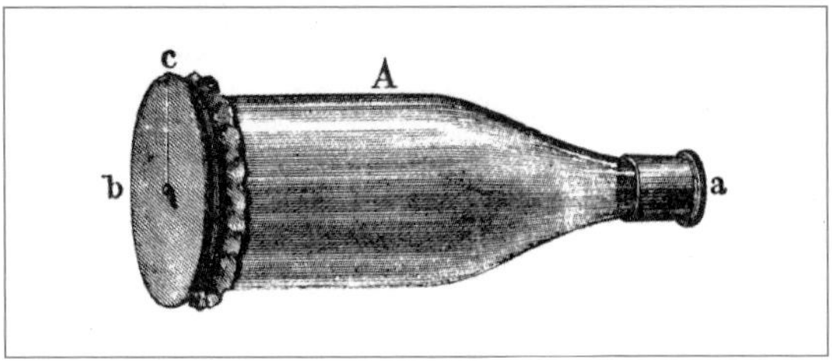

그림 1-1 막이 있는 헬름홀츠 공명기

분음으로 갖지 않는 현의 음을 가하면 막은 진동하지 않는다. 헬름홀츠는 이러한 실험 결과를 악음이 많은 부분음들로 이루어져 있음을 보여 주는 증거로 삼았다. 이전에 다수의 물리학자들이나 음악가도 부분음을 분리하여 식별하는 데 실패했었기에 이 간단한 장치가 보여 주는 현상은 부분음에 대한 실험적 증거를 제시해 준다는 점에서 획기적이었다. 이제 헬름홀츠의 공명기를 사용하면 음악에 문외한도 쉽게 악음이 부분음으로 이루어져 있음을 알 수 있었다. 이렇게 공명기가 보여 주는 독특한 현상인 공명은 헬름홀츠에게 매우 깊은 인상을 남겼다.

부분음이 공명을 일으킨다는 것을 알고서 헬름홀츠는 동일한 현상이 생체 내에서도 일어나리라 생각하고 이것을 확인하고 싶었다. 이런 목적에서 헬름홀츠는 〈그림 1-2〉와 같이 약간 변형된 공명기를 소개하였다. 이것은 〈그림 1-1〉의 공명기와 비교할 때 한쪽의 막이 제거되고 대신에 직접 귀에 대고 소리를 들을 수 있도록 깔때기 모양으로 구멍을 낸 것이 달랐다. 이 구형 공명기를 사용하면 그 공명기의 고유 음고를 갖는 부분음을 내도록 조율된 현의 진동으로부터 그 부분음을 직접 귀로 들을 수

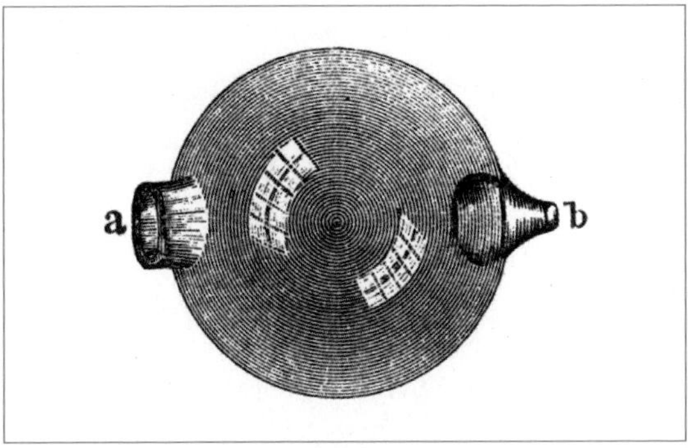

그림 1-2 구형 헬름홀츠 공명기

있다. 이 공명기로 음을 듣다가 공명기를 떼어 내고 그냥 들어도 그 현의 음 속에서 동일한 부분음을 식별할 수 있다고 헬름홀츠는 증언했다.[21] 이 공명기는 〈그림 1-1〉의 공명기의 막을 사람의 고막으로 대체한 것으로 볼 수 있었다. 이로써 헬름홀츠는 청각에 관여하는 한 가지 생리적 현상을 역학적 현상으로 환원하는 것이 문제가 없다는 신념을 자연스럽게 표현했다. 이 과정에서 인간의 고막은 실험 장치에 사용된 막과 똑같이 취급되었고 고막은 인공적인 막과 역학적으로 동일하게 진동하는 것으로 여겨졌다.

헬름홀츠를 공명 이론으로 나아가게 하는 데에 직접적인 영향을 미친 공명 현상은 피아노 현들의 선택적 공명 현상이었다. 피아노 현들의 공명 현상은 헬름홀츠가 음의 물리적 특성과 악기의 물리적 특성을 연구하

21 같은 책, pp. 43-44.

는 중에 자연스럽게 알게 된 현상이었다. 헬름홀츠는 실험 중에 피아노의 단음 장치(damper)를 모두 현에서 분리하여 모든 현이 자유롭게 진동할 수 있도록 한 상태에서 어떤 음을 피아노의 울림판에 가하면 가한 음의 부분음의 고유 음고를 갖는 현들만 울리는 것을 관찰하였다. 이 현상으로부터 헬름홀츠는 피아노의 현들은 음의 차이를 '식별'할 능력이 있다는 생각을 하게 되었다. 헬름홀츠는 이와 똑같은 과정이 귓속에서도 일어나 음을 감각할 수 있다고 판단했다. 이것은 역학적 현상을 생리적 기능에 유비시킨 것이었다. 헬름홀츠는 피아노 현들의 선택적 공명 현상과 귀의 분석적 청음 능력 사이의 유비 관계에 착안하였고 여기에 깊이 사로잡혔다. 더구나 이러한 착안은 그가 확신했던 특수 신경 에너지의 원리대로 음의 식별역 각각에 독특한 신경을 할당해 주는 생각과 잘 맞아떨어졌다. 그는 생리적 현상에도 역학적 과정을 도입한다고 말하면서, 귓속에 피아노 현과 같이 음을 감각하는 동일한 공명적 감각기가 존재한다고 주장했다.[22] 이와 같이 헬름홀츠가 굳이 인간의 청각기를 공명적 반응에 의하여 작동한다고 보는 특이한 사고를 하게 된 데에는 그가 그때까지 음향학을 연구하면서 누차에 걸쳐 확인한 공명의 특성에 대한 인식이 큰 영향을 미쳤다. 이런 이유에서 헬름홀츠는 귓속에서 피아노 현의 기능을 할 수 있는 기관을 찾으려 애썼다.

당시 귀의 미시적 해부 구조에 대한 이해가 심화되고 있었기에 헬름홀츠는 귓속에서 음의 부분음 각각에 대하여 반응을 보일 수 있는 기관

22 같은 책, p. 129.

의 존재를 찾으려 했다. 헬름홀츠는 중이에 존재하는 청소골들이 그러한 공명적 감각기의 기능을 하지 않고 고막으로부터 난원창까지 음의 진동을 효과적으로 전달하는 기능을 한다는 것을 알고 있었다. 헬름홀츠는 중이에 존재하는 청소골들이 역학적인 작용에 의해 음을 효과적으로 전달하는 것을 확인하였다. 헬름홀츠는 세 종류의 뼈인 망치뼈, 모루뼈, 등자뼈로 이루어진 청소골들이 독특한 모양과 연결 방식에 의해 고막에 이른, 진폭이 크지만 힘이 미약한 진동을, 진폭은 작지만 힘이 센 진동으로 바꾸어서 난원창에 전달하게 되어 있는 것을 지레의 원리에 의한 역학적 과정으로 상세하게 설명하였다.[23]

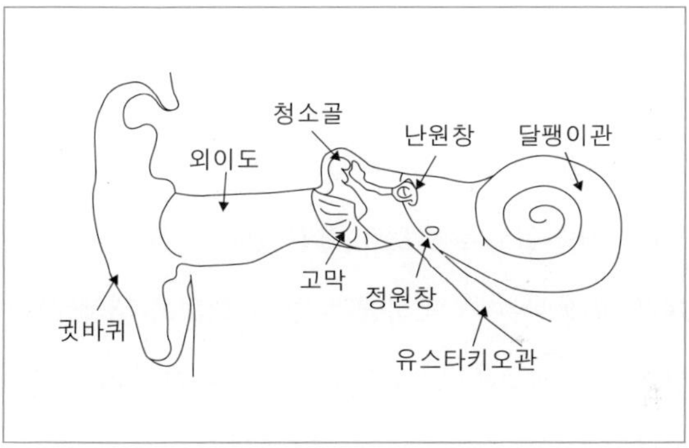

그림 1-3 귀의 구조

헬름홀츠는 음의 진동이 중이의 공기를 통하여 정원창에 전달되는 경로도 있다는 뮐러의 견해를 따르지 않고, 음의 진동이 난원창으로 전달

23 같은 책, pp. 130-134.

된다는 것을 받아들이기로 하고 난원창으로 전달된 진동이 어디에서 공명적으로 감지될 수 있는지를 찾으려 하였다. 그에게 먼저 눈에 띈 것은 이탈리아의 과학자인 코르티(Marchese Alfonso Corti, 1823~1888)가 1851년에 발견한 코르티 기관들이었다. 코르티 기관들은 달팽이관의 기부(基部)에서 꼭대기까지 약 3,000개가 존재하는데 위로 올라갈수록 길이가 길어지는 것으로 알려져 있었다.[24]

헬름홀츠는 코르티 기관들이 공명적 감각기라고 주장하기 위해서 고려해야 할 중요한 요소 한 가지를 알고 있었다. 그것은 인간의 청능력의 한계에 대한 지식이었다. 그 당시에는 인간이 감지할 수 있는 음고의 상한과 하한이 존재한다는 것과 상이한 음고를 분별하는 데에도 한계가 있다는 사실이 알려져 있었다. 남아 있는 기록에 의하면 1700년에 프랑스의 음향학자 소뵈르(Joseph Sauveur, 1653~1716)가 청각의 한계에 대한 본격적인 연구를 최초로 수행하였다. 그는 오르간 파이프를 써서 하한을 12.5Hz로, 상한을 6,400Hz로 결정했다. 그 이후로 많은 사람들이 청각의 한계를 측정했는데, 당시에는 많은 값들이 대체로 하한은 16에서 20Hz, 상한은 20,000에서 25,000Hz 사이에 해당하였다. 헬름홀츠는 자신의 실험에서 하한을 37Hz로 결정했다.

상이한 음고를 상이하다고 식별할 수 있는 인간의 능력의 한계에 대한 연구도 소뵈르가 시작하였다. 소뵈르는 1700년에 동일한 장력으로 당겨진 현에서 현의 길이의 2,000분의 1의 차이로 인해 음고가 달라지

24 Boring, *Sensation*, p. 341.

는 것을 알 수 있었다. 그때 이후로 많은 실험 연구가 있었는데, 1827년에 프랑스의 음향학자인 들레젠(Charles Edouard Joseph Delezenne, 1776~1866)은 음악을 연구하는 과정에서 240Hz에서 숙련되지 않은 사람의 역은 0.84Hz인 반면에 숙련된 사람의 역은 0.42Hz라고 자신의 측정을 근거로 주장했다. 그는 식별역(JND)의 가장 큰 경우에도 1/2 코마(comma) 정도임을 알게 되었다. 여기에서 코마란 순정률에서 장음정과 단음정의 음고 차이를 말한다.[25] 독일의 음향학자인 제벡은 1846년에 음고가 440, 500, 1,000Hz인 음에 대하여 각각 식별역을 0.36, 0.30, 0.50Hz라고 보고하였다.[26]

각각의 식별역에 공명기를 할당해 주려는 헬름홀츠에게는 이러한 인간의 청음의 한계와 식별역의 크기 설정이 중요하였다. 그것에 의하여 몇 개의 공명기가 필요한지 결정되기 때문이었다. 헬름홀츠는 인간이 악음으로 감지할 수 있는 범위를 7옥타브로 보았다. 한 옥타브가 올라가면 진동수는 두 배가 된다. 따라서 20에서 20,000Hz의 범위는 진동수가 1,000배 차이 나므로 2^n=1,000으로부터 n=9.97로 대략 10옥타브에 해당된다. 그러나 일반적으로 조화로운 악음으로 감지할 수 있는 범위는 이보다 좁다고 본다. 그러므로 헬름홀츠가 악음의 범위를 7옥타브로 잡은 것은 이해할 만하다. 그는 식별역에 대한 제벡의 데이터를 받아들여 인간이 감각할 수 있는 음고의 총수를 5,000개 남짓으로 계산하였다. 당시에 알려진 3,000개의 코르티 기관의 수와 이 값은 일치하지 않았지만

25 이에 대한 자세한 설명은 Boring, *Sensation*, pp. 314-321을 볼 것.
26 같은 책, p. 340.

차수가 같았기 때문에 헬름홀츠는 그럭저럭 코르티 기관으로 공명기의 역할을 담당하게 할 수 있었다. 헬름홀츠는 이웃하는 두 코르티 기관의 고유 음고 사이에 해당하는 음고를 갖는 단음이 들어오면 두 코르티 기관이 다 진동을 하되 가까운 쪽의 것이 더 강하게 진동하게 되어 이 진동비로 음을 식별할 수 있다고 보았다. 즉 코르티 기관 중에서 동음 상태에 있는 것 또는 거의 동음인 것이 강하게 흥분하고 나머지는 적게 또는 전혀 흥분하지 않는 것으로 보았다. 그렇지만 그가 실제로 코르티 기관에 소리가 들어왔을 때 공명하는 것을 관찰할 수는 없었다.

1863년에 『음의 감각』 초판을 통해 발표된 헬름홀츠의 청각의 공명 이론은 이후 비교 해부학적 업적과 새롭게 밝혀진 달팽이관의 해부 구조에 의해 일부 수정되었다. 1869년에 헬름홀츠는 공명적 청각기를 코르티 기관에서 기저막의 가로섬유로 수정하였다. 이렇게 수정한 데에는 독일의 생리학자인 하세(Carl Hasse, 1841~1922)가 조류와 양서류는 그들의 달팽이관의 다른 근본적인 부분들인 기저막, 신경 말단과 연결된 유모세포, 이 섬모 끝의 반대편에 코르티 막 등은 모두 갖고 있는 반면에 코르티 기관은 가지고 있지 않다는 것을 입증한 것이 결정적인 영향을 주었다. 인간과 내이 구조가 유사한 조류와 양서류가 코르티 기관 없이도 들을 수 있다면 코르티 기관은 달팽이관의 기능에서 부수적 역할을 할 뿐이라고 본 것이다.[27]

이에 추가하여 독일의 동물학자인 헨젠(Victor Hensen, 1835~1924)

27 Helmholtz, *Sensations*, pp. 146-147.

이 달팽이관에 대한 자세한 해부 구조를 구명한 것이 헬름홀츠가 기저막의 가로섬유를 공명기로 지목하는 데 영향을 미쳤다. 헨젠은 1863년에 기저막의 폭을 측정하여 그것이 길이 방향으로 달라지는 것을 보고하였다. 헨젠의 측정 결과는 기저막의 가로섬유 폭이 0.04125mm에서 0.495mm로 12배 이상 증가한다는 것이었다. 헬름홀츠는 기저막의 가로섬유의 길이가 변하는 것과 길이 방향의 장력이 약한 반면 가로 방향의 장력이 강한 것을 통해서 기저막의 가로섬유들이 비록 서로 붙어 있지만 음의 진동수에 따라 따로 진동할 가능성을 발견하였다. 이에 헬름홀츠는 각각의 가로섬유의 가로 방향의 장력이 서로 다르다고 가정하여 미분 방정식을 세우고 이것을 풀어서 그 해로부터 기저막의 탄성계수가 달팽이관의 정점으로부터의 거리에 무관하고 폭에만 관계됨을 유도하였다. 그러고는 기저막의 가로섬유들의 진동이 서로 연결되지 않은 상태에서 병치되어 있는 현들의 진동과 역학적으로 동일하다는 결론을 유도하였다.[28] 이로써 헬름홀츠는 기저막의 가로섬유들을 공명적 청음 감각기로 간주하고 코르티 기관들에는 기저막에서 받아들인 진동을 전달 신경의 부속기관으로 전달해 주는 새로운 기능을 부여함으로써 그의 공명 이론을 옹호하였다.

내용상 수정이 있었지만 공명 이론은 20세기 초까지 이후 수십 년간

28 같은 책, pp. 145-146. 미분 방정식의 풀이는 같은 책, pp. 406-411에 나온다. 이후에 행해진 실험 결과에 의해 기저막의 가로섬유들의 장력은 서리 다르지 않음이 밝혀져 헬름홀츠의 이 유도는 오류임이 판명되었다. 신문규, 『인체 생리학』(서울: 현문사, 1992), p. 129.

계속해서 학계에서 가장 영향력 있는 청음 이론으로 받아들여졌다. 공명 이론 자체에 허점들이 많았음에도 불구하고 그 이론이 그렇게 오랫동안 학계를 지배할 수 있었던 것은 음향학 또는 과학 분야 전반에서 헬름홀츠가 가진 막강한 권위에 힘입은 바가 컸다. 게다가 그는 자신의 다방면의 전문 지식을 정렬하여 공명 이론을 구축하였기에 몇 부분이 비판을 받아도 그것을 대체할 만한 다른 이론이 나타나지 않아 그의 이론은 계속 권위를 행사할 수 있었다. 그 정도로 이 분야의 연구는 실험적으로 접근하기가 곤란하여 좀처럼 연구자들을 끌어들이지 못했다.

레일리의 소리의 방향 지각 연구

소리가 어느 방향에서 들려오느냐를 사람이 어떻게 지각하는지는 음향 심리학에서 관심을 갖는 중요한 문제 중 하나이다. 이 문제에 대해서 영국의 음향학자 레일리는 중요한 진보를 이룩하였다. 그는 사람의 두 귀가 방향 지각에서 결정적인 역할을 하지만 소리의 진동수에 따라 사용하는 메커니즘이 다르다는 것을 밝혔다.

레일리(3rd Baron Rayleigh, 1842~1919)는 귀족 집안에서 태어나 어려서부터 과학에 관심이 많았고 케임브리지 대학에 들어가 수리 물리학 수업을 집중적으로 받았다. 당시 케임브리지 대학은 졸업생들에게 수학 우등졸업시험(Mathematical Tripos)을 치르도록 했는데, 이 시험은 다른 학점을 따는 일보다 더 중요하게 여겨졌다. 그 이유는 이 시험 성적에 따라 장래 진로가 엘리트 코스로 정해지느냐 평범한 인생을 사느냐가 결정되기 때문이었다. 최고 성적을 받은 소수에게는 랭글러(Wrangler)라는 호칭이 붙여졌는데, 랭글러가 되는 것은 대단히 영예로운 일이었다. 그리하여 학생들은 치열한 경쟁 속에서 좋은 성적을 얻기 위해 입학하자마자 유능한 수학 과외 선생을 고용하여 지도를 받았다.

당시 가장 뛰어난 랭글러 제조기는 라우스(Edward Routh, 1831~1907)였기에 레일리도 라우스의 학생이 되어 집중적으로 수학 지도를 받았다. 이 과정에서 레일리는 물리적 계를 수학적으로 취급하는 기술을 제대로 배울 수 있었고 이것은 평생 그가 뛰어난 물리학자로 활동하는 데 토대가 되었다. 당시에 수학적 훈련에서 가장 중요하게 여겨진 것은 미분 방정식을 세워서 그것을 푸는 것이었는데, 다양한 수학적 스킬이 있어야 복잡한 미분 방정식의 근사적인 해를 구할 수 있었다. 따라서 이러한 방법들을 고안하고 적용하는 데는 수학적 창의성이 필요했다. 레일리가 평생 수리 물리학에서 탁월한 연구 성과를 낼 수 있었던 이유는 새로운 이상화된 물리적 상황을 지속적으로 가정하고 그것을 풀어 낼 수 있는 방법을 찾아 나갔기 때문이다.[29]

레일리가 1866년에 케임브리지 대학을 졸업한 후에 가장 큰 관심을 가지고 연구한 주제는 음향학이었다. 레일리는 음향학이 일찍부터 활발하게 연구된 주제이지만 그러한 다양한 연구 성과들이 제대로 정리되지 않은 것을 보고 그것을 정리하기 위해 자료를 모으고 거기에 자신의 독

29 구자현, 『레일리의 음향학 연구의 성격과 성과』(파주: 한국학술정보, 2008), pp. 191-198.

창적인 연구를 가미하여 『음향 이론』(*The Theory of Sound*)이라는 두 권짜리 책을 냈다. 1877년에 제1권을, 1878년에 제2권을 출간하였다. 이 책은 헬름홀츠의 『음의 감각』 이후에 가장 뛰어난 음향학 저술로 인정을 받았다. 헬름홀츠가 자신의 음향학 저술을 통하여 음향학을 확고한 실험적 기초 위에 세움으로써 음향학의 정립에 기여했다면, 레일리는 『음향 이론』을 통하여 음향학을 확고한 수학적 기초 위에 올려 놓았다. 이 책이 그동안의 음향학 연구 성과들을 체계적으로 잘 정리해 놓았기 때문에 이후의 음향학 연구자들은 대부분 이 책을 참고 자료로 사용하였고 그로써 관련 분야의 발전에 크게 기여하였다.

그렇다고 레일리가 수리 음향학에만 능한 것은 아니었다. 그는 1904년에 영국인으로서는 최초로 노벨 물리학상을 수상하였는데, 그의 실험적 연구의 성과를 인정받은 것이다. 그는 대기 중에 세 번째로 많은 기체 원소인 아르곤을 발견하고 분리해 내었다. 아르곤은 최초로 발견된 18족 원소였고 이것은 이 비활성의 희귀가스들이 연이어 발견되어 완전하지 않았던 주기율표를 완전하게 만드는 데 결정적으로 기여했다. 레일리는 실험 과학에 대한 훈련을 받은 적이 없었지만 자신의 집에 마련한 실험실에서 다양한 실험 연구를 수행하여 탁월한 발견들을 해 내었다. 그는 다양한 물리학의 주제에 대해 실험하였지만 그중에서도 가장 많은 실험을 수행한 주제가 음향학이었다. 그러한 실험 음향학에 대한 레일리의 관심과 성과가 『음향 이론』의 내용에도 반영되어 이 수학적인 저술의 곳곳에는 수학적 이론에 대한 실험적 검증 사례와 검증 방법에 대한 내용이 상세하게 등장한다.

레일리의 음향학 실험 연구 중에서 선구적이면서도 탁월하게 이루어진 일군의 실험이 소리의 방향 지각 실험이었다. 사람이 소리를 지각할 때 소리의 다양한 속성을 감지하지만 그중에서 소리가 어느 방향에서 오는지를 비교적 정확하게 알아맞히는 능력 또한 탁월하다. 눈을 감고도 사람은 소리가 자신의 머리를 둘러싼 가상적인 구에서 어느 방향에서 오는지를 알아맞힐 수 있다. 이러한 능력은 소리의 지각에 관련된 심리학적 문제로, 20세기에 들어와 집중적으로 연구되지만 레일리는 별다른 연구가 제대로 이루어지지 않은 상황에서 독창적인 발상과 정교한 실험 설계를 통해서 소리의 방향 지각에 대한 이론을 수립했다.

레일리는 1876년에 사람이 정면에서 오는 순음과 후면에서 오는 순음을 구별하지 못한다는 사실을 런던 음악 협회에서 발표하였다. 사람은 일반적으로 전후에서 오는 다양한 소리의 방향을 식별할 수 있는데 소리굽쇠와 공명기 세트에서 나오는 순음의 경우에는 그것이 정확하게 정면이나 후면에서 들려오면 사람은 그것이 어느 쪽에서 오는 소리인지를 식별하지 못한다는 것이다. 이를 위해 레일리는 두 벌의 똑같은 소리굽쇠와 공명기 세트 사이에 눈을 가린 관찰자를 두었다. 그는 두 소리굽쇠를 동시에 때려서 진동을 일으키되 한쪽 소리굽쇠만 공명기 위에 올려서 한쪽 소리만 증폭되게 하였다. 이렇게 하지 않고 한쪽의 소리굽쇠만 때리면 때릴 때의 소음이 관찰자에게 들려서 이내 관찰자는 소리의 방향을 알아차렸기 때문에 순음이 아닌 소음을 완전히 제거하기 위해 레일리는 두 소리굽쇠를 동시에 때려서 양쪽에서 소음이 발생하게 하고 한쪽에서만 공명기로 순음을 증폭시키는 방법을 택한 것이다. 이로써 레일리는

실험의 난점을 효과적으로 제거할 수 있었다.[30]

레일리는 추가적인 짧은 추론을 통해서 순음의 방향을 식별할 수 없는 위치가 전후에만 있는 것이 아님을 알았다. 정면에서 오는 소리나 후면에서 오는 소리를 식별하지 못하는 것은 양쪽 귀에 도달하는 소리의 세기가 동일하기 때문인 것으로 생각하고 레일리는 다양한 방향에서 오는 소리에 대해 양쪽 귀에서 느끼는 소리의 세기 차가 어떠할지 고찰하였다. 오른쪽이나 왼쪽에서 소리가 오는 경우는 세기 차가 가장 큰 경우이기 때문에 사람은 혼동의 여지 없이 그 방향을 식별하지만 오른쪽 전방에서 오는 소리는 오른쪽 후방에서 오는 소리와 세기가 같아 양쪽 귀에서 식별이 불가능했다. 그러므로 레일리는 양쪽 귀와 정수리를 통과하는 평면에 대하여 대칭으로 소리의 방향을 식별할 수 없는 점들이 쌍으로 무수히 존재한다고 생각했다.

1877년 9월에 레일리는 이 추론을 확인하기 위해 실험을 수행했고 256Hz의 소리굽쇠와 공명기 세트를 이용해서 그의 추론이 옳음을 확인했다. 그러나 레일리는 소리의 방향 지각이 전적으로 양쪽 귀에서 감지되는 소리의 세기 차에 의해 이루어진다고 단정하지 않았다. 레일리는 또 다른 가능성으로 소리가 양쪽 귀에 도달하는 시점의 차이를 고려했다. 즉, 어떤 소리가 사람의 한쪽 귀에 다른 쪽 귀에 비해서 얼마간 먼저 도착하면 그 사람은 소리가 먼저 도달한 귀에 가까운 쪽에서 소리가 오는 것으로 인식할 가능성이 있었다. 레일리는 이를 확인하기 위해 관찰

30 Rayleigh, "Our perception of the direction of a source of sound", *Nature* 14 (1876), pp. 32-33.

자의 두 귀를 모두 막고 소리굽쇠를 울린 후에 양쪽 귀를 동시에 열었을 때 관찰자가 소리의 방향을 제대로 알아맞히는지 관찰했다. 관찰자는 이 경우에도 무리 없이 소리의 방향을 알아내었다. 이러한 조작이 음원의 방향 식별 능력에 어떠한 차이도 가져오지 않았으므로 레일리는 소리의 도달 시각 차이에 의해 소리의 방향 지각이 이루어지지 않는다고 결론지었다.

하나의 가능성이 제거되자 레일리는 양쪽 귀에서 소리의 세기 차가 소리의 방향 식별에 결정적인 판단 기준이 된다는 견해가 가장 설득력이 있다고 생각했다. 레일리는 이러한 생각을 더욱 확고히 하기 위해 머리가 장애물로서 소리 그늘을 만드는 효과를 진지하게 탐구하였다. 이러한 연구 과정에서 레일리는 소리의 방향 지각이 전적으로 양쪽 귀에서 느끼는 소리의 세기 차로만 이루어질 수 없다는 생각을 하게 된다.

레일리는 다양한 진동수의 소리에 대하여 머리가 만드는 소리 그늘이 어떻게 달라지는지를 실험을 통해 조사하였다. 그 결과, 레일리는 머리가 소리 그늘을 만드는 효과가 소리의 진동수에 크게 의존한다는 것을 알게 되었다. 256Hz의 음을 내는 소리굽쇠의 경우에는 귀가 음원을 향하든 반대 방향을 향하든 소리가 들리는 정도는 거의 차이가 나지 않았다. 그러나 높은 음의 경우에는 머리로 인해 소리 그늘이 확실하게 생겼다. 입으로 만들어 내는 '쉭' 소리처럼 진동수가 높은 음은 음원의 반대 방향에 있는 귀에서는 잘 들리지 않았다. 레일리는 소리를 한쪽 귀에 가까운 쪽에서 발생시킨 후에 처음에는 이를 양쪽 귀로 듣다가 이후에 가까운 쪽 귀를 막아 보고, 그다음에는 가까운 쪽 귀는 그대로 두고 먼 쪽 귀를 막아 보면서 소리의 세기 변화에 주목하는 방법을 썼다. 전자의 경우에는 소리의 세기가 크게 줄었지만 후자의 경우에는 거의 변화가 없었다. 이를 통해 그는 먼 쪽의 귀에 도달하는 소리의 세기가 매우 약하다고 결론지을 수 있었다. 이러한 관찰 결과는 진동수가 낮은 음에 대해서는 세기 차가 아닌 다른 방식에 의해서 소리의 방향 지각이 이루어진다는 것을 암시했지만 레일리는 이러한 관찰 결과를 발표했을 뿐 그것을 소리의 방향 지각 방식과 직접 연결시키지는 않았다. 이 주제는 한동안 레일리의 관심에서 멀어졌다가 1906년에 다시 레일리의 관심을 끌게 된다.[31]

세기 차 이론으로 설명되지 않는 부분이 있다는 것에 주목한 레일리는 소리의 방향 지각이 일어나는 다른 방식으로 두 귀에 들리는 소리의 위상차에 의한 방식을 고려하기 시작했다. 이것은 두 귀에 도달하는 소리의 위상차가 소리의 방향에 따라 달라진다는 사실에서 착안한 것인데, 문제는 사람이 그것을 감지할 만한가에 있었다. 사실, 레일리는 여러 해 동안 이러한 관점에 대해 찬성하지 않았었다. 한쪽 귀와 다른 쪽 귀에 도달하는 소리의 위상차는 가장 클 경우가 머리 둘레 길이의 절반인 30cm 정도였다. 이것은 128Hz의 소리에 대해서는 파장의 1/8 정도이고 256Hz의 소리에 대해서는 파장의 1/4 정도, 512Hz의 경우에는 파장의 1/2 정도, 1024Hz의 경우에는 한 파장에 해당한다. 512Hz의 경우에 반 파장의 위상 차이는 사실상 위상차 식별이 전혀 되지 않는다. 반 파장이 늦어지는 것과 반 파장이 빨라지는 것이 구별이 되지 않기 때문이다. 그

31 Rayleigh, "On the Acoustic Shadow of A Sphere", *Philosophical Transactions* 203 A (1904), pp. 87-110.

리고 파장의 정수배의 위상차는 역시 감지할 수 없다. 그러므로 음고가 다소 높은 소리에 대해서는 위상차로 소리의 방향을 감지할 수 없다는 것이 레일리의 판단이었다.

1906년에 레일리는 두 개의 관을 양쪽 귀에 꽂아 귀가 따로 소리를 들을 수 있도록 하는 실험을 수행하였다. 레일리는 같은 음원에서 나오는 소리의 위상을 인위적으로 변경시켜 위상차가 생기게 하여 두 귀에 들려주었더니 관찰자가 위상차를 음원의 위치로 해석해 내는 것을 보았다. 즉 관찰자는 위상이 앞선 소리가 들리는 귀에 가까운 쪽에서 소리가 들려오는 것으로 인식하였다. 레일리는 진동수를 바꾸어 가면서 위상차에 의한 방향 지각 효과를 조사하였다. 이로써 레일리는 진동수가 낮은 대역에서는 위상차에 의해 소리의 방향 식별이 이루어진다는 것을 확인할 수 있었다. g′(384Hz) 이하에서는 세 명의 관찰자가 모두 동의할 수 있는 위상차에 의한 소리의 방향 지각이 이루어졌지만 진동수가 그 이상일 경우에는 위상차에 의한 소리의 방향 지각은 개인차가 있었다. 이로써 레일리는 이 영역에서는 세기 차에 의한 소리의 방향 지각이 이루어진다고 보는 것이 타당하다고 결론지었다.[32]

레일리는 사람이 소리의 방향을 지각할 수 있는 근본적인 능력의 원천을 두 귀에서 찾았다. 두 귀는 머리의 양쪽에 있어서 20cm 정도의 간격을 두고 수평으로 대칭을 이룬다. 이때 머리는 서로 다른 쪽 귀로 들어가는 소리를 분리시키는 일종의 장애물과 같은 역할을 한다. 그리하여

32 Rayleigh, "On Our Perception of Sound Direction", *Philosophical Magazine* 13 (1907), pp. 214-232.

사람의 머리를 중심에 두고 무한 반지름을 갖는 가상의 구의 좌반구와 우반구에서 오는 소리는 각각 왼쪽 귀와 오른쪽 귀에서 더 크게 들린다. 이때 머리라는 장애물은 구형으로 간주할 경우에 소리 그늘을 형성하게 되는데 구의 뒤쪽에서 발생하는 소리 그늘에 대한 레일리의 정교한 측정을 통해서 그의 세기 차 이론은 지지되었다. 형성되는 소리 그늘은 소리의 진동수에 따라서 차이를 보이게 되는데 이는 소리의 진동수, 곧 파장에 따라서 회절이 일어나는 정도가 달라지기 때문이다. 파장이 길수록 일반적으로 파동의 회절은 커져서 장애물의 뒤쪽으로 더 많이 꺾여 들어간다. 그러므로 일반적으로 파장이 긴 소리, 즉 음고가 낮은 소리가 장애물 뒤쪽에서도 잘 들린다. 그러므로 세기 차를 감지하는 사람의 능력은 파장이 긴 영역에서 더 요긴하게 사용된다.

메이어의 소리의 잔류 감각 실험

19세기에 미국은 유럽에 비하여 전반적으로 과학이 많이 낙후되어 있었다. 미국은 영국의 식민지에서 벗어난 지 얼마 되지 않은 상태에서 영국의 의도적인 과학 기술 후진화 정책의 희생자였다. 영국은 발전한 기술과 과학이 미국으로 이전되는 것을 방해했고 이런 상황에서 과학이나 기술이 미국에서 정착되기는 쉽지 않았다. 그리하여 건국 이후에 미국 연방 정부는 과학을 발전시키기 위한 노력을 기울였는데, 실용적인 가치가 있는 분야를 우선적으로 육성하였다. 그 결과 미국에서는 농업에 필요한 천문학과 곤충학과 식물학, 항해술에 필요한 조수학, 지하자원 개발에 필요한 지질학과 고생물학 같은 실태 과학이 주로 발전하였고, 그 밖의 양태 과학인 화학이나 물리학 같은 분야는 유럽에 뒤처졌다. 음향학은 이러한 뒤처진 분야에 속해 있었기 때문에 19세기 대부분의 기간 동안 미국에서 별로 독창적인 연구라고 할 만한 것이 나오지 않았다. 그 정도로 19세기에 미국의 음향학은 유럽에 비하여 뒤처져 있었다. 그렇지만 음향학이 교과 과정에서 물리학을 가르치는 데 중요하게 여겨지기는 하였다. 진동의 일반을 이해하기 위해서 필요한 분야라고는 인식되었지만 독창적인 연구가 이루어질 수 있는 물적 기반은 미약하였다. 많은 과학자들은 이러한 불리한 상황을 극복하기 위하여 유럽 여행을 가서 발전한 유럽의 실험 기구를 들여오곤 했다.

이러한 열악한 여건에서 메이어(Alfred Marshall Mayer, 1836~1897)는 중요한 음향학적 연구 성과를 이루었다. 메이어는 볼티모어에서 태어나 미국에서 교육을 받았다. 그는 어린 나이에 도제로 들어가 기술을 익혔고 대학 교육을 통해서 과학자로서 우수한 자질을 보여 젊은 나이에 대학 교수가 되었다. 그는 물리학을 강의할 뿐 아니라 자신이 관심을 가진 음향학 연구를 수행하였다. 열악한 물적 조건 하에서도 그는 자신이 할 수 있는 실험을 적극적으로 수행하여 그 연구 결과를 유럽의 학술지에 발표하였다. 그리하여 그는 유럽의 유명한 음향학자인 레일리, 쾨니히 등과 교류할 수 있었고 그들에게서 중요한 실험 기법을 배우기도 하였다. 이러한 교류 덕택에 그는 유럽의 음향학 연구의 맥락을 이해하였고 자신이 그 위에 덧붙여야 할 것이 무엇인지를 알았다.

메이어가 자신의 독특한 연구 주제로 선정하였고 실질적으로 유럽에서도 그의 독창적 연구 성과를 인정받게 된 것은 소리의 잔류 감각 연구였다. 이 주제는 일찍이 헬름홀츠가 관심을 가졌던 것인데, 헬름홀츠는 실험으로 검증하는 데 실패했던 주제이다. 그렇지만 메이어는 독창적인 실험 설계와 끈기 있는 노력으로 이 실험에 성공하였다. 그가 발견한 것은 소리의 잔류 감각이 소리의 진동수에 반비례한다는 것이다. 이것은 마치 시각에서 잔상 효과(after image)가 나타나는 것과 비슷하다. 일단 한 번 청세포에서 감각된 소리는 소리의 자극이 사라진 후에도 얼마간 그 감각이 지속되므로 그 사이에 다시 소리의 자극이 들어오면 소리 자극이 끊어지지 않고 계속 이어지는 것으로 인지된다. 소리의 진동수에 따라 이러한 잔류 감각의 지속 시간을 측정하는 것이 메이어가 생각한 목표였다.

메이어는 이러한 목적을 달성하기 위하여 헬름홀츠의 공명기를 활용하여 실험 장치를 구성하였다. 소리굽쇠를 고정시키고 그 가지 앞에 구형의 헬름홀츠 공명기의 넓은 입구를 대 놓았다(그림 1-4). 이때 소리굽쇠와 공명기의 고유 진동수는 일치되도록 하여 소리굽쇠가 울리면 공명기가 공명하도록 설정해 놓았다. 이러한 구도라면 공명기 내부의 공기는 공명기의 고유 진동수로 잘 울리게 된다. 그 소리를 공명기의 다른 쪽 구멍에 넣은 고무호스를 통해 귀로 듣게 해 놓았다. 그다음에 설명할 결정적인 장치 성분은 소리굽쇠의 가지와 공명기의 입구 사이에 설치된 회전하는 디스크이다. 이 디스크는 소리굽쇠와 공명기를 연결하는 선과 평행한 회전축 위에서 회전하게 되어 있는데, 여러 개의 구멍이 원주를 따라 뚫려 있고 그 구멍은 소리굽쇠의 가지와 공명기의 입구 사이를 주기적으

그림 1-4 메이어의 잔류 청각 지속 실험

로 지나가게 되어 있었다. 이때 구멍의 크기는 공명기의 입구와 정확하게 일치하게 되어 있어 디스크의 구멍이 공명기의 입구를 통과하게 되면 소리굽쇠의 소리가 공명기 안으로 들어가는 통로가 열리게 되고 구멍이 지나가면 통로가 닫히게 된다. 그러므로 주기적으로 공명기로 들어가는 소리는 단속되게 되는데, 이러한 단속되는 소리 때문에 공명기도 단속적으로 공명하게 되고 그것을 귀로는 들을 수 있었다. 그런데 디스크가 회전하는 속도가 점점 빨라지면 단속되는 주기가 짧아지면서 소리가 들렸다 안 들렸다 하는 주기도 짧아지게 된다. 그러다가 디스크의 회전 속도가 커지면 소리가 끊어지지 않고 이어진 것처럼 들리게 되는데, 그렇더라도 소리가 커졌다 작아졌다 하는 것을 느낄 수는 있다. 메이어는 이 정도 속도에 만족하지 않았다. 디스크의 회전 속도를 더 올리면 이번에는 아예 소리가 일정한 크기로 연속적으로 들리게 된다. 이때가 잔류 감각이 제대로 작동되는 순간이다. 결국 단위 시간당 지나간 디스크 구멍의 개수를 구하여 역수를 취하면 잔류 감각이 지속되는 시간 간격을 구할 수 있다. 이런 방식을 그대로 취하되 소리굽쇠와 공명기의 진동수를 바꾸어 가면서 측정한 결과, 메이어는 진동수와 잔류 감각 지속 시간 사이에 반비례 관계가 존재함을 발견할 수 있었다.

메이어는 그의 탐구를 그 정도에서 마치지 않았고 더 정확한 측정을 위하여 실험 장치의 설계를 계속 개선해 나갔다. 메이어는 독창적이고 치밀한 실험 설계와 인내심으로 진동수와 잔류 감각의 지속 시간 사이의 수학적 관계를 정립했다. 한쪽 귀의 청력을 잃는 어려움 속에서도 메이어가 매우 짧은 시간 간격을 정확하게 잴 수 있는 기술을 확보했다는 점에서 이 결과는 주목할 만했다. 더구나 미국은 유럽과 비교할 때 음향 실험 장치가 낙후되어 물적 지원이 뒤처져 있었는데, 이 실험 결과는 그런 어려움을 딛고 메이어가 이룩한 공적이었기에 더욱 주목할 만한 성과였다. 그는 여러 연구자들에게 이 실험 결과에 대해 지지받았고 그의 독창적인 공적을 인정받았다.[33]

33 구자현, 『앨프레드 메이어와 19세기 미국 음향학의 발전』(서울: 도서출판 한울, 2010), pp. 219-234.

제2장

악음의 발견

악음의 발견

우리는 일상 속에서 수많은 소리를 들으며 살아가는데, 그중에서 사람들이 특히 좋아하고 즐겨 듣는 소리가 있다. 악음이 그것이다. 요즈음 사람들은 음악을 어찌나 좋아하는지 길을 걸어 다니면서도 귀에 이어폰이나 헤드폰을 끼고 음악에 귀를 기울인다. 밥을 먹을 때는 말할 필요도 없고, 심지어 공부나 일을 하면서도 헤드폰을 벗지 않는다. 30여 년 전에 워크맨이라는 소형 테이프 카세트가 젊음의 상징처럼 여겨졌는데, 이제는 기기가 더 소형화된 데다 어린아이부터 청장년까지 나이를 불문하고 다양한 연령층이 늘 음악을 들으며 살아간다. 당연히 음반 시장은 엄청난 수요를 창출하는 산업이 되었고 좋은 음악 상품을 내놓는 것은 사회적 명성이나 경제적인 수익을 보장받는 대단한 위업으로 인정받고 있다. 현대는 어느 시대보다도 음악을 즐기는 시대임에 틀림없다. 왜 사람들은 이렇게 음악에 빠져드는 것일까? 이 장에서는 악음의 본성과 악음을 사람들이 즐기는 이유를 밝혀내기 위한 다양한 노력에 대해 알아보고자 한다.

피타고라스의 일현금

현이 하나뿐인 악기가 있다. 현이 하나뿐이어서 아름다운 음악을 연주하기에는 미흡해 보인다. 고대 그리스에서 유래한 악기라고 하니 역사가 무척이나 오래되었지만 그것으로 연주하는 곡을 들어 본 적은 없다. 일현금(monochord)은 아름다운 곡을 연주하기 위한 악기가 아니라 악음을 탐구하기 위해 고안된 실험 기구였다(그림 2-1). 17세기에는 실험 기구를 철학적 기구(philosophical instrument)라고 불렀는데 일현금이야말로 최고(最古)의 철학적 기구이다. 17세기에 '철학적'이라는 단어는 '과학적'이라는 함축을 가진 말이었지만 피타고라스(Pythagoras of Samos, 기원전 570?~기원전 495?)의 일현금에서는 '철학적'이라는 수식어가 진정으로 우주와 인간을 이해하고자 하는 사색적 활동에 관련된 것을 지칭하므로 그 단어의 본래 의미에 더욱 가깝다. 실제로 피타고라스의 일현금은 과학적 실험 기구라기보다는 수학적 기구라고 보는 것이 더 타당하다. 피타고라스가 수학자였던 것을 감안할 때 그는 일현금을 통해 그러한 수학적 실행을 정당화하고 싶었던 것이다.

기원전 6세기경에 주로 활동한 피타고라스는 만물이 수로 이루어져 있다고 주장했다. 그가 실존인물이 아닐 수 있음에도 불구하고 그에 대한 이야기는 고대의 여러 철학자들에 의해 널리 회자되었고 피타고라스 학파의 주장은 많은 이들에게 중대한 영향을 미쳤다. 피타고라스는 자연에 내재해 있는 수학적 질서를 간파해 그러한 질서를 음악이라고 표현했다. 그는 천체들이 들리지 않는 음악을 연주한다고 했는데 이것은 음고

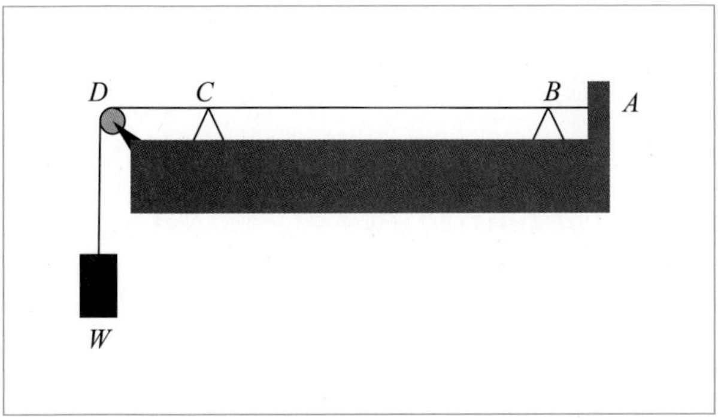

그림 2-1 일현금

와 리듬을 갖춘 음악을 상상한 것이 아니었다. 그것은 천체들이 운동과 위치에 따라 독특한 음고의 음을 발생시키고 그것들이 서로 어우러져 화음을 발생시킨다는 생각이었다.[34]

피타고라스는 자연의 수학적 질서를 가장 잘 표현해 주는 것이 음악이라고 생각했다. 사람들이 협화음(consonance)이라고 인식하는 소리들은 간단한 자연수 비를 이룬다는 것이다. 피타고라스가 이러한 사실을 발견한 과정에 대해서는 6세기경의 철학자인 보에티우스(Anicius Manlius Severinus Boethius, 480~524?)가 묘사해 놓았다. 어느 날 피타고라스가 대장간 옆을 지나가는데, 대장장이 여러 명이 망치로 쇠를 치는 소리가 아름다운 화음을 이루었다고 한다. 확인해 보니 망치의 무게가 간단한 자연수 비, 즉 1:2(옥타브), 2:3(완전5도), 3:4(완전4도) 등의 비를 이루었다는 것이다. 그렇지만 이 이야기는 거짓임에 틀림없다. 무

34 구자현, 『음악과 과학의 만남: 역사적 조망』(부산: 경성대학교출판부, 2013), pp. 24-26.

게의 비가 간단한 자연수 비를 이룰 때 협화음이 나올 수가 없기 때문이다. 오히려 피타고라스의 일현금에 대한 이야기는 믿을 만하다. 현을 일정한 장력으로 당긴 일현금 두 대를 놓고 현의 받침대를 움직여 진동하는 현의 길이를 1:2(옥타브), 2:3(완전5도), 3:4(완전4도)로 맞추었을 때 듣기 좋은 음의 어우러짐, 즉 협화음이 발생한다는 것이다. 이러한 수학적 비에 사용된 수인 1, 2, 3, 4는 피타고라스의 수학 이론에서 중요한 수이다. 왜냐하면 이 네 수는 처음 등장하는 네 개의 자연수일 뿐 아니라 네 수를 더하면 10이 되고 네 수를 나열하면 정삼각형을 이루기 때문이다. 그리하여 이 네 수를 테트라크티스(tetractys)라고 부르는데, 피타고라스 학파의 상징으로 쓰였다.

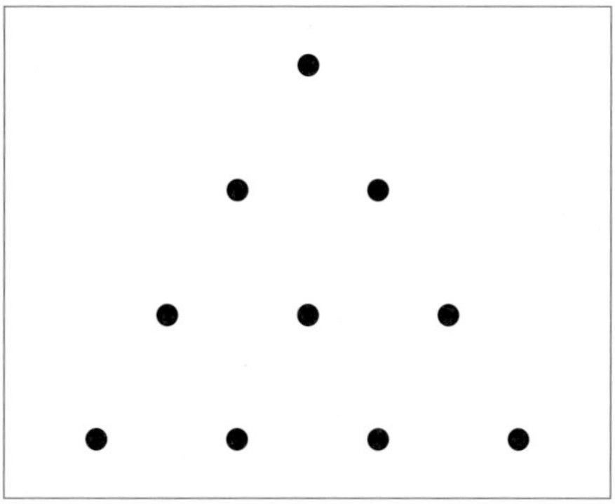

그림 2-2 테트라크티스

피타고라스가 이탈리아 남부의 크로톤(Croton)에 근거지를 두기 전까지 그는 이집트, 메소포타미아, 소아시아 등지를 돌면서 지적 유람을 하였다. 그는 크로톤에 근거지를 두고 제자들을 끌어 모았는데, 상당한 정치적 세력으로 등장하였고 그것이 결국에 이 집단이 정치적 박해를 받는 원인이 되었다. 이 집단은 공동생활을 하며 금기를 지키고 비밀주의를 표방하는 등 일종의 비교(秘敎) 집단과 같은 행태를 보였다. 육식을 하거나 해를 향해 오줌을 누어서는 안 되며, 금을 패용한 여자와 결혼해서도 안 된다고 했다. 특히, 콩을 먹어서는 안 된다고 했는데, 이는 콩이 숫자 1에 해당하고 숫자 1은 모든 숫자의 원천이라는 점에서 거룩하다고 여겨졌기 때문이다.

피타고라스 학파는 두 부류의 회원으로 구성되었다. 마테마티코이(mathematikoi), 즉 '배우는 사람'은 피타고라스가 연구를 시작한 과학적이고 수학적인 주제에 대하여 연구하는 역할을 담당하였고, 아코우마티코이(akoumatikoi), 즉 '듣는 사람'은 보다 의례적이고 종교적인 가르침을 배우고 준수하는 사람들이었다. 이 두 부류 사이에 어느 정도의 알력이 있었고 결국 그 사이에서 내분이 일어나 학파가 어려움에 봉착하기도 했다. 기원전 460년에는 그들의 비밀주의와 고립주의에 반감을 품은 이들에게 공격을 당해 많은 이들이 죽임을 당하고 학파는 완전히 와해되었다.

피타고라스 학파가 발견한 많은 수학 법칙 중에서 가장 유명한 피타고라스 정리는 이미 다른 곳에서도 알려져 있었던 것인데, 피타고라스 학파가 그것을 가장 먼저 증명했다는 점에서 그렇게 불린다. 그렇지만 그 정리 자체가 정사각형의 대각선의 길이가 한 변의 길이와 자연수 비를 이루지 않는다는 것을 드러내자 이 학파 자체의 근본적인 믿음이 위협받게 되었다. 세계의 모든 것을 수로 나타낼 수 있다는 생각이 틀렸음이 확실해졌다. 여기에서 수라고 부른 것은 오로지 자연수만을 의미했기 때문이다. 이러한 문제를 자각한 피타고라스 학파는 이러한 사실을 비밀에 부쳤으나 히파소스(Hippasos)라는 제자가 이러한 사실을 발설하여 결국에 파문 또는 죽임을 당했다고 한다.

수를 통해서 자연의 질서를 표현하려는 피타고라스의 태도는 자연현상을 모두 음악으로 보려는, 서양에서 널리 퍼지게 될 생각을 낳았다. 그러므로 중세 교육에서 교양 교육의 핵심을 이룬 3학(trivium)과 4과(quadrivium)에서 음악이 중요한 과목으로 여겨진 것은 당연했다. 3학은 문법, 수사, 논리를 지칭하는 언어적인 분야인 반면에 4과는 산수, 기하, 천문, 음악을 지칭하는 수학적인 분야들이었다. 여기에서 음악은 자연에서 수학과 관련된 논의들을 포함하는 것이었으니 그것은 실행 음악이 아니라 사색 음악이었다. 보에티우스의 표현에 따르면 음악에는 세 가지가 있는데, 우주의 음악(musica mundana), 인간의 음악(musica humana), 악기의 음악(musica instrumentalis)이 그것이다. 우주의 음악은 '천구의 음악'(music of the spheres)이라고도 불리며, 천체의 운동과 배열에 반영되어 있는 수적 질서를 이르는 말이다. 천체들이 연주하는 눈에 보이지 않는 우주의 음악은 별들의 규칙적인 운행을 통해서 드러난다. 인간의 음악은 인체와 영혼이 모두 천체의 음악과 상호작용을 하면서 작동되니 도덕적인 인간의 배양이나 음악을 통한 질병의 치료도 모두 음악을 통해 이루어지는 것이었다. 인체에 내재하는 수학적 질서는 천체의 들리지 않는 음악과 들리는 악기의 음악과 하나의 원리로 묶여 있기 때문에 그 사이의 연관을 찾아내는 과정이 인간의 음악이 추구하는 바였다. 마지막으로 악기의 음악은 물체의 진동을 통해서 나오는, 사람이 들을 수 있는 음악을 가리키는데 사람의 음성 또한 성대라는 악기를 통해 나오는 소리이기 때문에 성악과 기악을 포함하여 모든 무지카 프라티카(musica prattica)가 이 범주에 속하였다. 그러므로 중세에 음악이라는 영역은 오늘날의 예술의 한 분야로 간주되는 음악보다는 지칭하는 바가 훨씬 넓었다.[35]

무지카 문다나를 추구하는 전통은 16, 17세기 르네상스 시대에 신비주의 전통이 부활하면서 더욱 활발해졌다. 일현금을 통해서 자연의 수학적 질서를 표현하려는 피타고라스의 태도는 플러드(Robert Fludd, 1574~1637)를 통해서 다양한 그림으로 표현되었다. 플러드의 '신적 일현금'(Divine Monochord)은 피타고라스가 생각했던 우주의 모형을 상징적인 도식으로 잘 표현하였다(그림 2-3). 우주를 관통하는 거대한 일현금이 낮은 G(Γ)에서 중간 G를 거쳐서 높은 g까지 두 옥타브의 음정을 보여 준다. 일현금은 지상(terra)에서 물(aqua), 공기(aer), 불(ignie)의 4원소 층을 넘어 달의 층에 맞추어 조율이 되어 있다. 지상은 Γ에 해당하고 물 층의 꼭대기가 A, 공기층의 꼭대기가 B, 불 층의 꼭대기가 C에 해당한다. 그 위에 있는 달의 층의 꼭대기가 D에 해당하고, 다음으로 수성의 천구의 꼭대기가 E, 금성의 천구의 꼭대기가 F, 태양의 천구가 G에 해당한다. 다음에 화성, 목성, 토성의 자리가 각각 a, b, c에 해당한다. d에 맞게 항성 천구가 배치되어 있다. 항성 천구임을 나타내기 위해 무

35 같은 책, pp. 28-31.

수히 많은 별들이 이 천구를 메우고 있다. 그 위에는 신의 영역이 펼쳐져 있다. 4원소의 개념과 그것이 이루는 층의 개념은 아리스토텔레스의 지상계 개념을 그대로 채용한 것이다. 그리고 그 위에 행성들의 천구 개념 또한 아리스토텔레스의 것을 그대로 원용했다. 그러나 이러한 아리스토텔레스의 우주 모형에 음계를 부여했다는 데 플러드만의 독창성이 있다. 이 그림은 천구의 운행이 음악에 해당한다는 것을 보여 주고 그 조율을 통하여 아름다운 음악을 연주하고 있음을 나타낸다. 플러드는 철저하게 지구 중심설에 입각하여 천구의 음악을 표현하였다.

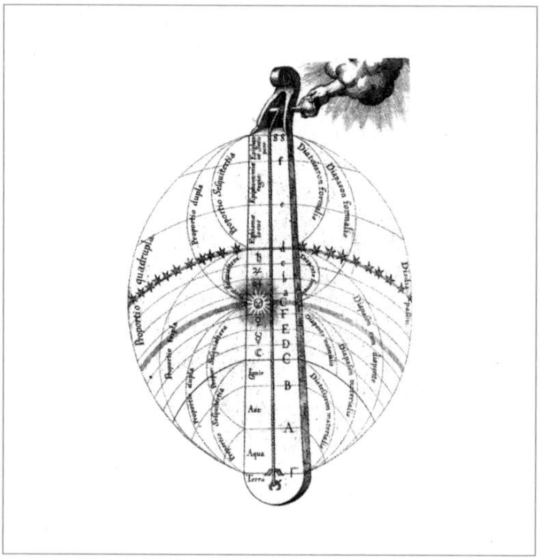

그림 2-3 플러드의 신적 일현금

요하네스 케플러(Johannes Kepler, 1671~1730)는 신플라톤주의자로서, 자연의 수적 질서에 대한 믿음을 가졌고, 태양을 가장 중요한 천체로 보아 신적 가현으로 간주하였다. 이러한 믿음은 간혹 잘못하면 이단으로 몰릴 수도 있는 것이었기에 케플러 자신이 갈릴레오와 같은 운명에 처하지 않으려고 신경을 썼다. 젊었을 때 케플러는 매스틀린(Michael Mästlin, 1550~1631)에게 코페르니쿠스의 태양 중심설을 배우고 그 이론의 매력에 빠져들었다. 그는 자신의 신념에 따라 태양이 마땅히 우주의 중심에 놓여야 한다고 생각했고 그 이론을 입증하는 일에 매진했다. 그는 신플라톤주의자들이 신봉했던 피타고라스의 신념에 따라 자연을 수학적 질서의 산물로 간주하고 신을 위대한 기하학자로 보고자 했다. 그는 우주가 들려주는 위대한 음악을 천문학을 통해서 밝혀내는 것에 일생을 걸었다. 루터교를 믿는다는 이유로 딸의 장례식도 치를 수 없었던 케플러는 스스로 망명자가 되어 이곳저곳을 유람했지만 나중에 신성로마제국 황제였던 루돌프 2세에게 몸을 의탁하고 궁중 천문학자로 일하였다. 그가 하는 주된 일은 별점을 치는 일이었는데, 그는 이 방면에 탁월한 능력이 있다고 정평이 나 있었다. 전쟁이나 기근, 위대한 인물의 탄생 등을 맞추었다는 평가 때문이었다. 그렇지만 케플러 자신은 정작 점성술이 엉터리라고 고백한 적이 있었다.[36]

케플러 자신의 우주의 음악을 잘 드러낸 첫 번째 저술은 1596년에 출판된 『우주의 신비』(*Mysterium Cosmograhicum*)였다. 이 책의 주된 화두는 왜 행성은 여섯 개인가라는 의문이었다. 그것에 대해 케플러는 정다면체가 다섯 개이기 때문이라고 대답하였다. 정다면체란 모든 면이 동

36 구자현, 『공생적 조화: 19세기 영국의 음악 과학』(서울: 서강대학교출판부, 2012), pp. 41-42.

일한 정다각형으로 이루어진 입체도형을 말한다. 여기에서 정다각형이란 모든 변의 길이가 같은 닫힌 평면 도형을 이른다. 플라톤의 수학에 정통하였던 케플러로서는 우주의 수학적 설계를 나타내는 데 정다면체가 중요하다는 사실에 일찍부터 공감하였다. 플라톤은 정다면체가 다섯 개인 것을 알았고 그것에 자연의 질서를 부여하였다. 그것은 이른바 수학적 질서요, 기하학적 질서였다. 플라톤은 『티마이오스』(*Timaios*)에서 엠페도클레스(Empedocles)가 생각해 낸 4원소 이론을 받아들여 물, 불, 흙, 공기가 모든 지상계의 물체들을 구성한다고 말했는데, 거기에 자신이 피타고라스에게 받은 영향력을 드러내어 4원소에 수학적인 설계를 가미하였다. 그는 네 가지 원소가 각각 정다면체로 이루어져 있다고 주장했다. 가장 가벼운 원소인 불은 정사면체, 가장 안정된 원소인 흙은 정육면체, 변화무쌍한 공기는 정이십면체, 잘 흐르는 물은 정팔면체에 해당한다고 했다.[37] 이들 입체 도형은 정삼각형과 정사각형을 이등분하면 만들어지는 두 가지 종류의 이등변 직각삼각형을 면으로 한다. 그리하여 평면의 삼각형들이 이합집산(離合集散)하여 만들어 내는 도형이 정다면체들인 것이다. 그러므로 네 가지 원소는 고정되어 있는 것이 아니라 끊임없이 변하면서 서로 전환될 수 있다고 보았다. 그런 점에서 플라톤이 생각한 물질 세계는 수학적 질서를 내포하고 있는 세계였다.

37 이러한 설명 방식에 따르면 정오각형 열두 개로 이루어진 정십이면체에 대응하는 원소는 없다. 이러한 문제점과 관련하여 플라톤은 12라는 숫자를 황도 12궁에 연결시켜서 정십이면체는 우주 자체를 의미한다고 얼버무리고 넘어갔다.

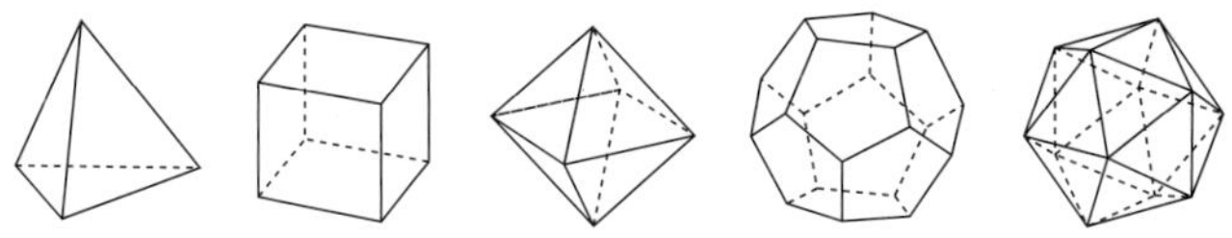

그림 2-4 플라톤의 정다면체

이렇게 정다면체가 갖는 독특한 지위를 우주의 설계로 끌고 간 사람이 케플러였다. 케플러는 우주의 음악에 대한 신념을 가지고 도형들을 조화시켜서 행성 천구들의 반지름이 이루는 음악을 끌어내고자 하였다. 그리하여 그가 생각해 낸 것이 새 둥지처럼 생긴 우주 모형이다. 케플러는 정다면체들이 모두 내접하는 구와 외접하는 구를 가질 수 있다는 것을 알았다. 즉, 정다면체의 면들에 모두 접하는 구를 그릴 수 있고 정다면체의 꼭짓점들을 모두 지나는 구를 그릴 수 있는 것이다. 그리고 그 두 구의 반지름 사이에는 독특한 비가 생겨난다. 연구 끝에 케플러는 바깥쪽부터 (토성의 천구)-(정육면체)-(목성의 천구)-(정사면체)-(화성의 천구)-(정십이면체)-(지구의 천구)-(정이십면체)-(금성의 천구)-(정팔면체)-(수성의 천구)를 배열하는 방식을 택했다. 이러한 정다면체의 배열 순서도 나름대로의 합리적인 이유를 따랐으나 후세의 독자가 보기에는 임의적이고 신비주의적인 사고에 불과해 보인다. 이렇게 천구와 천구 사이에 서로 다른 다섯 개의 정다면체를 배열하는 방식을 택하려면 천구가 여섯 개 있어야 한다. 그것이 케플러가 생각할 때 행성이 6개 존재하는 이유였다. 이러한 이유 자체가 오늘날의 견지에서 볼 때는 사실에 근거한 것이 아니지만 당시에 알려진 행성이 여섯 개뿐이었다는 사실을 감안하면, 케플러의 근본적인 화두는 당시로서는 얼토당토않은 것이 아니라 이유 있는 타당한 의문이며 태양중심설을 지지할 수 있는 하나의 근거로도 사용될 수 있는 것이었다.

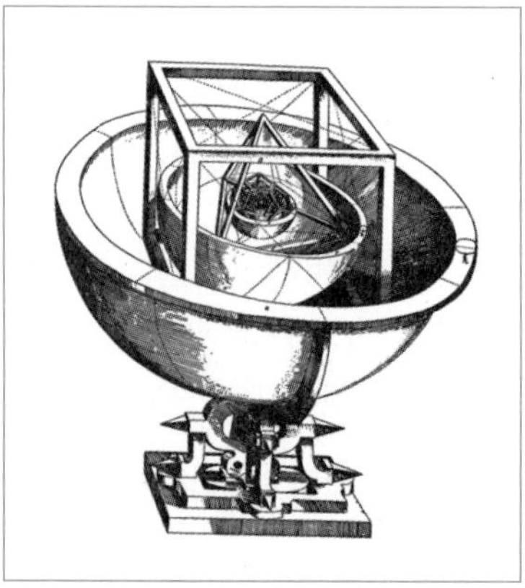

그림 2-5 케플러의 둥지 모양 우주 모형(바깥쪽)

그림 2-6 케플러의 둥지 모양 우주 모형(안쪽)

이러한 규칙적인 배열에서 들려오는 무지카 문다나는 마땅히 화음을 이룰 수밖에 없다. 그러나 케플러에게 우주의 변주는 거기에서 그치지 않는다. 결국, 케플러가 티코 브라헤(Tycho Brahe, 1546~1601)의 천문 관측 데이터를 바탕으로 철저한 계산에 의해 얻은 결론은 행성들의 궤도가 완전한 원을 이루지 않고 타원이라는 것이었다. 그렇게 오랫동안 천체들의 운동을 원운동의 조합으로만 풀어내려고 했던 노력을 포기하고 관측을 바탕으로 행성의 운동을 원운동이 아닌 타원 운동으로 확정 지은 것은 대단한 혁신이었다. 그러자 케플러는 이러한 타원 운동을 통하여 어떤 음악적 질서를 또다시 표현해야 했다. 그리하여 1619년에 출판한 케플러의 『우주의 조화』(*Harmonices mundi*)에서 케플러가 관심을 갖게 된 것은 행성들의 근일점과 원일점까지의 거리의 비였다. 행성마다 이심률이 각기 다르기 때문에 태양에서 근일점까지의 거리와 원일점까지의 거리는 다르게 나타난다. 궤도가 원에 가까운 행성일수록 이심률은 작고 근일점과 원일점까지의 거리의 비는 1에 가까워진다. 이러한 사실로부터 행성이 연주하는 음역이 달라진다고 케플러는 생각했고 그에 따라 행성의 음악을 악보로까지 표현하였다.

그림 2-7 케플러의 행성의 음악

『우주의 조화』에는 케플러의 제3법칙인 조화의 법칙이 담겨 있었다. 이것은 가히 행성들의 화음이라고 부를 수 있는 것으로, 모든 행성들이 임의의 배열을 갖는 것이 아니라 행성의 공전 주기와 궤도 긴 반지름 사이에 존재하는 수학적 관계를 통하여 행성들이 만들어 내는 화음을 뜻한다. 조화의 법칙의 내용은 모든 행성들의 궤도 반지름의 세제곱을 행성의 공전 주기의 제곱으로 나눈 값은 같다는 것이다. 여기에 조화의 법칙이라는 이름을 붙인 까닭은 행성의 배열과 운동 사이에 조화가 있기 때문인데, 조화란 곧 화성(和聲)과 같은 말로서 우주가 가진 수학적 질서를 지칭하는 것이다. 같은 차원의 양이 아니라 시간과 거리라는 별개의 양 사이에 존재하는 수학적 관계를 제시했다는 점에서 근대 과학의 발전을 위하여 탁월한 성과라고 평가할 수 있을 것이다. 이러한 발견은 케플러 자신이 행성의 운동 간에 존재하는 수학적 비, 곧 음악적 조화에 대한 믿음이 있지 않고서는 이룰 수 없는 업적이었다. 무지카 문다나의 실체를 여실히 증명하고 근대 천문학의 성과까지 이끌어 내었다는 점에서 케플러의 공로는 기릴 만하다.[38]

소리와 영혼

오늘날 영혼은 과학에서 그 실체를 의심받기도 하지만 육체와 별도로 존재하는 인간의 본질로서, 오랫동안 여러 문화권에서 인정되어 왔다. 사람이 죽을 때 영혼은 사람의 몸을 떠나 사후 세계로 들어간다는 생

38 구자현, 『음악과 과학의 만남: 역사적 조망』, pp. 62-66.

각은 대부분의 종교에서 인정해 온 것이었다. 또한 물질로 이루어진 세계를 초월하여 영혼이 존재하는 세계, 즉 신과 천사와 악마가 존재하는 세계에 대한 믿음 또한 대부분의 종교에서 인정하는 바이다. 절대자로서 인격적인 신의 존재를 인정하지 않는 유교에서조차도 조상에 대한 예를 깍듯하게 지키는 것은 사람이 죽어도 그 영혼은 살아서 후손들을 돌본다는 믿음 때문이다.

영성을 논할 때 초월적 존재를 체험하는 것으로 시각적인 이미지를 떠올리는 경우가 많지만 청각적인 것이 더 많이 보고된다. 가령, 성경에서 모세는 떨기나무에 불이 붙은 것 외에는 아무 형상도 보지 못하고 하느님의 목소리만 들었다.[39] 엘리야는 바알 신을 섬기는 사제들을 죽인 후에 왕비 이세벨의 협박을 받고 호렙산으로 가서 숨었다. 그가 굴에서 나왔을 때 천지를 진동하는 광경을 보았으나 거기에 하느님은 계시지 않았다. 그 후에 세미한 음성이 들렸다.[40] 또 어린 사무엘이 잠을 자다가 자신을 부르는 소리를 듣고 제사장 엘리에게 달려가 자신을 불렀냐고 물었지만 엘리는 부른 적이 없다고 대답했다. 그 일이 반복되자 엘리는 사무엘에게 "내가 여기 있나이다. 말씀하소서."라고 대답하라고 가르쳐 주었다. 이렇게 사무엘은 하느님과 만났고 계시를 통해 이스라엘의 선지자가 되었다.[41] 구약 성경뿐이 아니다. 신약 성경에서도 소리로 나타나는 하느님의 모습을 여러 곳에서 발견할 수 있다. 예수께서 침례자 요한에게 침

39 출애굽기 3장 2절.
40 열왕기상 19장 11-12절.
41 사무엘상 3장 4-10절.

례를 받고 물에서 올라올 때 비둘기 같은 형상이 하늘에서 내려오며 "이는 내 사랑하는 아들이라."는 음성이 들려왔다.[42] 또 사울이 살기등등하여 그리스도인을 핍박하러 다마스커스로 향할 때 밝은 빛이 하늘에서 비추며 음성이 들려왔다. "사울아, 사울아, 네가 왜 나를 핍박하느냐?" 사울이 깜짝 놀라 누구냐고 묻자 목소리는 "네가 핍박하는 예수니라."라며 그가 앞으로 행할 일을 지시하였다. 그렇지만 다른 사람들은 빛은 보았으나 음성은 듣지 못하였다.[43] 또 다른 예로, 베드로가 이방 선교를 시작하기 전에 백부장 코르넬리우스(Cornelius)를 만나러 가려 했는데, 그때 하늘에서 펼쳐진 보자기가 내려오는 환상을 보고 그 안에 있는 불결한 동물들을 잡아먹으라는 음성을 들었다. 이러한 일이 세 번 반복된 후에 이방인인 코르넬리우스가 복음을 듣기 위해 베드로에게 보낸 사람이 베드로에게 도착하였다. 베드로는 이 환상이 이방인에게 복음을 전하라는 하느님의 뜻이라 생각하고 그를 따라갔다. 이렇게 하여 기독교의 이방 선교가 시작되었다.[44]

유대 기독교 전통에서 하느님의 음성을 듣는 것은 영적 체험에 흔히 등장하는 일로, 많은 사람들이 성경 시대 이후에도 하느님의 음성을 들었다고 보고되었다. 따지고 보면 모든 성경이 하느님의 감동으로 되었다는 것은 성경을 기록한 사람들이 하느님의 음성으로 성경의 내용을 들었다는 말이다. 선지자들은 그렇게 들은 말씀을 이스라엘 백성들에게 전하

42 마태복음 3장 16-17절.
43 사도행전 9장 1-7절.
44 사도행전 10장 9-48절.

였다. 그리하여 "믿음은 들음에서 나며 들음은 그리스도의 말씀으로 말미암았느니라."[45]라는 말에서 기독교 신앙의 시작이 청각적 체험을 뜻한다는 것을 알 수 있다.

청각적 체험을 통하여 신을 만나는 일은 다른 문화와 종교에서도 흔히 언급되는 내용이다. 고대 그리스 전통에서 델포이 신전은 아폴로의 신탁을 받던 곳이었는데 그곳에서 사람들은 신의 음성을 듣고 미래를 알게 되곤 했다. 많은 샤머니즘적 전통에서도 영매는 신을 접하여 그 음성을 듣고 그것을 사람들에게 전해 준다. 환상을 보기도 하지만 구체적인 신의 메시지는 항상 음성의 형태로 전달된다. 그러므로 영적인 실체와의 접촉에서 청각적 체험은 구체적인 메시지를 전달받는다는 점에서 시각적 체험을 능가한다. 그러한 청각적 체험이 실제로 공기의 진동을 동반하는지는 확실하지 않다. "내 귀로 분명히 들었다."라는 사람들의 고백은 이러한 체험이 단순히 마음에서 일어난 생각의 차원의 것이 아님을 말해 준다. 그러므로 영적인 세계의 접촉과 소리의 관계는 매우 긴밀하다는 인식이 전통적인 문화에서 널리 공유되었음을 확인할 수 있다.

청각적 체험이 영적인 세계를 매개하는 또 다른 영역은 음악이다. 음악이 영혼에까지 미친다는 생각은 오랫동안 사람들의 생각을 사로잡았다. 음악이 사람의 마음을 바꾸어 놓는 능력에 대해서 사람들은 일찍부터 관심을 가졌고 그런 이유에서 음악이 영혼을 움직일 수 있다고 생각했다. 뿐만 아니라 음악은 영혼과 교감하기 때문에 사람의 마음을 변화

45 로마서 10장 17절.

시키고 영성을 드높이며 마음의 병뿐 아니라 신체적 질병까지 치료할 수 있다는 생각이 고대부터 많은 문화권에서 공유되었다. 피타고라스는 음악을 영혼과 몸을 치료하는 수단으로 사용하였다. 피타고라스는 '우주의 음악'과 그것을 다스리는 우주 영혼에 도달하는 방법이 음악이므로 음악은 사람의 영혼을 다스릴 능력이 있다고 보았다. 그래서 피타고라스는 하루를 마칠 때 제자들에게 음악을 들려주어서 그날의 번민과 걱정과 괴로움을 잊게 해 주었다고 한다. 한번은 자신의 애인이 다른 남자와 함께 있는 것을 본 어떤 청년이 분노에 차서 방화와 살인을 저지르려고 하는 것을 피타고라스가 보고 그에게 음악을 들려주어 마음을 돌이키게 했다고 한다. 일찍부터 히포크라테스(Hippocrates, 기원전 460?~기원전 377?)는 우울증을 치료하는 데 음악이 효과가 있다고 했고 로마의 의사였던 갈레노스(Claudios Galenos, 129~200? 또는 216?)도 정신병에 음악이 효과가 있다고 했다. 그리스 로마 신화의 오르페우스(Orpheus)는 음악으로 영혼을 다스리는 놀라운 능력이 있는 신적인 존재로 등장한다. 그가 리라를 연주하면 짐승들이 조용해지고 사람들의 병이 나았다. 또한 신의 마음을 움직이는 놀라운 능력으로 명계(冥界)에 들어가 죽은 아내를 데려오기도 했다.

종교적 행사에 음악을 사용하는 것도 음악이 영성을 드높이고 사람의 마음을 움직여 신과의 만남을 용이하게 해 준다는 생각이 널리 공유되었기 때문이다. 유대교 전통에서도 일찍부터 찬송과 기악을 종교적 예배에 널리 활용하였다. 성경의 시편은 그러한 찬송가의 가사를 모아 놓은 것이었고 기악에 맞추어 시편을 노래하였음을 확인할 수 있다. 예배용 음악은 제례를 전담하는 지파였던 레위 지파의 아삽 자손들이 담당하였다. 그들은 예배 중에 노래를 부르는 일뿐 아니라 악기를 연주하는 일도 담당했다. 기독교 전례에서도 유대교의 전통을 이어받아 음악이 일찍부터 예배에 활용되었다. 중세에는 성가가 발달하였는데 성가의 발달은 단선율의 성가인 그레고리안 성가에서 다선율이 함께 연주되는 오르가눔(organum) 방식의 성가로 발전하였다. 성가가 영성에 도움이 되는지를 놓고, 아우구스티누스(Aurelius Augustinus Hipponensis, 354~430) 같은 이는 그 도구적 유용성은 인정하면서도 그것이 입맛을 잃은 사람에게 단 음식을 먹여서 입맛을 회복시키는 것과 같은 효과가 있을 뿐이어서 지나치게 음악에 빠져드는 것은 바람직하지 않다고 비판적으로 보기도 했다. 17세기에는 음악이 영성의 개발에 방해가 된다는 이유로 음악을 예배에서 사용하기를 거부한 경우도 있었다. 청교도 혁명을 주도했던 영국의 청교도들은 세속적인 음악이 영혼을 타락시킨다고 생각하면서 예배뿐 아니라 왕실의 음악을 완전히 금지시킨 일도 있었다. 그러지만 대부분의 교회에서는 음악이 발휘하는 힘, 즉 영혼을 움직이는 힘이 예배에 도움이 된다는 생각이 일반적으로 받아들여졌다.

한편, 영혼에 영향을 미치는 음악은 신체에도 영향을 미쳐서 마음과 정신의 질병뿐 아니라 신체의 질병까지 회복시키는 능력을 발휘한다고 믿었다. 티베트의 수도승이 부르는 높은 음의 노래는 영혼을 울려 병을 치료하는 효과가 있다고 한다. 루터(Martin Luther, 1483~1546)가 오랜 금식으로 정신을 잃고 쓰러졌을 때 사람들이 그가 평소에 좋아하던 노래를 들려주었더니 그가 정신을 차리고 함께 노래를 불렀다는 이야기가 전한다.[46] 실제로 오늘날에도 음악 치료는 병원에서 다양한 치료 기법 중의 하나로 활발하게 활용되고 있다. 오랜 역사를 가진 음악 치료는 그 과학적 근거에 대한 논란에도 불구하고 음악이 가진 힘을 실질적으로 활용하는 방법으로 널리 행해지고 있다. 음악 치료를 실시하는 이들은 그것을 정당화하기 위하여 다양한 철학적·과학적 근거를 제시하고 있다. 음악의 치료 효과에 대한 논의는 고대부터 모든 시대에 걸쳐 있어 왔고, 과학적 검증을 위한 노력 또한 계속되어 왔다. 이런 경우에 어떤 실행이 엄청나게 오랜 역사를 가지고 있고 많이 행해지고 있을 때 그러한 실행의 경험적 근거를 대는 일은 무척 쉽지만 그러한 믿음이 옳다고 판단하기에는 과학적 근거가 미흡한 경우가 있다. 음악 치료도 경험적 근거는 많지만 그 원리에 대한 과학적 근거는 미약하기에 과학적 근거보다는 여전히 신비주의적인 설명이 더 우세하다. 그것은 마치 한의학의 치료 효과를 과학적으로 검증하기 어려운 것과 마찬가지이다. 현재 음악 치료도 다양한 전통 문화 속에서 발전한 형태로 행해지는 경우가 많다. 티베트, 아프리카, 중남미 등지에서 오랫동안 행해져 왔고 지금은 서양 세계로 활발하게 유입되고 있는 음악 치료 기법이 그러하다. 이러한 실행들은 기(氣) 치료와 같은 전통적인 신비주의적 치료법이 서양 의학에 대한 대체 수단으로서 활용되는 것과 유사하다. 어떤 의료적 실행을 수행하고 그로 인하여 기대했던 효과가 나타나면 어떤 메커니즘으로 그러한 효과가 나타났는지에 대한 설명이 없어도 그러한 인과적 연결을 사실로 받아들이는

46 힌리히 반 데에스트, 『음악 치료』, 공찬숙 옮김(서울: 시유시, 1998), p. 51.

사람들이 생기기 마련이다. 그래서 많은 음악 치료 행위가 전문가의 이름을 내걸고 실행되고 있다.

이렇게 음악이 예배나 치료를 목적으로 사용될 수 있었던 것은 음악이 추상적이면서도 어떤 메시지를 전달할 수 있는 능력이 있기 때문이다. 가사를 붙이지 않아도 음악은 그것이 모방하는 세상의 소리, 자연의 소리, 사람의 말을 통해서 어떤 연상 작용을 일으키며 이를 통해 듣는 이들에게 무언가를 계속해서 호소한다. 세상의 소란스러움을 들려주기도 하고 고요한 아침 바다와 폭풍우에 파도치는 바다를 들려주기도 하며, 때로는 한여름의 햇빛 아래 벌판에서 아지랑이가 피어나는 모습을 연상시키게도 한다. 때로는 슬픔 사람의 주절거림을 들려주기도 하고 화난 사람의 외치는 목소리를 흉내 내기도 하며 불안한 사람의 떨리는 목소리를 연상시키게도 하고 승리의 함성을 묘사하기도 한다. 이러한 모든 연상 작용은 곡을 쓰거나 연주하는 사람의 감정이 실리기 때문일 수도 있고 듣는 사람이 주관적으로 해석하는 것일 수도 있다. 그렇지만 여러 가지 음의 기교가 표현될 때마다 뭔가 메시지를 전달받는다는 인상을 받게 된다.

음악이 전달하는 메시지의 차원은 언어보다 더 원초적인 것 같다. 이것은 혼수상태에 빠진 사람에게 음악을 들려주었을 때 반응을 보이는 것에서 확인된다. 혼수상태에 빠진 환자는 자신의 의사를 표현할 수는 없어도 주변에서 일어나는 일들을 모두 지각하는 경우가 많다. 마치 극도로 졸린 사람이 주변에서 일어나는 일을 지각하는 것과 비슷하다. 혼수상태인 자신에게 말을 걸어올 경우에 무슨 말인지는 이해할 수 없지만 어조를 통해 내용이 어떤지를 추정할 수는 있다. 자신에게 애정 어린 위로를 표현하는지 귀찮게 명령하고 있는지 비난하고 조롱하는지 알 수 있다. 이러한 의식 상태의 사람에게 음악을 들려주는 것은 말로 의사를 전달하는 것보다 더욱 효과적일 수 있다. 환자의 호흡 주기에 맞추어 노래를 불러주고 환자의 미세한 반응에 따라 노래를 바꾸어 주면 환자와 상호작용이 이루어지기 시작한다. 환자에게 북을 주면 노래에 반응하여 북을 치기도 하면서 상호작용이 더욱 활발해지고 의식이 점차 회복되며 빠른 회복을 보이기도 한다.[47] 이로부터 음악은 인간의 의식 저변까지 파고들어 영향을 준다는 것을 추측할 수 있다. 논리적인 사고 이전에 인간이 먼저 지각하는 것은 자연이나 타인이 보이는 분위기와 정서이다. 음악은 바로 그러한 측면을 표현할 수 있기에 언어로 표현할 수 없는, 또는 표현하는 데 적합하지 않은 분위기와 정서를 전달하는 능력이 있는 것이다.

음악이 심령에 미치는 효과, 더 나아가서 신체에 미치는 효과에 대해서는 일찍부터 다양한 문화권에서의 보고가 있었다. 그리하여 음악 치료는 근대 이전에 널리 활용되다가 17세기에 근대적인 치료에 대한 의학적 개혁이 일어나면서 그 위세가 한풀 꺾였다. 고대로부터 서양 세계에서는 질병이 체액 균형이 깨어질 때 발생한다는 생각이 널리 공유되었다. 히포크라테스 학파는 4체액설을 제기하면서 체액의 균형을 인체 질병학의 토대로 삼았다. 인체 내에 있는 네 가지의 종류의 체액, 즉 혈액, 점액, 황담즙, 흑담즙이 균형을 이루면 사람은 건강을 유지하지만 체액의 균형이 신체 전체 또는 신체 일부에서 깨어지면 질병이 발생한다고

47 같은 책, pp. 90-93.

본 것이다. 질병을 해결하기 위한 방안도 체액의 균형을 회복하기 위한 것이었기 때문에 현대적인 치료 방법과는 상당히 달랐다. 가령, 과잉행동 증세는 혈액이 과다하여 발생하므로 사혈(bloodletting)의 방법을 써서 혈액의 일부를 신체에서 제거함으로써 체액의 균형을 도모하였다. 또한 인체의 특정 부위에 특정 체액이 과도할 경우 이를 해소하기 위하여 온찜질이나 냉찜질, 마사지 등과 같은 물리 치료 요법을 실시하였다. 이러한 사고방식은 로마시대에 고대 의학을 집대성한 갈레노스에게 이어져 중세 이후 근대 초기까지 서양 의학 사상의 토대가 되었다.

파라켈수스(Paracelsus, 1493~1541)는 질병 치료를 위하여 연금술적 기법을 활용하였는데, 금을 만들기 위해서가 아니라 치료약을 만들기 위해서 연금술을 이용하였다. 그는 소우주와 대우주의 유비로부터 특정한 약이 특정한 인체 부위에 작용한다고 생각하면서 질병은 인체 특정 부위에 국소적으로 존재한다고 주장하였다. 한편, 이탈리아의 파도바대학에서 교편을 잡았던 베살리우스(Andreas Vesalius, 1514~1564)는 갈레노스의 생리학과 해부학 이론의 오류를 밝혀냄으로써 고대 의학의 권위에 흠집을 냈고 실제 인체를 정교하게 해부하여 인체 해부도를 작성함으로써 근대 의학의 기초를 놓았다.[48]

근대 의학은 인체의 특정 부위의 구조적·기능적 결함이 질병과 연관이 있다고 보았는데, 이것은 의학계 내에서 해부학과 외과술의 지위 상승과 밀접한 연관이 있었다. 질병의 원인과 관련하여 국소설이 점차 자

48 구자현, 『쉬운 과학사』(파주: 한국학술정보, 2009), pp. 103-105.

리를 잡아 가면서 해부학과 외과술에 대한 수요와 위상이 높아졌다. 의학 교육에서 해부학의 역할이 높아졌다는 것은 해부학 지식을 창출하는 중심 역할을 담당하는 외과의의 중요성이 커졌음을 의미한다. 내과 의사(physician)에 대한 보조적 역할을 담당하던 외과의(surgeon)가 의학교 내에서 점차 그 지위가 상승하였다.

근대 과학은 자연에 대한 모든 신비적인 요소들을 몰아내고 기계적 철학을 더욱 확고히 하고자 하였으므로 정신적이고 비가시적인 원인보다는 물질적이고 가시적인 원인을 추구하는 경향이 강하였고 그것은 생물학이나 의학 분야에서도 마찬가지였다. 그러므로 비록 체액 균형설이 가시적이고 물질적인 체액에 의거한다 할지라도 체액은 어떤 상징적인 의미를 갖는 원리였지, 물질적 성분으로서 그 실체들이 구체적으로 확인된 것은 아니었기에 균형설은 비가시적이며 본질적인 측면을 제시하는 이론이었다. 이에 비하여 국소설은 신체를 구성하는 물질 자체가 구조적인 존재이며 각각의 존재가 저마다의 기능적 역할을 담당할 수 있다고 생각한다는 점에서 더욱 물질주의적이었다.

이러한 질병과 치료에 대한 근대적인 인식이 널리 퍼져 나가고 있었던 17세기에 음악의 치료적 효과는 의심의 눈초리를 받기에 충분했다. 전통적으로 음악은 청각기를 통하여 뇌로 전해져 거기에서 더 고등한 기능을 갖는 인간의 '영혼'에 영향을 미치는 것으로 인식되었다. 그러므로 실체를 적시하기 어려운 영혼에 어떤 방식으로 음악이 영향을 미친다는 생각은 '과학적'이라고 받아들여지기 어려웠다. 데카르트의 정신-물질 이원론에 따르면 정신과 물질은 별개의 실체이고 상호작용을 할 수 없으므로 정신 또는 영혼에 작용하는 음악이 신체의 질병을 치료하는 데 유효한 영향력을 발휘하기는 어려웠다. 그렇다면 음악 치료가 유효할 수 있는 영역은 정신뿐일 텐데, 정신의 질병을 논의하는 것은 당시의 의학으로서는 쉽지가 않았다. 그러므로 음악 치료는 근대 의학의 중심부로 들어가기에는 너무 모호한 영역에 있는 것으로 여겨졌다. 근대 의학의 국소설은 기본적으로 의학을 실행하기 위한 중심에 가시적인 신체 기관을 둠으로써 성립된 것이었기에 청각을 토대로 하는 음악 치료는 시각적으로 판단할 수 없는 영역에 머물러 있는 것으로 여겨지는 것이 당연했다. "믿음은 바라는 것들의 실상이요 보지 못하는 것들의 증거니"[49]라는 성경 구절처럼 청각은 믿음의 영역에 속하는 대상에 근접한 감각이며 시각은 믿음의 영역과는 배치되는 영역을 지칭한다. 근대 의학은 믿음의 영역을 벗어 버리고 눈에 보이는 것만을 사실로 받아들이겠다는 근대 과학의 정신을 채용함으로써 비약적으로 발전하였지만 청각으로 접근할 수 있는 영역의 실재성은 부인하는 부작용을 낳게 되었다.

화음의 기원

음악을 더욱 아름답게 하는 요소로 화음이 있다. 화음은 어디에서 나오는가? 화음의 기원은 협화음(consonance)에 대한 이론에서부터 시작된

49 성경전서, 히브리서 11:1.

다. 협화음은 피타고라스의 일현금에서 길이의 비가 단순한 두 현에서 나오는 음이 이루는 듣기 좋은 소리이다. 반면에 길이의 비가 단순하지 않을 경우에는 두 현에서 나오는 음이 듣기 거북한 소리를 이루는데 그것을 불협화음(dissonance)이라고 한다. 그렇다면 그 기준은 무엇일까? 피타고라스는 그 기준이 되는 값을 4 이하의 숫자로 제한했다. 즉, 테트라크티스를 이루는 네 개의 수 1, 2, 3, 4로 만들어 낼 수 있는 비율에서 나오는 소리를 협화음으로 보았던 것이다. 그러므로 1:1(동음), 1:2(옥타브), 1:3(12도), 1:4(두 옥타브), 2:3(완전5도), 3:4(완전4도)가 협화음에 해당한다.[50]

여기에서 현재에는 협화음으로 간주되는 장3도(4:5)가 빠져 있는 것이 의아하다. 장3도는 오늘날의 다성음악(polyphony)에서 흔하게 사용되는 협화음이기 때문이다. 16세기에 이르러서 이탈리아의 음악 이론가인 차를리노(Gioseffo Zarlino, 1517~1590)가 장3도를 협화음으로 간주하였는데, 그가 장3도를 음악 이론상 협화음으로 간주하기 이전에 이미 르네상스 음악가들은 장3도를 그들의 곡에서 널리 활용하고 있었고 차를리노의 조치는 이러한 실행에 대한 이론적 대응으로 이루어진 것이다. 차를리노가 그의 저서 『화성법 교정』(*Le istitutioni harmoniche*)에서 협화음으로 받아들인 또 다른 음정은 단3도(5:6), 장6도(3:5)였다. 이 모든 수들은 6 이하의 수의 비로 이루어졌다. 그리하여 차를리노는 숫자 6, 즉 누메로 세나리오(numero senario)를 새로운 음의 원리로 내세웠다. 그는 6이라는 숫자의 특수성을 행성이 여섯 개인 것에서 찾았다. 그리고

50 2:4=1:2이기에 따로 언급할 필요가 없다.

처음 세 수의 합과 곱이 모두 숫자 6(1+2+3=1×2×3=6)이기 때문에 6이라는 숫자는 특수한 숫자라고 했다. 그리하여 6 이하의 숫자로 이루어진 비는 협화음을 만든다는 것이 차를리노의 논리였다. 그는 단6도(5:8)도 협화음에 넣고 싶어 했는데, 이것을 완전4도 3:4와 단3도 5:6의 결합에서 나오는 것으로 설명했다.

갈릴레오 갈릴레이(Galileo Galilei, 1564~1642)가 선택한 협화음의 원리는 일치 이론(correspondence theory)이라고 불린다. 그는 일현금의 길이의 비의 역수가 곧 진동수의 비이며 진동수의 비로부터 음정을 표현하는 것이 더 타당하다고 생각했다. 프랑스의 수사 메르센(Marin Mersenne, 1588~1648)은 정교한 실험을 통해서 현의 길이, 장력, 굵기와 진동수 사이의 수학적 관계를 밝혀내었다. 메르센의 생각을 지지하고 진자의 등시성으로부터 현의 진동수와 현의 길이의 관계를 유추해 낸 갈릴레오는 협화도를 비를 이루는 수의 곱이 작은 정도로 설정하였다. 진동수의 비는 곧 주기의 비의 역수와 같다. 즉 진동수 비가 1:2이면 주기는 2:1이다. 진동수 비가 2:3이면 주기는 3:2이다. 주기의 비가 2:1이면 2와 1의 공배수인 2가 두 소리의 일치도가 된다. 그 일치도가 작을수록 협화도가 높다고 보는 것이다. 그러므로 주기의 비가 3:2인 경우에는 3과 2의 공배수가 6이므로 6이 두 음 일치도가 된다. 이에 따르면 비가 1:2인 옥타브의 경우에 일치도는 2이고, 비가 2:3인 완전5도의 경우에 일치도는 6이다. 비가 4:5인 장3도는 일치도가 20이다. 비가 3:4인 완전4도의 일치도는 12이다. 이에 따르면 비가 1:4인 두 옥타브의 경우에는 일치도가 4가 되고, 1:3이면 12도로서 일치도가 3이다. 이러한 일치도에 따라

협화도를 정하게 되면 그 전까지 피타고라스의 규칙은 무의미해진다. 이것은 소리가 반복되는 펄스라는 생각에 따라 제기된 것이었기에 피타고라스가 제시한 수비학적 기준과 일치하지 않는 새로운 이론이었다.

화음의 기원에 대한 과학적 이해는 배음에 대한 이해로부터 비롯되었다. 소뵈르는 배음이 존재한다는 것을 일찍이 알아냈다. 즉, 현이 진동할 때 기본 진동수의 진동음만 발생하는 것이 아니라 현의 2배 진동이나 3배 진동 등으로부터 기본 진동수의 2배, 3배의 진동수를 갖는 배음이 함께 발생한다는 것이다. 그렇지만 그 모든 음들이 하나로 잘 어우러져 분간하기가 어렵다. 어떤 악음 속에는 진동수가 그 기음 진동수의 2배, 3배, 4배, 5배 등인 부분음이 들어 있기 때문에 다른 악음이 그 2배 또는 3배, 4배, 5배의 진동수를 갖는 음으로 진동을 하게 되면 그 악음과 잘 어울리게 된다.

이러한 기음의 중요성을 인지하고 그것을 화성 이론에 적극적으로 도입한 사람은 프랑스의 작곡가이자 음악 이론가였던 라모(Jean-Phillipe Rameau, 1683~1764)였다. 라모는 기저저음(fundamental bass)을 그의 화성 이론의 기본으로 삼았다. 기저저음 위에 3도, 5도의 음을 쌓게 되면 3화음이 만들어진다. 라모는 이 기저저음을 정당화하기 위하여 진동하는 현에 주목하였다. '소리 내는 물체'(corps sonoré)라는 개념은 라모의 화성 이론의 과학적 근거였다. 그는 소뵈르의 이론에 근거하여 현이 진동할 때 여러 개의 배진동이 가능하고 그것이 바로 1배 진동을 기저저음으로 하는 화음들을 발생시킨다는 것이다. 이미 현이 진동할 때 발생하는 악음 안에 들어 있던 음들이기 때문에 가장 잘 어울리는 화음을 형성

하는 것이 으뜸화음이다.[51]

소뵈르의 배음 이론을 라모에게 전달해 준 사람은 데카르트를 추종하는 과학자이자 가톨릭 수사였던 카스텔(Louis-Bertrand Castel, 1688~1757)이었다. 그는 라모가 역학적 원리에 바탕을 두고 화음 이론을 전개하고 데카르트가 논의한 바 있었던 일현금을 가지고 화음 이론을 논의했다는 점에서 그를 데카르트주의자라고 생각했다. 그리하여 그는 라모의 화성 이론을 훌륭하다고 칭찬했다. 그렇지만 두 사람의 우호적 관계는 오래가지 않았다.

라모가 뉴턴의 중력 이론에 끌리면서 종지(cadence)에 있어서 모든 화음이 으뜸화음으로 끌리는 현상으로 조성 이론을 제시했을 때 그는 모든 것을 잡아당기는 인력의 힘을 반영하고 싶어 했다. 이와 같은 라모의 태도 변화는 프랑스 과학계에서 뉴턴을 적극적으로 받아들인 것과 맥을 같이하는 것이었기에 기성 과학자들이 이러한 라모의 태도를 환영하지 않았을 리가 없다. 그렇지만 대부분의 과학자들이 뉴턴을 받아들인 것과는 달리 카스텔은 여전히 뉴턴주의를 못마땅하게 여기고 있었기 때문에 라모가 그러한 전향을 한 것에 대하여 비난하였다. 그렇지만 라모는 카스텔보다는 달랑베르(Jean Le Rond D'Alembert, 1717~1783) 등 당시 과학계의 주류에게 인정을 받고자 하는 생각이 강했기 때문에 계속 뉴턴주의자로서의 자신의 면모를 강하게 부각시키기 위해서 조성 음악에서 으뜸음 또는 으뜸화음의 '인력'을 계속해서 논의하였다. 라모는 부족

51 구자현, 『음악과 과학의 만남: 역사적 조망』, pp. 113-118.

하나마 자신이 가진 과학 지식을 총동원하고 다른 과학자들에게 도움을 받아 과학자로 인정받으려는 노력을 지속하였고 마침내 그 꿈이 이루어져 파리 과학 아카데미에서 발표를 할 수 있었다. 오늘날에도 라모의 이론은 세부 사항에서 많은 논란을 일으키지만 과학에 토대를 둔 화성 이론으로서 주목을 받고 있다. 라모는 작곡자이면서 음악 이론가였기 때문에 자신의 화성 이론을 작곡을 가르치는 도구로 사용하기도 하였고 륄리(Jean-Baptiste Lully, 1632~1687)와 같은 위대한 작곡가의 곡을 분석하여 자신의 화성 이론의 유효성을 증명하려고 하였다. 그의 노력은 오늘날 조성 음악의 이론을 세우는 토대로 널리 인정받고 있다.

라모가 음악가로서 화성 이론의 과학화를 위해 노력한 반면에 헬름홀츠는 과학자의 입장에서 화성을 해명하려고 노력하였다. 그의 이론은 3화음의 형성부터 장조/단조의 형성, 종지 유형 등에 이르기까지 다양한 차원에 이른다. 헬름홀츠는 부분음과 부분음의 물리적 실재성에 토대를 두고 문제를 해명하고자 하였다. 헬름홀츠 자신이 뛰어난 피아노 연주 실력을 갖고 있었기 때문에 그의 청음 능력은 상당한 수준에 도달해 있었고 그러한 점에서 그는 음을 분석할 수 있는 능력뿐 아니라 과학적인 전문 지식을 겸비하고 있었다.[52] 헬름홀츠는 공명기를 활용하여 부분음과 조합음의 존재를 물리적으로 검출하였고, 그것이 그의 화성에 대한 논의의 출발점이었다. 헬름홀츠는 기본적으로 모든 화성 이론을 순정률 위에서 논의하였다. 그는 평균율을 혐오하였고 순정률이 온전한 화성을

52 Alexandra Hui, *The Psychophysical Ear: Musical Experiments, Experimental Sounds, 1840-1910* (Cambridge: MIT Press, 2013), pp. 63-76.

구성할 수 있다고 믿었다. 그의 논의에서 이것이 자연스럽다는 것을 확인할 수 있다.

헬름홀츠는 협화음과 불협화음의 발생을 맥놀이에서 찾았다. 맥놀이라고 하는 것은 진동수가 약간 다른 두 음이 함께 울릴 때 진동수의 차이에 해당하는 진동수로 소리가 커졌다 작아졌다 하는 현상이다. 음악가들은 오래전부터 이 현상을 악기의 조율에 이용해 왔다. 두 현에서 나오는 소리가 정확하게 동음(unison)인지 아닌지는 발생하는 맥놀이를 들어 보면 알 수 있었다. 두 현의 진동수가 근접하면 근접할수록 맥놀이는 점점 느려졌고 완전히 일치하면 들리지 않았다. 그런데 일반적으로 악음은 단순한 형태의 사인파인 순음의 합으로 나타난다. 진동수가 다양한 순음이 다양한 세기로 섞여 있는 것이라고 볼 수 있다. 일반적으로 현을 진동시키거나 관을 진동시키면 발생하는 악음의 경우에는 진동수가 가장 낮은 순음인 기음이 있고, 진동수가 기음 진동수의 정수배인 순음들인 배음이 있다. 이러한 기음과 배음을 합쳐서 헬름홀츠는 부분음(Partialton)이라고 불렀다. 부분음의 분포를 악음의 스펙트럼이라고 부른다. 가령, 392Hz의 G4음을 내는 플루트의 소리 스펙트럼을 보면 〈그림 2-8〉과 같다.

이 스펙트럼을 보면 392Hz의 배수에 해당하는 784Hz, 1176Hz, 1568Hz, 1960Hz …와 같이 등간격으로 피크가 나타나는 것을 볼 수 있다. 이렇게 배음렬이 나타나는 악음은 조화롭고 듣기가 좋다. 기음 진동수가 f_1, f_2인 두 음은 어떻게 들릴까? 이제 맥놀이가 두 기음 진동수 사이에서만 일어나는 것이 아니라 배음과 배음 사이에서도 일어난다. 가령, 부분음 배열이 {2n, 4n, 6n, 8n, 10n, 12n …}인 악음과 {3n, 6n, 9n,

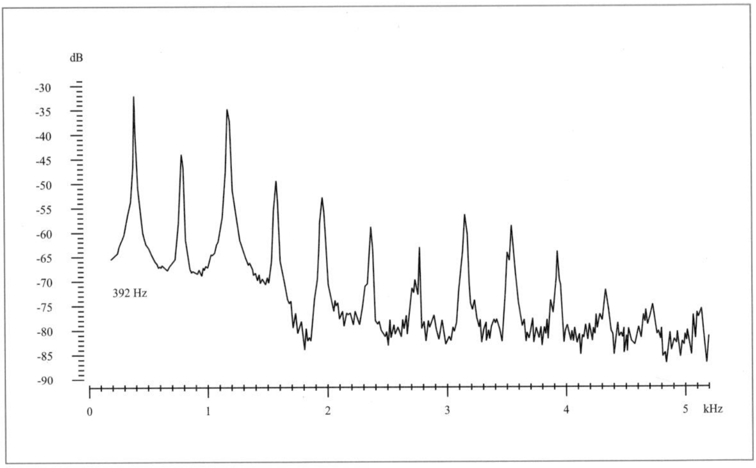

그림 2-8 플루트의 소리 스펙트럼

12n …}인 악음은 기음 진동수가 2:3으로 완전5도의 협화음을 이루는데, 배음 사이에도 일치가 일어나면서 맥놀이가 발생하지 않는다. 그렇지만 부분음 배열이 {2n+1, 4n+2, 6n+3, 8n+4, 10n+5, 12n+6 …}과 {3n+3, 6n+6, 9n+9, 12n+12 …}인 두 악음이 있다고 해 보자. 두 악음의 기음은 정확하게 2:3의 완전5도의 협화음을 이루지 않는다. 6n+3과 6n+6 사이에서 3Hz의 맥놀이가 발생하고, 12n+6과 12n+12 사이에서 6Hz의 맥놀이가 발생한다. 18n+9와 18n+18 사이에도 12Hz의 맥놀이가 발생할 것이다. 이렇게 부분음 사이에서 진동수가 다른 맥놀이가 발생하니 거기에서 듣기에 아름답지 않은 소리의 어우러짐, 즉 불협화음이 발생하는 것이다.

헬름홀츠는 부분음들 사이의 불협화가 더해질 수 있다고 보고 불협화를 나타내는 그래프를 그렸다(그림 2-9). 그는 하나의 바이올린 현은

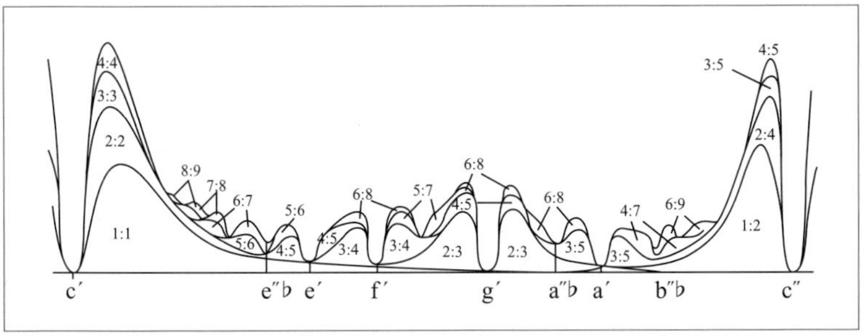

그림 2-9 헬름홀츠의 불협화 곡선

C음에 고정시키고 다른 하나의 바이올린 현은 C음에서 출발하여 연속적으로 음을 높여 나갈 때 발생하는 불협화를 계산하였다. 1:1, 2:2, 3:3, 4:4, 5:5가 첩첩으로 쌓이면서 c′ 주변에 큰 계곡을 만든 것은 c′음을 내는 두 음의 배음들이 각각 이루는 비를 표현한 것으로, 이러한 중첩의 결과로 맥놀이가 전혀 없는 정확한 정수배의 위치에서는 불협화가 0에 이르지만 그 주변에서는 배음들 사이에 불협화가 엄청나게 커서 급격한 증가세를 보이는 것을 나타낸다. 두 번째로 가장 두드러진 골짜기는 1:2, 2:4, 3:6, 4:8의 비를 보이는 c″의 위치에서 나타난다. c″은 c′보다 한 옥타브 높은 음을 의미한다. 옥타브를 제외하면 가장 두드러진 골짜기는 g′에 형성된다. 이것은 2:3, 4:6, 6:9의 배음들의 비가 형성하는 것으로 완전5도의 협화성을 잘 드러낸다. 그 밖의 골짜기들은 e′(4:5), f′(3:4), a′(3:5)에서 각각 장3도, 완전4도, 장6도의 음정에서 나타나는 협화음들을 보여 준다. 순정률을 이루는 음계의 음 중에서 불협화음으로 나타나는 음들은 장2도(8:9), 장7도(5:9)이다. 4:7을 이루는 단7도(b″♭)가 장7

도에 비해 더 협화적임을 알 수 있다.

헬름홀츠의 불협화 그래프는 처음으로 그려진 불협화 그래프라는 점에서 의미가 크다. 그리고 이 그래프는 실험으로 측정한 값이 아니라 이론적으로 계산한 값을 토대로 그려졌다는 점도 주목할 필요가 있다. 후속하는 불협화(협화) 그래프들이 실험에 근거하여 제시된 것과는 차이가 난다.[53]

플럼프(Plomp)와 레벨트(Levelt)는 1960년대에 설문 조사를 통해서 불협화 곡선을 그렸다(그림 2-10). 이때 조사에 참여한 피험자들은 음악 훈련을 받지 않은 사람들이었고, 사용된 음은 순음이었다. 그런 점에서 헬름홀츠의 곡선과는 성격이 다른 곡선이 될 수밖에 없었는데, 곡선의 모양에 있어서도 차이가 컸다. 헬름홀츠의 곡선에서 나타나는 협화음의 골짜기가 전혀 나타나지 않은 것이다. 주관적 감각에 따를 때 불협화의 정도는 일정하게 증가했다가 서서히 줄어드는 양상을 보였다. 옥타브에서 협화를 인정하는 정도도 특별히 나타나지 않았고, 완전5도의 주목할 만한 협화성도 감지되지 않았다. 2도에 이르기까지 불협화도가 크게 증가하는 형태가 된 것은 그 구역에서 순음에 의한 맥놀이가 두드러지게 감지되었기 때문으로 보인다. 그래서 불협화도가 최대에 이른 후에 서서히 줄어들다가 어느 정도 지나면 그때부터는 음이 둘로 분리되어 들린다는 것이다.

그렇지만 이 실험은 순음으로 수행되었을 때 나타난 것이고 동일한 연구자들이 배음이 여섯 개인 복합음 둘을 가지고 계산한 결과는 특징적인 협화음에 의한 골짜기가 단순한 비율에서 나타났다(그림 2-11). 기

53 Helmholtz, *Sensations of Tone*, p. 193.

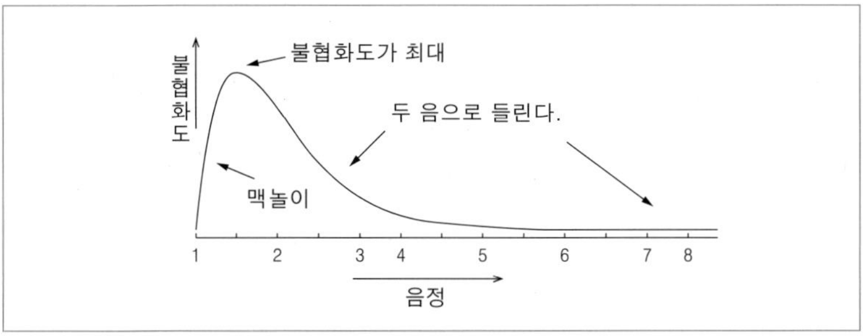

그림 2-10 순음에 의한 불협화 곡선

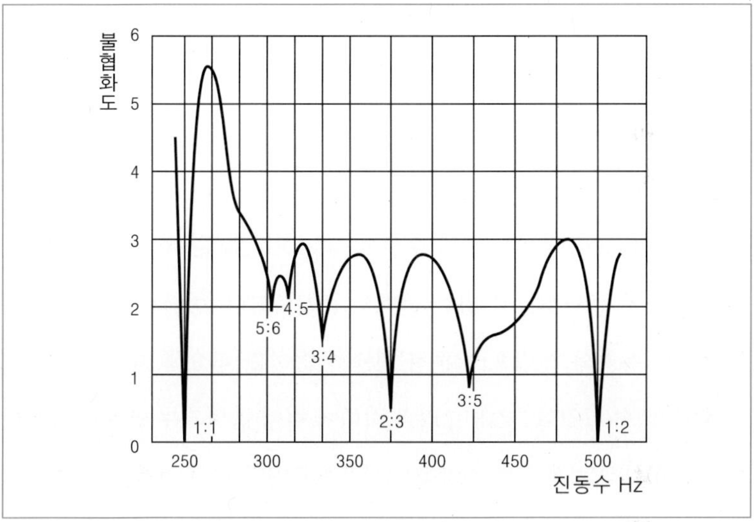

그림 2-11 복합음에 의한 불협화 곡선

음이 250Hz인 복합음을 지속적으로 울리고 또 하나의 복합음의 기음 진동수를 250Hz부터 500Hz까지 끌어올리면서 나타나는 불협화의 분포를 계산해 보면 단순한 비율인 1:1, 1:2, 2:3, 3:4, 3:5, 4:5에서 아래쪽으로

뾰족한 국소적 협화점들이 나타났다.[54] 그 불협화도를 비교해 보면 1:1, 1:2는 모두 0으로 나타나 옥타브 동등성을 지지해 주고, 다음으로 낮은 점이 2:3에서 나타나 완전5도의 완전성을 대변해 준다. 주목할 점은 3:5(장6도)가 3:4(완전4도)나 4:5(장3도)보다 불협화도가 더 낮게 나타난 점이다. 장6도가 완전4도나 장3도보다 더 협화적이라는 결과를 보여주는 것이다. 헬름홀츠의 곡선에서는 장6도가 완전4도와 거의 비슷하게 불협화도가 낮은 것과는 차이가 있다. 후속하는 여러 연구자들의 연구에서도 비슷한 협화 또는 불협화 곡선이 그려졌는데, 간단한 정수비에서 협화도가 낮아지는 것은 전반적으로 동의하는 내용이다.

서양에서는 피타고라스 때부터 이미 협화음에 대해 이해하고 있었지만 그것을 화음이라고 하는 음의 수직적 구조에서 바로 활용한 것은 아니었다. 음계를 구축하는 일이 우선이었다. 피타고라스 이전에도 그리스에는 음계가 존재했고 다양한 선법도 존재하였다. 이러한 실행적인 차원에서의 음계와 선법은 이론적 정당화 없이도 필요에 따라 만들어지고 활용될 수 있었다. 고대 그리스 시대에 실행 음악과는 별도로 화성학이라는 학문적 차원에서 음악을 이론적으로 연구하는 이들이 있었는데, 그들에게는 음계를 어떻게 수학적으로 구축하고 그것을 정당화할 것인지가 중요한 문제였다. 이런 점에서 피타고라스가 옥타브 동등성과 5도의 순수성에 대해 인식하면서 그것을 기초로 한 피타고라스 음계를 구축한 것은 그리스의 음악 이론에서 매우 중요한 기초를 놓는 단계였다. 피

54 William A. Sethares, *Tuning, Timber, Spectrum, Scale* (London: Springer, 2005), p. 94.

타고라스는 2:3과 1:2라는 비만을 이용해서 일곱 개의 음으로 이루어진 전음계(diatonic scale)와 열두 개의 음으로 이루어진 반음계(chromatic scale)를 구축하였다.

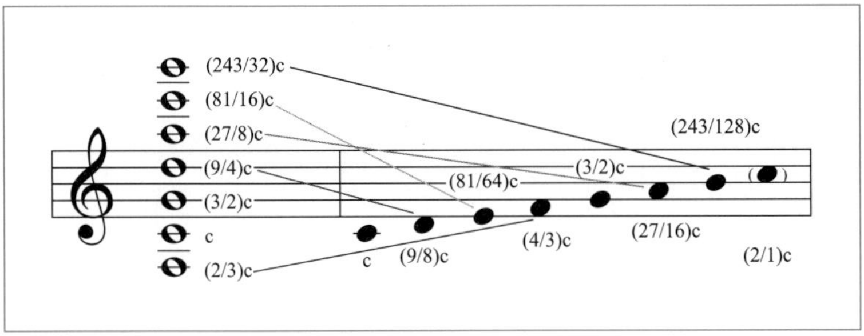

그림 2-12 피타고라스 음계 만들기

c를 기준으로 해 보자. 피타고라스는 진동수를 가지고 논의를 전개한 것이 아니라 일현금의 현의 길이의 비를 가지고 논의를 전개하였지만 여기에서는 현대적인 표현을 써서 진동수 비를 가지고 논의를 전개하겠다. c가 c음의 진동수를 의미한다고 하자. c에서 5도를 올리면 그 진동수는 (3/2)c이다. 이것은 g에 해당한다. 여기에서 다시 5도를 올리면 (3/2)(3/2)c=(9/4)c가 되는데, 이것은 2c보다 크므로 한 옥타브를 넘는 음이다. 이것을 다시 2로 나누어 한 옥타브 안으로 보내면 (9/8)c이다. 이것은 d에 해당한다. 여기에 다시 3/2을 곱하면 (9/8)(3/2)c=(27/16)c이다. 이것은 a에 해당한다. 이런 식으로 계속 3/2을 곱해 그 결과가 2를 넘으면 그것을 다시 2로 나누는 일을 반복하면 (81/64)c, (243/128)c를 얻는다. 이것은 각각 e와 b에 해당한다. 마지막으로 c를 3/2으로 나누면

(2/3)c가 되는데, 이것은 1보다 작으므로 2를 곱해서 1보다 크게 만들어 주면 (4/3)c가 얻어지고 이것은 f가 된다. 이렇게 해서 전음계를 모두 채울 수 있다(그림 2-12). 이렇게 구한 것을 진동수 순서대로 나열하고 각각의 이웃하는 음 사이의 진동수 비를 구해 보면 다음 표와 같다.

음	c		d		e		f		g		a		b		c′
진동수비	1		$\frac{9}{8}$		$\frac{81}{64}$		$\frac{4}{3}$		$\frac{3}{2}$		$\frac{27}{16}$		$\frac{243}{128}$		2
간격		$\frac{9}{8}$		$\frac{9}{8}$		$\frac{256}{243}$		$\frac{9}{8}$		$\frac{9}{8}$		$\frac{9}{8}$		$\frac{256}{243}$	

이로써 온음은 9/8=1.125이고, 반음은 256/243≒1.05350이 되어 반음 둘을 합치면 (256/243)(256/243)≒1.0986이 나와 온음보다 작다. 앞서 수행한 것과 같은 방식으로 계속 3/2을 곱하고 그 결과가 2를 넘으면 2로 나누는 일을 계속하면 열두 개의 음을 갖는 반음계를 얻을 수 있다. 그렇게 해서 얻은 음들의 진동수 비는 다음과 같다.[55]

음	c	c#	d	d#	e	f	f#	g	g#	a	a#	b	c′
진동수 비	1	$\frac{256}{243}$	$\frac{9}{8}$	$\frac{32}{27}$	$\frac{81}{64}$	$\frac{4}{3}$	$\frac{1024}{729}$	$\frac{3}{2}$	$\frac{128}{81}$	$\frac{27}{16}$	$\frac{16}{6}$	$\frac{243}{128}$	2

피타고라스 음계의 장점은 모든 음들이 5도의 완전성이라는 수학적 질서에 의지해 있다는 데 있다. 즉, 일관된 규칙에 의해 수립된 음계인 것이다. 그렇지만 이러한 음계를 나타내는 숫자가 매우 커서 부담을 많

55 Gareth Loy, *Musimathics: The Mathematical Foundations of Music* (Cambridge, Mass.: The MIT Press, 2006), vol. 1, p. 53.

이 준다는 것이 약점이다. 그래서 피타고라스 음계를 대체하는 음계들이 제안되었는데, 그중에 대표적인 것이 순정률(just temperament)이다. 순정률 또는 순정조(just intonation)는 기원후 1세기의 인물인 프톨레마이오스가 이미 제안하였는데, 채택되지 않다가 르네상스 시대에 다시 제안되었고 실용화되어 쓰이기 시작했다. 순정률은 피타고라스 음계가 사용하는 복잡한 숫자들을 단순화하면서 화음에 더욱 신경을 썼다. C:E:G, F:A:C, G:B:D의 세 가지 주요 3화음을 4:5:6의 비를 갖도록 음계를 만들었다. 4/4를 3화음의 근음[56]으로 삼으면 장3도 위에는 5/4가 있고 5도 위에는 6/4이 있게 된다. 이렇게 하면 3화음은 장3도(5/4), 단3도(6/5), 완전5도(6/4=3/2)를 모두 포함하게 된다. 피타고라스 음계가 1부터 4까지의 자연수에 토대를 둔 반면에 순정률은 1부터 6까지의 수를 사용하게 된다. 이것은 협화음에 대한 차를리노의 새로운 기준인 누메로 세나리오(numero senario)를 음계에 적용한 결과이다. 그리하여 제안된 진동수비와 이웃하는 음 사이의 간격(음정)은 다음과 같다.

음	c		d		e		f		g		a		b		c′
진동수비	1		$\frac{9}{8}$		$\frac{5}{4}$		$\frac{4}{3}$		$\frac{3}{2}$		$\frac{5}{3}$		$\frac{15}{8}$		2
간격		$\frac{9}{8}$		$\frac{10}{9}$		$\frac{16}{15}$		$\frac{9}{8}$		$\frac{10}{9}$		$\frac{9}{8}$		$\frac{16}{15}$	

그래서 순정률에서 온음은 큰 온음 9/8(=1.125)와 작은 온음 10/9(≒

56 3화음의 가장 아래쪽에 위치하는 음을 말한다. 근음은 영어로 root라고 표현한다.

1.111)이 있게 되었고 반음은 모두 16/15(≒1.0667)이 되었는데 반음의 크기는 둘을 합쳤을 때 (16/15)(16/15)≒1.1378이 되어 큰 온음보다 컸다. 그렇지만 장3도와 장6도의 비가 피타고라스 음계보다 훨씬 간단해 협화음으로 간주할 수 있게 되면서 16세기에 널리 사용되고 있었던 장3도와 장6도의 사용이 정당화될 수 있었다. 장6도는 장3도를 역전시켰을 때 얻어지는 화음이므로 옥타브 동등성을 기초로 할 때 같은 화음을 낸다고 볼 수 있었다.[57]

16세기에 들어오면서 음악적 실행에서 큰 변화는 건반악기가 많이 개발되어 쓰이게 된 것이다. 그렇지만 한 옥타브 안에 건반을 몇 개로 만들어야 할지는 경우에 따라 크게 달랐다. 12음 건반에서 어떤 음은 순정률의 완전한 음계를 가능한 한 파괴하지 않으면서 조옮김이 가능하게 하려는 시도에 따라 옮겨졌다. 순정률은 피타고라스 음계에서 지나치게 큰 수로 이루어진 비인 81:64로 이루어진 3도에 대하여 5:4라는 간단한 비를 배정해 주었고, 그 둘 사이에는 81:80이라는 음정의 차이가 생겼다. 이 음정을 신토닉 코마(syntonic comma)라고 하는데, 이 신토닉 코마를 한꺼번에 해결하는 것은 자연스럽지 않다고 해서 그것을 네 개의 5도 사이에서 고르게 배분하여 해결하려고 한 것이 가온정률(meantone)이다. 가온정률이라는 명칭이 붙게 된 것은 온음이 순정률의 장2도인 9:8의 비와 단2도인 10:9의 비의 중간을 채택했기 때문이었다. 다시 말해서

57 음정의 역전이란 어떤 음정에서 아래쪽 음을 한 옥타브 올렸을 때 생기는 음정을 말한다. 도(C)-솔(G)의 완전5도를 역전시키면 솔(G)-도(C′)의 완전4도가 형성되고 도(C)-미(E)의 장3도를 역전시키면 미(E)-도(C′)의 장6도가 형성된다.

1/4코마 가온정률에서 온음은 정확하게 장3도의 절반이었다. 가온정률은 건반악기에서 중심부의 건(key)들에 완전한 3도와 받아들일 만한 3화음을 성취하기를 목표로 한다. 이것은 멀리 떨어진 건들 중에서 3도와 5도를 희생시켜서 성취한다. 5도의 사이클을 보면 어떤 5도는 3/2보다 더 크고 어떤 것은 더 작다(그림 2-13). 그림에서 각 부채꼴은 5도를 나타내는데 0은 완전하게 3/2의 비를 갖는 것을 의미한다. 0이 아닌 값은 5도가 3/2보다 높아졌거나 낮아졌음을 의미한다. 피타고라스 음계는 모든 곳에서 0이 되지만 늑대음이 나타나는 곳, 여기에서는 G#과 E♭ 사이에서 0이 아닌 숫자가 나타나 있다. -1은 신토닉 코마의 차이만큼 낮추었다는 의미이다. 그러므로 가온정률에서 모든 열두 개 칸의 부채꼴에 부여된 값의 합은 -1이 된다. 평균율의 경우에는 모든 부채꼴의 칸이 -1/12이 된다. 즉, 음계를 구성하는 모든 5도가 1/12씩 짧아져서 전체적으로 신토닉 코마만큼 짧아진 것이다. 1/4코마 가온정률의 경우에는 모든 5도가 1/4씩 작아진다. 그리고 7/4의 늑대5도를 만들어 냄으로써 문제를 해결한다. 1/4을 다섯 개 쌓으면 5/4가 되어 완전한 장3도가 만들어진다. 이로써 3도는 완전해졌지만 5도는 불완전해졌다. 이러한 원리의 가온정률은 건반악기에서 17세기 말까지 널리 사용되었다.[58]

58 William A. Sethares, *Tuning, Timbre, Spectrum, Scale* (London: Springer, 1999), pp. 65-66.

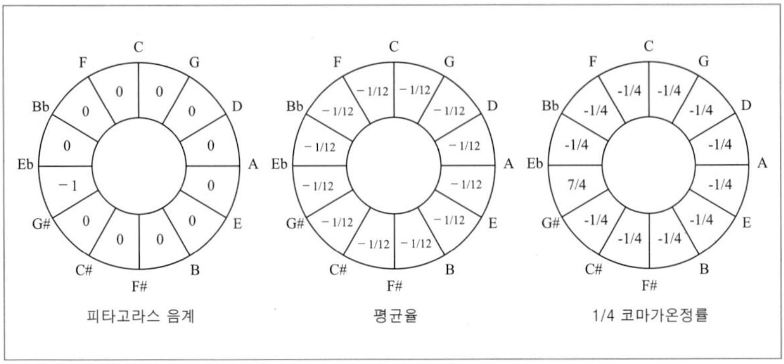

그림 2-13 피타고라스 음계, 평균율, 1/4코마 가온정률의 비교

1/4코마 가온정률 외에도 16세기에 실험적 체계들이 많이 개발되었다. 어떤 음악 이론가들은 장3도를 순수하게 만들기 위해 1/4코마 가온음을 사용하기보다 1/5 또는 1/6코마 가온음을 쓰는 것이 더 유리하다고 생각하기도 했다. 어떤 이들은 불규칙한 정률을 사용하기도 하였는데 17세기 말에 이르러 특히 유행하였다. 그들은 다른 크기의 5도와 3도를 사용하였다. 이렇게 함으로써 이들은 늑대음의 문제를 해결할 수 있었고 더 실제적인 필요에 맞는 화음들을 만들 수 있었다. '좋은 정률'(well-temperament)은 필요에 따라서 음들의 간격을 바꾸어 배열한다. 20세기 전에는 건반악기 연주자들이 연주에 앞서 악기를 조율했다. 이론적으로 더 정확하지만 조율하기 어려운 정률보다는 들어서 쉽게 조율할 수 있는 정률이 선호되었다. 조율이 용이한 것 외에 좋은 정률이 인기가 있었던 이유 중 하나는 모든 건이 독특한 음색(tone color)을 가졌다는 것이다. 이것은 바흐(Johann Sebastian Bach, 1685~1750)가 그의 〈좋은 정률 클라비어 곡집〉에서 보여 준 것이었다. 흔히 알려진 것처럼 바흐가

평균율에 적합하게 곡을 작곡해서 조옮김이 용이한 것은 아니었다. 바흐는 이 연습곡 모음집에서 스물네 가지의 각기 다른 장조와 단조로 곡을 작곡하여 조의 다양성을 보여 주었다. 좋은 정률로 조율하여 연주할 때 음의 색깔이 가장 잘 드러난다. 그렇지만 이 곡집의 곡을 연주하기 위해서 꼭 좋은 정률로 악기를 조율할 필요는 없었고, 바흐 자신이 이러한 다양성의 가능성을 시험하는 데 목적이 있었다.

이렇게 실용적이고 임기응변적인 정률을 많이 사용한 것은 음악에서 어떤 합리적인 규칙을 수립하기보다 음악 시장의 필요를 충족시키는 것이 더 중요하다고 생각했기 때문이었다. 여기에서 과학의 정신과 예술의 정신이 충돌하는 것을 볼 수 있다. 과학의 합리성, 규칙성, 정확성의 정신은 사실 음악가들에게 중요하지 않았다. 그들은 음악이 듣기에 얼마나 더 아름다운가에 우선적인 관심이 있었다. 그렇기 때문에 그들은 조율을 할 때 당시 음악에서 자주 사용되는 화음을 순수하게 만드는 조치를 취하고 필요에 맞게 악기들을 조율해서 썼다. 그러므로 얼마나 많은 조율 방식이 있었는지 말할 수 없을 정도로 다양하게 조율이 이루어진 것이다. 물론 합주가 이루어지기 위해서는 악기들의 음을 모두 일치시킬 필요가 있었겠지만 당시에는 합주보다 독주가 널리 행해졌고 성악 반주로 기악이 존재할 경우에는 더욱 쉽게 목소리와 악기를 각 곡의 특성에 맞게 조율할 수 있었다.

악기와 음색

악기가 다양한 음색을 가지고 있듯이 사람도 저마다 독특한 목소리를 갖고 있다. 사람이 내는 소리에는 음운이 있어서 서로 식별이 가능하고 그러한 소리의 차이로 의사소통을 할 수 있다. 우리는 다양한 악기 소리를 들으며 즐거움을 느끼고 독특한 느낌 속에서 생각에 잠긴다. 중후한 첼로의 소리를 들으면서 인생의 고뇌를 느끼기도 하고 바이올린의 애절한 선율에 잠겨 지난날을 되돌아보기도 한다. 또 파이프오르간의 유려한 소리를 들으면서 천상의 희락을 꿈꾸기도 한다. 이렇게 독특한 소리를 내는 악기들이 한데 모인 오케스트라의 연주를 들으면 사회나 국가의 역사가 흘러가는 듯한 느낌에 빠져들기도 한다. 사람의 목소리는 얼마나 다양한가? 사람의 목소리에는 지문처럼 개인마다의 독특한 색깔이 있어서 심지어 전화로 목소리만 듣고도 누군지 알아맞힐 수 있다. 게다가 사람은 악기처럼 한 가지 소리만 내는 것이 아니라 다양한 모음과 자음을 발음하여 언어라는 것을 만들어 낼 수 있다.

이러한 차별화된 소리에 대해 과학적 이해가 이루어진 지는 그리 오래되지 않았다. 소리 자체가 무엇인가를 놓고 고대부터 다양한 견해가 존재했다. 아리스토텔레스는 소리가 진동하는 물체에서 비롯되며 매질의 진동을 통해서 전달된다고 올바르게 이해했다. 그렇지만 음의 높낮이가 어디에서 비롯되느냐에 대해서는 소리의 빠르기가 그것을 결정한다는 잘못된 이론을 내놓았다. 이에 대하여 그의 제자였던 테오프라스토스(Theophrastos, 기원전 372~기원전 288)는 멀리에서 듣는 음악이 가까이에서 듣는 음악과 다름이 없다는 것으로부터 소리의 높낮이는 소리의 빠르기와 아무런 관련이 없다고 올바르게 추론했다. 피타고라스 학파는 소리가 진동하는 물체에서 공기로 어떤 인상을 전달한다고 했다. 그것은 마치 진흙 위에 찍어 놓은 자국과 같아서 한동안 유지되면서 전달이 되었다가 다른 사람의 귀에 들어가 원래의 소리가 감지되는 것으로 이해되었다. 이에 대하여 테오프라스토스는 두 개의 소리가 동시에 같은 공기에 인상을 남길 경우에는 서로 인상이 뒤섞여서 듣는 사람이 그것을 제대로 알아들을 수 없을 것인데, 실제로는 사람이 두 가지 소리를 잘 식별해 듣는다는 사실로부터 인상 이론에 문제가 있다고 지적하였다.[59]

소리의 전달에 대하여 일찍이 중요한 이해에 도달한 사람은 로마의 건축가인 비트루비우스(Marcus Vitruvius Pollio, 기원전 1세기)였다. 비트루비우스는 물결파의 유비를 통하여 음원으로부터 공기의 진동이 모든 방향으로 원형의 무늬를 만들면서 전달되는데 수면파가 2차원의 파동을 만드는 반면에 공기 중에서는 위아래, 좌우, 앞뒤로 진동이 있기에 3차원의 파동이 전달된다고 주장했다. 비트루비우스는 음원에서 퍼져 나오는 동심원의 파원을 그림으로 그렸는데, 그것이 오늘날에 우리가 그리는 그림과 똑같아서 이런 소리의 파면에 대해 그가 상당히 정확하게 이해했음을 알 수 있다.

16세기 중반에 이탈리아의 과학자 베네데티(Giovanni Battista Benedetti, 1530~1590)는 일찍이 진동수와 음고 사이에 정비례 관계가 있다는 것에

59 구자현, 『공생적 조화』, pp. 29-30.

주목하였다. 음고를 소리의 진동수와 올바르게 연결하고 그것들 사이의 관계를 실험을 통해서 입증한 인물은 메르센이었다. 메르센은 매우 긴 현을 이용하여 실험을 했다. 그 결과 현의 길이에 진동수가 반비례하고 현이 단위 길이당 무게의 제곱근에 진동수가 반비례하며 현의 장력의 제곱에 진동수가 높아진다는 것을 올바로 이해했다. 갈릴레오는 이러한 메르센의 이해를 진자의 등시성에 대한 자신의 이해와 연결시켰다.

악기의 음색을 이해하는 데 핵심적인 개념은 부분음의 개념이다. 일반적인 악기의 소리나 음성은 복합음이라고 불러야 한다. 앞서 악음에는 배음의 배열이 스펙트럼 상에 나타난다고 밝힌 바 있다. 다양한 악기에서 나오는 음의 진동하는 파형은 악기마다 다르다. 1822년에 푸리에는 복잡한 파동을 단순한 파동의 합으로 분석함으로써 복잡한 파동을 수학적으로 쉽게 취급할 수 있는 길을 열어 놓았다. 푸리에 정리에 따르면 모든 파형은 사인파의 합으로 표현될 수 있다. 진폭과 위상이 다른 사인파 여러 개를 합침으로써 아무리 복잡한 파형의 파동도 나타낼 수 있다는 것이다. 이것은 기본적으로 중첩을 허용하는 것이다. 두 개의 파형이 중첩될 때에는 각각의 파동을 산술적으로 합침으로써 합성파의 파형이 얻어진다.

이로써 음향학 분야에서 이미 오랫동안 알려져 있었던 부분음에 대한 수학적 이해가 이루어지게 되었다. 부분음들은 단순한 사인파의 형태인데 그러한 부분음들이 각각 자신의 진동수를 가지고 있지만 그러한 부분음들이 합쳐질 때 복잡한 파형의 복합음이 만들어질 수 있는 것이다. 푸리에가 수학적으로 말한 진동의 산술적 합이 실제 공기의 진동에서 그대로 일어날 수 있다는 것을 물리학자들은 곧 인식하게 되었다.

헬름홀츠는 부분음이 실재한다는 것을 입증하기 위하여 공명기를 사용하였다. 공명기는 구형의 유리용기인데, 특정한 진동수의 음만을 공명시켜 증폭시킬 수 있었다. 공명기의 고유 진동수가 n이라고 하자. 진동수가 n인 기음을 갖는 복합음을 이 공명기에 넣어 주자 공명기가 진동하였고 n에서 약간 어긋난 진동수 n′을 기음으로 갖는 복합음을 넣어 주자 공명하지 않았다. 이로써 기음 진동수가 n′인 복합음 속에는 진동수가 n인 부분음은 존재하지 않는다는 것이 확실해졌다.

더 나아가서 헬름홀츠는 부분음 발생기가 여러 개인 소리 합성기를 써서 악기의 소리와 모음을 합성해 보았다. 일반적인 악음이 부분음의 합으로 되어 있다는 것을 보이는 가장 확실한 방법이 사인파를 물리적으로 합성하여 악음을 만들어 내는 것이었다. 이것은 오늘날 전자식으로 만들어진 신시사이저(synthesizer)의 기계적 원형이라고 말할 수 있는 장치였다. 크고 작은 소리굽쇠 여러 개와 짝을 이룬 공명기를 통하여 여러 개의 부분음을 갖는 소리를 만들어 낼 수 있었는데, 각각의 소리굽쇠는 전기적으로 진동을 유지할 수 있었고 각각의 공명기와 소리굽쇠 사이에 덮개가 있어서 공명기의 구멍을 조절함으로써 공명되는 소리의 세기를 조절할 수 있을 뿐 아니라 그에 따라 상이한 복합음을 만들어 낼 수 있었다. 이렇게 해서 헬름홀츠는 여러 가지 모음도 흉내 낼 수 있었는데 이 장치로부터 헬름홀츠는 사람의 구강과 비강이 공명기 역할을 하면서 발성할 때 특정한 부분음을 강화하거나 약화시킴으로써 부분음 조성이 상이한 모음을 만들어 낸다고 더 확실하게 주장할 수 있었다.

헬름홀츠는 악음이나 모음을 구성하는 부분음의 위상은 악음이나 모

그림 2-14 헬름홀츠의 소리 합성기

음의 특성을 만들어 내는 데 아무런 기여를 하지 않는다고 주장하였다. 그렇지만 이것을 보이는 장치를 만들어 실험을 하지는 않았다. 이에 대하여 헬름홀츠의 소리 합성기를 만든 쾨니히(Rudolph König, 1832~1901)는 위상이 음색 결정에 중요한 요소라고 주장하며 헬름홀츠의 견해에 반대하였다. 쾨니히는 헬름홀츠에게 실험 장치를 만들어 줌으로써 그의 실험을 돕는 데 중요한 역할을 하였지만 자신의 실험을 통해서 헬름홀츠의 주요한 음향학적 견해에 대해 이견을 제시한 연구자이기도 했다.[60]

쾨니히는 1832년에 프로이센의 쾨니히스베르크에서 지역 김나지움의 수학과 물리학 교사의 아들로 태어났다. 그러면서 음악과 물리학에

60 같은 책, pp. 118-125.

서 재능을 나타내었다. 19세에 파리로 가서 현악기 제작 도제수업에 들어갔다. 그는 유명한 바이올린 제작자인 비욤(Jean-Baptiste Vuillaume, 1798~1875)에게 몇 년간 배우기도 했다. 그는 도제수업을 하면서 틈틈이 역학과 물리학을 독학하였다. 그러면서 소리와 연관된 물리학인 음향학에 큰 관심을 갖게 되었고 1858년에 음향 장치 제작업자로 개업하였다. 1859년에 쾨니히가 내놓은 카탈로그를 보면 기존의 장치도 있지만 쾨니히 자신이 개발한 새로운 장치들이 대부분이었다. 그의 카탈로그는 계속 확장되었는데 1889년에 나온 카탈로그는 100쪽 이상의 분량에 272개의 장치가 들어 있었다. 19세기 마지막 30년간 쾨니히의 장치는 연구자들과 교육자들에게 표준이 되었다.[61] 1862년부터 쾨니히는 과학계에서 연구자로서 명성을 얻기 시작했다. 그는 진동을 가시화하는 장치를 이용하여 파동의 본성을 연구하였고 조합음의 실체를 놓고 헬름홀츠와 논쟁을 벌였다. 헬름홀츠는 파동 방정식의 수학적 풀이로부터 합음(summation tone)과 차음(difference tone)의 존재를 이끌어 냈다. 헬름홀츠는 이러한 조합음들을 비조화적 꼬임에서 기인하는 현상으로 보았다. 이에 대하여 쾨니히는 실험에 근거하여 조합음이 귀가 감지하는 맥놀이에서 기인한다고 주장하였다. 따라서 이러한 생리학적 현상은 물리적 존재가 있는 대상을 감지한 것이 아니므로 공명기와 같은 장치를 써서 물리적으로 검출할 수 없다고 했다. 그는 맥놀이가 일어나기 위해서 두 음파의 진동수가 비슷할 필요가 없다고 했다.

61 David Pantalony, *Altered Sensations: Rudolph Koenig's Acoustical Workshop in Nineteenth-Century Paris* (New York: Springer, 2009).

쾨니히가 헬름홀츠와 대립했던 또 다른 음향학적 측면은 악음의 특성을 무엇이 유발하느냐에 관한 것이었다. 헬름홀츠는 악음의 특성을 유발하는 것은 "기음에 동반하는 부분음들의 수와 순서와 세기"라고 말했다. 모든 복합음들은 자체의 곡선으로 표현할 수 있는데 그 형태는 방금 언급된 요소들을 변경시킴으로써만 변할 수 있는 것이 아니라 개별 성분의 위상을 변경함으로써도 변화될 수 있다. 헬름홀츠는 음향학적 분석을 위해 그가 사용하는 장치를 써서 위상을 변경시키는 것이 어떤 영향을 미치는지 알아내려고 했으나 결과는 부정적이었다. 그리하여 그는 위상의 변화는 생리적 효과를 일으키지 않는다고 결론을 내렸다. 여러 개의 성분 부분음의 파형들의 수와 세기가 고정되어 있으면 그것들 사이의 위상의 차이는 음색에는 영향을 미치지 않는다는 것이다.

쾨니히는 이 문제에 뛰어들어 실험을 수행하였다. 그는 1876년에 파동 사이렌을 만들어 위상이 악음의 음색에 중요한 요소임을 입증했다. 파동 사이렌(wave siren)은 공기의 흐름이 회전하는 원반의 변두리에 있는 톱니를 향하여 쏘아 보내질 때 톱니의 회전에 의해 일련의 결정적인 파형이 만들어지도록 한 것이다. 그런데 지름이 다른 톱니바퀴 여러 개가 동시에 회전하게 되어 있어서 각각의 톱니바퀴에서 나오는 음이 각기 다를 뿐 아니라 톱니바퀴의 상대적 위치를 조절하여 돌림으로써 일련의 톱니바퀴에서 공기의 흐름을 끊어서 발생시키는 펄스들의 열이 만들어 내는 복합 펄스의 모양을 달라지게 할 수 있었다. 이렇게 해서 각각의 톱니바퀴에서 나오는 부분음의 개수와 세기와 순서는 일정하게 유지하면서 서로의 위상만을 원하는 대로 다르게 바꿀 수 있었다. 음고는 바퀴 세트의 회전 속도로 결정되고 음의 세기는 불어 넣는 공기의 세기로 결정되었다.

이 새로운 기구에 의해 쾨니히는 일련의 배음들의 조성으로 얻어지는 복잡한 소리가 파장의 1/4만큼 위상이 차이가 날 때 가장 날카롭고 강한 소리가 나고, 파장의 3/4만큼 위상 차이가 날 때 가장 약하고 부드러운 소리가 난다는 것을 발견했다. 그는 배음의 수와 상대적 세기가 다른 악음이나 모음의 차이처럼 특성의 차이를 만들어 낸다면, 같은 배음 간에 위상의 차이에 기인하는 변화도 역시 같은 종류의 악기에서 알아차릴 수 있는 정도의 소리의 차이, 또는 다른 사람이 내는 같은 모음 정도의 소리의 차이를 발생시킬 수 있다고 했다. 모든 음악가들은 소리의 조합에서 매끈함과 거칢을 감지할 수 있다. 그렇지만 음고와 화성에서 변이를 감지하려면 귀가 특별하게 민감해야 하는데, 쾨니히는 자신의 공방에서 내놓는 표준 소리굽쇠를 조율하면서 자신의 귀가 아주 민감하다는 것을 입증하였고 그러한 그의 귀에는 위상 차이로 인한 음색의 차이가 감지 가능한 것이었다. 이로써 그는 음악적 특성의 네 번째 요소로 위상을 확립하였다.[62] 1962년에 제프리스(Lloyd Jeffres)는 헬름홀츠가 위상이 만들어 내는 청각적 효과를 감지했지만 단지 자신의 규칙의 예외로만 간주했다고 했다. 제프리스는 여러 유명한 음향학자들에 의해 쾨니히가 관찰한 것이 입증되었음을 인정했다.[63]

62 W. Le Conte Stevens, "Sketch of Rudolph Koenig", *Popular Science Monthly*, 37 (1890), pp. 549-550.

63 Robert T. Beyer, "Rudolph Koenig, 1832-1902", *Echoes* (The newsletter of the Acoustical Society of America), 9 (spring, 1999), pp. 1, 6.

제3장

들리지 않는 소리, 초음파

들리지 않는 소리, 초음파

청각의 한계

소리는 들리는 것이다. 그러므로 들리지 않는 소리는 상식적으로 존재할 수가 없다. 소리는 고대로부터 수천 년간 귀와 연관된 대상이었다. 그렇지만 고대인들에게도 이미 들리지 않는 소리라는 것이 상상력을 자극하고 있었다. 피타고라스는 천체들이 제 궤도를 돌면서 소리를 내지만 사람은 들을 수 없다고 했다. 천체가 내는 조화로운 소리인 천구의 음악(music of spheres)에 대한 논의는 17세기까지 널리 이루어졌다. 그렇지만 천구가 내는 소리가 어떠할지는 사람이 알 수 없었다. 그것은 진정으로 들을 수 없는 음악이었기 때문이다.

사람이 들을 수 있는 소리에 한계가 있다는 과학적 인식은 18세기에 이미 이루어졌다. 이탈리아의 생리학자였던 스팔란차니(Lazzaro Spallanzani, 1729~1799)는 눈을 가린 박쥐가 어둠 속에서 장애물을 잘 피해 날아다니는 것을 관찰하면서 그러한 능력이 어디에서 비롯되는지를 알기 위해 철저한 실험을 수행하였다. 스팔란차니는 1794년에 이 주제에 관련한 연구 결과를 발표하였다. 스팔란차니는 박쥐의 귀를 막았을 때 박쥐가 제대로 비행할 수 없다는 것을 발견했다. 그러므로 장애물을 피할 수 있는 박쥐의 비행 능력은 청각과 관계가 있다고 말할 수 있었다. 그러나 프랑스의 비교해부학 대가인 퀴비에(Georges Cuvier, 1769~1832)는 그러한 스팔란차니의 의견에 반대했다.[64] 사람이 들을 수 없는 소리가 있다고 보고 그것에 원인을 돌리는 행위는 과학적인 사고가 아니라고 보았기 때문이었다. 퀴비에는 박쥐의 날개에 있는 가는 털들이 장애물에서 반사되는 음파를 감지하는 방식으로 박쥐가 장애물을 인식한다고 주장했다. 워낙 영향력이 큰 과학자가 그렇게 말하자 사람들은 스팔란차니의 의견을 무시하고 퀴비에의 의견을 청종했다. 그리하여 20세기에 그리핀(Donald Griffin)과 파이(J. D. Pye)가 이 주제에 대해 다시 제대로 연구하기까지, 박쥐의 신비한 비행 능력을 설명하는 이론은 퀴비에의 촉각에 의한 설명이 정설로 받아들여졌다. 그 이후에 박쥐에게는 신호를 처리하는 정교한 메커니즘이 있다는 사실이 알려졌다.

영국의 의사였던 월러스턴(William Hyde Wollaston, 1766~1828)은 환자들을 접촉하면서 사람의 가청 주파수 범위에 차이가 있다는 것을 인지하였다. 어떤 환자들은 새소리를 전혀 듣지 못할 정도로, 진동수가 높은 음에 대한 지각 능력이 없었다. 월러스턴은 풀벌레가 내는 높은 진동

64 G. K. H. Zupanc, *Behavioral Neurobiology: Integrative Approach* (Oxford: Oxford University Press, 2010), p. 113.

수의 소리가 많은 사람들에게는 가청 범위 밖에 있다는 것을 인지했다. 그리하여 그러한 소리를 피아노 소리를 가지고 추정한 결과에 따라 대략적인 진동수를 구할 수 있었다. 그렇지만 월러스턴의 계산은 어디까지나 추정치였고 정밀한 측정이라고 할 수는 없었다.[65]

그림 3-1 사바르의 바퀴

가청 주파수의 상한을 실험을 통하여 정확하게 재는 방법을 고안한 사람은 프랑스의 과학자인 사바르였다. 사바르는 큰 톱니바퀴를 돌리면서 톱니에 종이판을 대서 나는 소리로 진동수가 높은 악음을 만들어 낼 수 있었다. 바퀴의 회전수와 바퀴에 달린 톱니의 수를 곱하는 방식으로 사바르는 사람의 귀에 들리지 않는 초음파의 범위를 측정하였다. 1830년에 사바르는 톱니바퀴를 초당 40회 회전시키고 톱니에 삼각형 모양의 빳빳한 카드나 나무판을 갖다 대어 소리를 발생시켰다. 그 하나하나의 소리는 규칙

65 W. H. Wollaston, "On Sounds Inaudible by Certain Ears", *Philosophical Transactions of the Royal Society* 110 (1820), pp. 306-314.

성이 결여된 소리라고 보아야 할 것이지만 그것이 빠르게 반복되면 하나의 음으로 들리게 된다. 바퀴의 회전수에 바퀴의 이빨 수를 곱하면 톱니바퀴에서 발생하는 음의 진동수를 얻을 수 있다. 바퀴의 회전수를 점점 늘려가면 톱니바퀴가 카드에 부딪치는 소리가 하나의 음으로 들리게 된다. 사바르의 측정 방식에 따르면 소리의 진동수가 점차 높아지면서 소리의 세기는 점차 약화되었고 진동수가 높은 일정한 소리는 세기가 매우 약해져서 들리지 않았다. 그러므로 충분히 들릴 만한 세기의 초음파를 만들어 내는 것이 중요했다. 사바르는 바퀴의 회전수를 늘리기 위하여 동일한 축에 고정된 크고 작은 두 개의 바퀴 A, B를 만들고 작은 바퀴 B에 벨트를 걸어서 다른 큰 바퀴 C의 회전으로부터 작은 바퀴 B를 더 빠르게 회전시켰다. 그러면 큰 바퀴 A도 작은 바퀴 B와 같은 회전수로 회전하게 되는데 큰 바퀴 A에 종이판을 대는 방식으로 진동수가 높은 소리를 발생시켰다. 그는 크기가 다른 여러 종류의 톱니바퀴를 사용했는데, 그중에서 톱니가 600개인 톱니바퀴는 24,000Hz의 음을 내었다. 이렇게 사바르는 초음파를 발생시킬 수 있었고 사람의 가청 한계를 측정할 수 있었다. 사바르는 이 방법으로 가청 주파수의 상한은 24,000Hz, 하한은 8Hz라고 결정했다.[66]

사바르는 이 방법을 쓰면서 혹시나 모를 실험상의 오류를 막기 위하여 신경을 썼다. 종이판이 톱니에 맞은 후에 튕겨져서 돌아올 때 톱니가 두 개 지나갈 가능성을 배제해야 했다. 이를 위하여 바람의 줄기를 톱니 사이로 지나가게 하여 소리를 내는 방법을 써 보았다. 이는 사이렌에서

66 Beyer, *Sounds of Our Time*, p. 30.

사용하는 방법과 마찬가지였다. 즉, 공기의 흐름을 막았다 열었다 하는 작용을 톱니가 하게 함으로써 바람소리로부터 진동수가 높은 악음을 얻는 방법이었다. 이 방법을 써서 사바르는 종이판을 쓸 때와 바람을 쓸 때 바퀴의 회전수가 같으면 진동수가 같다는 것을 보였다.

초음파를 발생시키면서 동물들의 가청 주파수의 차이를 연구한 인물은 골턴(Francis Galton, 1822~1911)이었다. 1883년에 골턴이 만든 호각은 이러한 목적을 달성할 수 있는 기구였다. 그의 호각은 84,000Hz까지의 초음파를 발생시켰다. 일정한 길이의 외부 관과 그 내부에서 움직이는 내부 관의 위치에 따라 발생하는 음이 달라졌다. 내부 관의 위치에 따라 공기 기둥의 길이가 달라지면서 발생하는 음의 진동수를 계산할 수 있었다. 골턴은 이 호각을 지팡이 끝에 달고 호각의 끝에 바람통을 달아 거리나 동물원에서 동물들에게 접근한 후에 바람통을 눌러서 바람을 내보냈다.[67] 이때 발생하는 진동수가 높은 소리에 동물이 귀를 쫑긋거리거나 돌아보면 소리가 들리는 것이고 아무런 반응이 없으면 소리가 들리지 않은 것으로 간주했다. 골턴은 이런 방법으로 공원을 돌아다니면서 여러 동물들의 가청 주파수를 측정했다. 그는 고양이가 초음파에 매우 민감하게 반응을 보이고 개는 그런대로 반응을 보인다고 보고했다. 골턴은 개, 고양이, 말 등 가까이에서 접할 수 있는 동물들의 가청 주파수를 측정하였다. 이로써 초음파는 사람의 인지 영역에서는 벗어나 있지만 동물의 인지 영역 안에 있어서 그 객관적 실체를 인정할 수 있는 대상으로 탈바꿈하였다.

67 P. Kapranos, "The Sounds of Silence: An Historical Insight into the Development of Ultrasonics", *Insight* 40 (1998), pp. 441.

초음파의 발생과 검출

19세기에는 초음파를 발생시키는 다양한 방법이 연구되었다. 자연적인 초음파는 박쥐, 새, 곤충 등의 동물이 내는 진동수가 높은 소리였다. 이러한 소리들이 사람의 귀에 감지되지 않는다는 사실에 대한 인식이 서서히 이루어졌다. 이는 사람의 눈에 보이지 않는 빛이 있다는 인식에 이끌린 것이다. 사람의 눈에 보이지 않는 빛이 있으면 사람의 귀에 들리지 않는 소리도 있을 것이라고 자연스럽게 생각하였다.

윌리엄 허셜(Frederick William Herschel, 1738~1822)은 독일의 하노버에서 출생했고 유명한 음악가이자 천문학자였다. 그는 1757년에 영국으로 이주해 그의 여동생 캐롤린(Caroline)과 함께 망원경으로 밤하늘을 관측하여 쌍성과 성운을 포함한 천체 일람(catalog)을 작성했다. 윌리엄 허셜은 1781년에 천왕성을 발견함으로써 고대로부터 알려졌던 행성 목록에 새로운 천체를 추가하였다. 캐롤린 허셜도 여러 개의 혜성을 발견하여 명성을 얻었다.

1800년에 윌리엄 허셜은 또 하나의 중요한 발견을 하게 된다. 그는 태양을 관찰하면서 사용한 다른 색의 필터를 통과하는 열의 분포를 알아내기 위하여 실험을 하였다. 그는 필터의 색에 따라 통과시키는 열의 양이 다르다는 것을 발견했고 이에 따라 색마다 열 수준이 다르다고 생각하면서 그의 가설을 검증하기 위한 실험을 고안하였다. 그는 햇빛을 프리즘을 통과시켜 스펙트럼을 만든 후에 스펙트럼에 나타난 색마다 온도계를 두어 온도가 올라가는 정도를 비교하였다. 그는 세 개의 온도계를 마련한 후에 열을 더 잘 흡수하도록 온도계의 구부(球部)를 검게 칠한 후에 스펙트럼의 빨간색과 보라색 바깥쪽에 두 개의 온도계를 통제군(control group)으로 놓고 하나는 색이 있는 부분을 옮겨 가며 온도를 측정했다. 그 결과 보라, 남색, 파랑, 초록, 노랑, 주황, 빨강 순으로 온도계의 눈금이 높았다. 그렇다면 빨간색 바깥은 어떨까라는 생각으로 그는 빨간색 스펙트럼 밖의 색이 없는 어두운 구역에 놓인 온도계의 구부를 보았는데, 빨간색보다 온도가 더 많이 상승한 것을 볼 수 있었다. 적외선(infrared)의 존재를 발견하는 순간이었다. 그는 그 복사선 — 그는 그 복사선을 '칼로리 선'(calorific ray)이라고 불렀다 — 을 가지고 추가적인 실험을 수행하여 그것이 빛처럼 반사되고 굴절되고 흡수된다는 것을 알아냈다. 허셜은 사람의 눈에 보이지 않는 빛이 존재한다는 것을 처음 발견한 것이다.

윌리엄 허셜의 적외선 발견에 고무되어 독일의 물리학자인 리터(Johann Wilhelm Ritter, 1776~1810)가 1801년에 자외선을 발견했다. 그는 적외선이 빨간색 스펙트럼 바깥에 있다면 보라색 스펙트럼 바깥에도 어떤 복사선이 있을 수 있다고 생각하여 실험을 수행했다. 이는 리터의 낭만주의적 신념을 보여 준다. 그는 자연의 통일성과 자연에 존재하는 극성(polarity)에 대한 낭만주의적 믿음을 가지고 있었기에 이러한 대칭성이 복사선에도 존재하리라고 생각하였다. 그는 염화은(AgCl)을 가지고 실험을 수행하고 있었다. 그는 염화은이 햇빛에 노출되면 검게 변하는데 빨간색 빛보다 파란색 빛에 노출되었을 때 더 검게 변한다는 것을 들어서 알고 있었다. 그리하여 그는 염화은이 여러 종류의 색에 따라 검게 변하는 반응 속도를 재기로 했다. 이를 위해 프리즘을 통과시킨 햇

빛의 스펙트럼의 서로 다른 색에 염화은을 놓고 색이 변하는 것을 관찰했다. 그는 빨간색에서는 염화은이 검어지는 속도가 느리지만 보라색에서는 검어지는 속도가 빠르다는 것을 발견하였다. 그리하여 그는, 허셜처럼, 보라색 바깥쪽에 염화은을 놓아서 있을지 모를 복사선을 검출하고자 하였다. 예상대로 그는 염화은이 보라색에 놓여 있을 때보다 더 빠르게 검게 변하는 것을 관찰하였다. 자외선의 존재를 발견하는 순간이었다. 리터는 자신이 발견한 복사선을 화학 반응을 촉진시킨다는 의미에서 '화학선'(chemical rays)이라고 불렀다.

적외선과 자외선의 존재는 인간의 감각을 뛰어넘는 빛이 존재한다는 것을 보여 주었을 뿐 아니라 인간의 다른 감각 기관의 능력 밖에 존재하는 물리적 실체들에 대한 존재 가능성을 알려주었다. 그것을 소리에 대하여 생각하게 된 이들은 저주파음(infrasound)과 초음파(ultrasound)의 존재를 당연하게 여기게 되었다. 18세기 말에 스팔란차니가 초음파에 의한 박쥐의 반향 감각을 이야기했을 때 전혀 받아들이려고 하지 않았던 과학계가 19세기에 들어, 들을 수 없는 소리를 인정하는 태도를 보이게 된 것이다.

인위적으로 초음파를 발생시킬 수 있는 기술로 사바르의 바퀴와 골턴의 호각은 각각 장단점이 있었다. 사바르의 바퀴는 직접적으로 소리의 진동수를 계산하기에 용이하다는 장점이 있으나 실험 장치가 너무 커서 휴대가 불편하고 소리의 세기가 약하다는 점이 그것을 실험 기구로 활용하는 데 최대 걸림돌이었다. 골턴의 호각은 휴대가 간편하지만 진동수를 정확하게 재는 데에는 어려움이 있었다.

이렇게 초음파를 다루는 데에는 강력한 음원을 만드는 일과 무엇보다도 사람의 감각을 뛰어넘는 소리를 검출하고 정확하게 측정할 수 있는 검출기가 필요했다. 그것이 사람의 감각을 벗어나 있는 물리적 실체를 통제하고 다루는 길이었다. 인간의 감각기의 연장으로서 측정 기구는 17세기부터 꾸준하게 제시되는 과학계의 요구사항이었다. 측정 기구는 인간의 감각의 주관적 속성과 정밀성의 문제를 해소하고, 인간의 감각 밖의 실체에 대한 감각을 가능하게 한다는 점에서 연장된 감각기로서 널리 요구되고 정당화되었다. 19세기에 일찍부터 초음파의 검출장치로 음향학자들에게 각광을 받은 장치는 민감 불꽃(sensitive flame)이다. 민감 불꽃은 사람의 귀를 대신하여 불꽃이 듣게 함으로써 듣기의 비인간화를 성취하였다. 초음파가 들리지 않는 소리라는 점에서 들리지 않는 것을 들을 수 있게 하되 사람이 듣는 것이 아니라 사물이 '듣고' 사물이 '들은' 것을 사람이 알 수 있게 해 준다는 점에서 새로운 의미의 듣기가 성취된 것이다. 관찰자로서 인간의 지위를 기구가 대체하면서 관찰의 비인간화가 성취된 것이다. 각종 소리의 가시화 장치들이 이러한 연장선상에 들어간다. 소리를 듣지 않고 기구들을 사용하여 듣는 것을 대신할 수 있도록 한다는 점에서 이 기구들은 모두 같은 역할을 한다.

민감 불꽃을 처음 발견한 사람은 미국의 과학자인 리콘트(John LeConte, 1818~1891)였다. 리콘트는 미국의 과학 수준이 유럽에 비하여 현저하게 뒤처져 있던 19세기 중반에 자신만의 발견을 통해 유럽에서도 명성을 얻은 보기 드문 과학자였다. 틴들(John Tyndall, 1820~1893)에 따르면, 1857년에 리콘트는 물고기 꼬리 모양 불꽃

(fishtail flame)이나 박쥐 날개 모양 불꽃(batwing flame)에 높은 음의 소리를 가해 주면 불꽃이 몇 갈래로 갈라지는 것을 발견하였다. 이때 불꽃을 만드는 가스의 압력을 적절히 조절하면 불꽃은 소리에 더욱 민감해졌다. 리콘트는 민감 불꽃의 원리를 제대로 설명하였다. 소리가 공기를 진동시킬 때 불꽃이 공기의 진동을 보여 주는 것이다.[68]

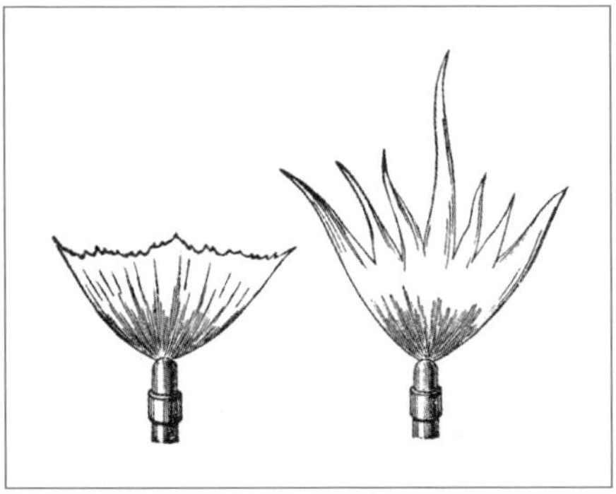

그림 3-2 리콘트의 민감 불꽃

그로부터 9년 후인 1866년에 영국의 과학자인 배렛(W. F. Barrett, 1844~1925)이 다른 형태의 불꽃을 가지고 이 실험을 수행하였다. 그는 리콘트의 실험을 모른 채로, 원통형 가스 노즐에서 나오는 불꽃에 소리를 가했을 때 불꽃의 키가 작아지면서 퍼지는 것을 발견했다. 그는 가스의 압력을 조절하기 위하여 액주식 압력계를 설치하였다. 구멍이 잘 만들어지면 불꽃은 18인치(45.7cm)까지 커졌다. 이 불꽃은 진동수가 낮은

68 구자현, 『앨프레드 메이어와 19세기 미국 음향학의 발전』(서울: 한울아카데미, 2010), pp. 69-70.

소리에는 민감하지 않았지만 30피트(9.14m) 내지 40피트(12.24m) 거리에서 열쇠를 딸랑거리는 소리에 반응하여 키가 작아졌다. 시계를 불꽃 옆에 가져가면 시계의 똑딱거리는 소리에 반응하여 키가 작아지면서 퍼졌고, 청중이 박수를 치면 감사의 표시를 하듯이 키가 작아졌다.

틴들도 민감 불꽃의 특성을 자세히 탐구하였으며 그것을 개선하여 더 높은 음에 대하여 반응을 보이도록 만들었다. 틴들은 민감 불꽃에서 소리를 감지하는 부분은 불꽃의 아래쪽, 즉 노즐에서 불꽃이 시작되는 부분임을 알아냈다. 그곳에 가해진 소리가 불꽃을 교란하였고 위쪽의 불꽃에 가해진 소리는 불꽃을 교란하지 않았다. 그렇지만 민감 불꽃이 갖는 문제는 기부(基部)가 외풍에 노출되면 소리가 없어도 교란이 될 수 있다는 것이었다. 이를 막기 위해 1870년대에는 버너의 가스 분출구 주위를 관으로 둘러싸서 공기가 스며들지 못하도록 밀봉하고 관의 끝에 분사물이 도달해서야 불이 붙도록 하는 장치가 고안되었다. 그러나 이 경우에는 외부 공기의 진동이 민감한 기부에 도달하기가 어려워 민감성이 매우 떨어지는 단점이 있었다. 이러한 문제를 해결하기 위하여 레일리는 불꽃의 기부를 둘러싼 부분에서 소리가 도달하는 쪽을 박엽지(tissue paper)로 대체하였다. 이로써 불꽃의 기부가 외풍으로 교란되지 않으면서도 소리는 박엽지를 통해 원활하게 전달될 수 있어 민감성이 떨어지지 않을 수 있었다. 이렇게 개선된 소리 검출 장치는 이후에 레일리의 정교한 실험을 위한 토대가 되었다.[69]

69 구자현, 『레일리의 음향학 연구의 성격과 성과』(파주: 한국학술정보, 2008), pp. 239-240.

민감 불꽃을 소리의 파장 측정에 최초로 활용한 인물은 사바르였다. 1839년에 사바르는 민감 불꽃을 사용하여 벽 앞에서 벽을 향해 진행하는 음파가 벽에서 반사되어 나오면서 만드는 간섭을 관찰하였다. 이때 벽에서 일정한 거리만큼 떨어진 곳에 민감 불꽃을 설치해 놓고 벽에서의 거리를 변화시키자 불꽃이 교란되는 위치가 주기적으로 나타나는 것을 확인할 수 있었다. 사바르는 침묵점이 반사면으로부터 1/4파장의 짝수배에 해당하는 거리에서 나타난다고 주장했다. 즉, 불꽃의 교란이 멈추는 점과 점 사이의 거리가 반 파장에 해당한다고 판단한 것이다. 그리하여 사용하는 음파의 파장을 구할 수 있었고 그 값을 음파의 속도로 나누면 음파의 진동수를 알 수 있었다.

1862년에 쾨니히가 민감 불꽃을 이용하여 소리의 진동수를 알아낼 수 있는 정교화된 장치를 고안해 냈다. 액주식 불꽃 장치(manometric flame apparatus)라고 이름을 붙인 이 장치는 불꽃부와 회전 거울의 두 부분으로 이루어져 있었다. 쾨니히는 불꽃으로 가스를 보내는 경로에 탄력이 있는 막에 의해 두 부분으로 나누어진 목재 캡슐을 설치하였다. 캡슐의 한쪽으로는 가스가 통과하였고 막의 다른 쪽은 소리가 들어오는 구멍과 연결되었다. 캡슐을 통과한 가스는 가늘고 짧은 금속 파이프의 꼭대기로 뿜어져 나와 2cm 정도의 불꽃을 만들어 냈다. 소리가 들어오는 관으로 소리가 캡슐 쪽으로 주입되면 막이 진동을 하고, 그 진동이 가스의 흐름에 교란을 일으키면 불꽃이 교란되었다. 이러한 불꽃의 교란은 회전 거울에 비치게 되는데 위에서 보았을 때 정사각형의 각 면에 네 개의 거울이 붙어서 수직으로 세워진 축 주위를 회전하게 되어 있는 회전 거울은 빠르게 진동하는 불꽃의 연속적인 상을 보여 주었다. 회전 거울에서 거울과 거울 사이의 시간 간격이 불꽃의 진동 주기와 일치하면 불꽃은 정지한 것처럼 보인다. 이로써 불꽃의 진동 주기를 알아낼 수 있고 불꽃의 진동 주기는 곧 주입된 음파의 진동 주기와 일치하게 된다. 이러한 방식으로 회전 거울의 회전 속도를 조절함으로써 주입되는 음파의 진동수를 알아낼 수 있었다. 이 진동 표시 장치는 1865년에 프랑스 국가산업장려협회(Société d'Encouragement pour l'Industrie nationale)에서 주는 금메달을 수상했다.[70]

민감 불꽃은 소리를 귀로 듣는 것이 아니라 눈으로 볼 수 있게 해 주었다는 점에서 음향학 연구에 새로운 장을 열었다. 청각적 관찰은 시각적 관찰에 비하여 객관성이 부족하다는 인식이 일반적이었기 때문에 귀로 들을 수 있는 것을 가시화하는 것은 19세기 음향학자들에게 주요한 관심사였다. 그런 점에서 민감 불꽃은 매우 요긴한 장치였다. 더구나 소리의 가시화는 귀로 들을 수 없는 소리도 가시화가 가능하다는 점에서 초음파 연구에 획기적인 장을 열었다.

레일리는 초음파 발생 장치를 만들고 그것을 민감 불꽃을 사용하여 검출해 내는 실험을 통해서 초음파 연구를 실험실에서 수행하는 데 중요한 진보를 이루어 내었다. 레일리가 고안한 초음파 발생 장치는 새소리 호각(bird call whistle)이다. 새소리 호각은 관의 끝에 지름이 1cm 내지

70 Paolo Brenni, "The Triumph of Experimental Acoustics: Albert Marloye (1795~1874) and Rudolph Koenig (1832~1901)", *Bulletin of the Scientific Instrument Society* 44 (1995), p. 15.

2cm인 원형 주석판 중앙에 지름이 0.5cm인 원형 구멍을 뚫고 거기에 꼭 맞는 관을 용접한 다음, 그 주석판의 반대편 구멍 앞에 역시 구멍이 있는 정삼각형의 판을 원형 판에 평행하게 1mm 간격으로 배치하고 정삼각형의 변들을 원형 판에 용접하였다. 이 호각에 관으로부터 일정한 압력의 공기를 불어 넣으면 공기가 구멍으로 빠져나오면서 진동수가 높은 소리가 나온다. 레일리는 이 장치에서 나오는 소리를 벽에서 반사시켜 사바르가 고안한 방법으로 파장을 측정하였다. 파장이 불과 1cm 내지 0.6cm인 음파, 진동수로 따지면 3만 Hz 내지 5만 Hz의 음파를 만들어 낼 수 있었고 이것은 사람의 귀에 들리지 않는 진동수의 음파에 해당했다. 이때 진동수를 일정하게 유지하려면 공기를 불어 넣는 압력을 일정하게 유지해야 하는데, 여기에는 액주식 압력계가 사용되었다. 불꽃의 기부는 범위가 매우 좁았기 때문에 수 mm 범위에서 파장의 길이를 잴 수 있었다. 레일리는 다소 강한 압력을 제어하기 위해 나사식 핀치콕을 연결 고무관에 설치하였다. 새소리 호각이 실험 기구로 좋은 점은 파장이 극히 짧은 빛을 비교적 쉽게 만들어 낼 수 있고, 더구나 여기에서 발생하는 소리는 지향성이 있어서 특정한 방향으로 소리 에너지를 몰아 주어 강한 음파를 형성시킨다는 점이다.[71]

71 Rayleigh, "Interference of Sound", *Royal Institution Proceedings* 17 (1902), pp. 1-7.

초음파의 실험적 용도

초음파를 자유자재로 만들 수 있게 되고 그것을 검출할 수 있는 검출기가 마련되자 실험실에서 초음파의 유용성은 곧 인식되었다. 일반적인 음파는 파장이 길기 때문에 우리 주변의 물건들로부터 회절이 많이 일어나 그 직진성이나 반사, 굴절 등을 쉽게 감지할 수 없었다. 그렇지만 초음파는 파장이 2cm 이내로 짧기 때문에 일상적인 기물들로부터 회절이 별로 일어나지 않아서 소리의 직진성, 반사, 굴절 등의 현상을 쉽게 감지할 수 있었다.

레일리가 빛에서 쉽게 감지되는 파동성을 보여 주는 현상들을 검출하는 실험에 성공할 수 있었던 것은 새소리 호각과 같이 파장이 짧은 소리를 발생시키고 검출할 수 있는 방법이 있었기 때문이다. 레일리가 빛의 파동성을 보이는 데 가장 확실한 증거가 된 실험은 푸아송의 원반 실험이었다. 원래 푸아송의 원반 뒤에 나타나는 밝은 점은 빛의 파동성을 입증하는 광학적 현상이다. 뉴턴주의자였던 푸아송(Siméon Denis Poisson, 1781~1840)은 프레넬(Augustin-Jean Fresnel, 1788~1827)이 빛의 파동설을 들고 나오자 그것이 틀렸다는 것을 입증하기 위하여, 계산으로부터 파동설이 맞다면 원반을 걸고 거기에 빛을 비출 때 원반의 그림자 가운데에 밝은 점이 나타나야 한다고 주장했다. 이것은 그런 밝은 점이 나타나지 않기 때문에 프레넬의 파동설이 틀렸다고 주장하기 위해 제시한 사례였다. 그런데 실험을 해 본 결과, 밝은 점이 원반의 그림자 가운데 나타났다. 이로써 이 실험은 역설적으로 빛의 파동설을 입증하는 사례가 되었다. 통상적으로 이 실험은 암실의 셔터에 뚫린 바늘구멍을 통해서 들어온 햇빛이 철사에 묶인 채 허공에 떠 있는 은화를 비추도록 했다. 이 은화의 그림자가 생기는 스크린의 위치에 사진 건판을 놓고 얼마간 기다리면 원형의 그림자 중앙에 빛이 도달하는 것을 사진 건판을 감광시켜 확인할 수 있었다.

1904년에 레일리는 소리의 파동성을 고려해 볼 때 푸아송의 밝은 점에 대응되는 음향학적 현상이 존재하리라 예상하였다. 그렇지만 방해하는 음파들을 제거하지 않으면 이 실험에 성공하기 어려웠다. 이런 난점을 극복하기 위해 레일리는 단파장의 소리인 초음파를 사용하였고 그것으로부터 푸아송의 점을 만들어 내었다. 레일리는 천장에 매달아 놓은 지름 18인치(45.72cm)의 원형 유리판에 새소리 호각에서 나온 소리를 가하고 그로부터 계산한 지점, 즉 원반 뒤쪽에 일정한 거리만큼 떨어진 곳에 민감 불꽃의 기부를 배치하였다. 불꽃을 놓을 지점을 잘 찾아내기 위하여 레일리는 원반의 가운데에 구멍을 뚫어 놓고 원반의 뒤쪽에서 쳐다보아 그 구멍을 통해 호각이 보이는 위치를 찾아내었다. 이렇게 하여 호각, 원반의 중심, 민감 불꽃의 기부는 일직선에 놓이게 되었다. 호각에서 소리가 나왔고 원반의 뒤쪽에 소리가 닿을 수 없는 위치에 소리가 닿아 불꽃이 교란되는 것으로 소리가 도달하는 것을 확인할 수 있었다. 그렇지만 그 지점에서 조금 벗어난 곳으로 불꽃을 옮기면 불꽃의 교란이 그쳐서 잠잠해졌다. 이는 그곳이 소리 그늘임을 보여 주었다. 이와 같이 소리가 도달하는 지점과 도달하지 않는 지점이 명확하게 나타나는 것이 초음파를 사용했을 때의 결과이다. 그렇지만 파장이 긴 소리를 사용할 때에는 회절이 더 심하게 일어나기 때문에 원반이 웬만큼 크지 않고서는 장애물로서의 효과를 볼 수가 없다. 그러므로 원반 뒤에 소리 그늘이 선명하게 나타나지 않게 되고 당연히 음향학적 '밝은 점'이 나타나지 않는다. 그렇지만 초음파를 사용하게 되면 회절 무늬는 실험실 규모에서 선명하게 만들 수 있다.

푸아송의 원반 실험에서 살짝 감지되었듯이 초음파를 사용하면 규모가 큰 음향학적 현상을 작은 규모로 수행할 수 있다. 유명한 음향학적 현상으로 '속삭임 회랑'이 있었다. 런던에 있는 세인트폴 대성당(St Paul's Cathedral)에 가면 큰 돔형 홀 아래 한쪽에서 속삭이는 소리가 홀의 다른 쪽에 있는 사람에게 들리는 현상이 나타난다. 충분히 멀리 떨어져 있기 때문에 실외에서는 같은 거리만큼 떨어진 곳에서 그렇게 속삭이는 소리가 들리지 않는다. 이러한 현상은 19세기 중반에 세상에 널리 알려져 있었으므로 이 현상에 대하여 과학자들은 해명해 줄 필요가 있었다. 왕립천문대의 천문학자였던 에어리(Sir George Biddell Airy, 1801~1892)는 반구형 돔에서의 반사로 이 현상을 설명하려고 했지만 레일리는 자신의 관찰을 토대로 반론을 제기했다. 레일리는 에어리의 주장대로라면 음원과 관찰자가 동일한 지름 위에 있을 때에만 이러한 현상이 나타나야 하지만 자신이 관찰했을 때 그렇지 않은 경우에도 소리가 잘 들렸다는 점을 들어 이 설명이 옳지 않다고 주장했다. 레일리는 속삭이는 소리가 회랑의 호를 따라서 기어가는 것 같다는 견해를 펼쳤다. 이때에도 반드시 짧은 호를 따라서 소리가 강하게 전달되는 것이 아니라 속삭이는 사람이 향하고 있는 방향의 호를 따라서 소리가 주로 전달된다고 보았다. 그러므로 돔은 정확하게 반구형일 필요가 없다고 주장했다.[72] 이를 입증하기 위해 레일리는 1904년에 규모 실험을 수행하였다. 그는 실험실 규모의 세인트폴 대성당 축소 모형을 만들어 놓고 그 안에서 소리를 발생시켜 소리가 모형 홀의 다른 쪽에 강력하게 전달되는지를 확인하고자 하였다. 이 실험을 제대로 수행하기 위해서는 홀의 규모만 줄이고 음파는 규모를 줄이지 않으면 안 된다는 것을 기억해야 한다. 홀의 규모를 줄인 만큼 같은 비율로 음파의 파장도 줄여야 한다. 레일리는 폭이 2피트(60.96cm)이고 길이가 12피트(3.7m)인 아연판을 반원 형태로 구부려 놓고 한쪽 끝 부분에 파장이 2cm인 소리를 발생시키는 새소리 호각을 설치하고 그 소리가 반원의 접선 방향으로 방출되도록 하여 속삭이는 사람의 역할을 하게 하였다. 그리고 다른 쪽 끝 부분에는 민감 불꽃을 설치하여 듣는 사람의 역할을 하게 하였다. 이와 같은 규모 실험을 수행할 수 있게 되자 레일리는 홀의 한쪽인 A지점에서 발생시킨 소리가 반대쪽 홀의 B지점에서 민감 불꽃에 교란을 일으킬 정도로 강하게 전달되는 것을 확인할 수 있었다. 레일리가 A지점과 B지점을 연결하는 직선상에 장애물을 놓았더니 불꽃은 여전히 교란되었다. 그다음에 아연판의 안쪽 곡면을 따라 중간 부분에 폭이 2인치(5.98cm)가 넘지 않는 나무판을 놓았을 때 불꽃은 교란되지 않았다. A지점에서 발생한 소리가 벽면을 타고 반대쪽 B지점의 위치로 전달되지 못한 것이다. 이로써 소리가 곡면의 안쪽을 따라 둥글게 퍼져 간다는 가설은 검증되었다. 대규모의 실제 실험을 수행하는

72 Rayleigh, *The Theory of Sound,* 2 vols (New York: Dover, 1945), vol. 2, pp. 126-129.

대신에 소규모의 모형 실험을 수행함으로써 가설을 용이하게 입증할 수 있었던 것이다.[73] 이렇게 음향학 실험 연구에서 초음파는 소리에 대한 연구자의 통제력의 범위를 확장시켜 주었다.

73 Rayleigh, "Shadows", *Royal Institution Proceedings,* Jan. 15 (1904).

제4장

보이지 않는 것을 듣다

보이지 않는 것을 듣다

라에네크의 청진기

오늘날 의사의 상징은 청진기다. 의사의 목에 걸려 있는 청진기는 흰 가운을 입은 온갖 전문가들 사이에서 의사를 식별할 수 있게 해 준다. 최근의 조사 연구에서도 환자들에게 의사에 대한 신뢰감을 높여 주는 상징으로 청진기가 뽑혔다. 최근에 나온 전자 청진기는 증폭 기능뿐만 아니라 심지어 녹음 기능까지 갖추고 있다. 그렇지만 음향학적 청진기가 아직도 널리 사용되고 있으며 그 원리는 기본적으로 라에네크가 청진기를 발명했을 때와 다르지 않다.

음향학적 청진기의 구조는 매우 간단하다. 환자의 몸에 닿는 부분인 접촉부는 단지 기계적으로 환자의 피부를 통해 전달되는 신체 내부의 진동을 접촉부 안쪽, 즉 관 속에 있는 공기로 전달해 준다. 그러면 관 속의 공기가 떨리면서 진찰자의 귀까지 소리가 전달되는 것이다. 특별한 전자

장치나 증폭 장치가 따로 존재하지 않는 순수한 음향학적 장치인 것이다. 접촉부는 일반적으로 플라스틱 막(diaphragm)으로 된 부분과 종 모양의 컵으로 된 부분 두 가지가 있다. 플라스틱 막은 몸의 진동이 피부로 전달되면 그것을 받아서 막 안쪽의 공기로 전달해 주는 반면에, 종 모양의 컵은 피부의 진동이 바로 종 안쪽의 공기를 진동시키고 그 압력파가 관 속으로 전달되어 진찰자의 귀에 이르게 된다. 플라스틱 막은 진동수가 높은 소리를 잘 전달하고 종 모양의 컵은 진동수가 낮은 소리를 잘 전달한다.

청진은 보통 기관지, 폐, 내장의 소리를 듣는 것으로 이루어진다. 청진의 기원은 고대 이집트까지 거슬러 올라간다. 사람의 몸속의 소리를 들어서 질병의 증세를 파악하려는 노력이 히포크라테스 학파의 실행에도 이미 포함되어 있었다. 히포크라테스는 환자의 몸에 귀를 대면 체액이 넘칠 경우에 출렁거리는 소리를 들을 수 있다고 했다. 천 년 이상 의사들은 사람들의 몸속의 소리를 듣기 위해 귀를 기울였지만 몸 안의 소리와 병리적 이상의 관계를 체계적으로 정리한 것은 청진기가 발명된 이후였다.

라에네크 이전에 몸의 소리를 이용해 주목할 만한 진단 방법을 고안한 이는 오스트리아의 의사 아우엔브루거(Joseph Leopold Auenbrugger, 1722~1808)였다. 1761년에 아우엔브루거는 병을 진단하기 위해서는 환자의 말보다 진찰자 자신의 감각을 더욱 신뢰해야 한다고 주장했다. 그는 오랫동안 진단의 기초로 가장 중시되었던 환자의 구술(口述)을 밀어내고 경험주의적 진단의 기초를 놓았다. 그는 환자의 가슴을 손가락이나 작은 망치로 치면서 들리는 소리로부터 병을 진단하는 탁진을 도입함으로써 감각을 이용한 질병의 진단 기술에 진일보를 이루었다. 아우엔브루거는 그의 아버지가 포도주나 맥주가 들어 있는 통에 내용물이 얼마나 남아 있는지를 알기 위해 통을 두드리는 것을 보고 탁진을 창안한 것 같다. 그의 음향학적 진단 방식은 그가 음악을 좋아했기 때문에 가능했던 것으로 보인다.

그렇지만 아우엔브루거는 그의 관찰을 체계적으로 정리하지도 않았고 그의 실행 방법을 자세히 서술하지도 않았다. 사람들은 그의 방법을 제대로 이해하지 못했고 라에네크의 시대까지도 의사들은 탁진을 잘 사용하지 않았다. 그 이유는 손을 쓰는 작업은 외과의의 소관이라는 생각이 의사들 사이에 광범위하게 퍼져 있었기 때문이다. 아우엔브루거가 일했던 빈의 병원에서도 대부분의 의사들이 탁진에 부정적이었다. 아우엔브루거는 자신의 방법을 개선하기 위한 노력을 거의 기울이지 않았고 탁진을 소개한 그의 논문은 19세기가 되기까지 독일어권 밖으로 거의 퍼져 나가지 않았다. 그것이 프랑스어로 번역된 것은 1770년이었고 30년이 지나서야 코르비사르(J. N. Corvisart, 1755~1821)가 아우엔브루거의 논문을 발견하여 프랑스어로 다시 번역하였다. 포브스(John Forbes)가 아우엔브루거의 논문을 영어로 번역한 것은 라에네크의 책을 번역할 때와 같은 시기였다.

아우엔브루거의 탁진이 빨리 인정을 받지 못했던 또 다른 이유는 그의 이론이 질병의 국소설에 토대를 두고 있었기 때문이다. 질병을 몸 전체의 체액의 불균형으로 인하여 생긴 것으로 보지 않고 국소적 현상으로 보는 시각이 당시 병리 해부학이나 생리학에서는 받아들여졌을지라도 일반 의사들까지 그것에 동의하지는 않았다. 당시의 질병들은 증세에 의해 분류되었으므로 탁진을 통해서 증세를 넘어서 질병의 근본적인 원인을 파악하는 것은 필요하지 않았다. 이러한 작업을 하기 위해서는 먼저 생리학적 메커니즘이나 해부학적 정보가 확보되어야 했다. 아우엔브루거가 자신의 방법을 제시했을 때에는 이러한 준비가 되어 있지 않았다.[74]

라에네크(René-Théophile-Hyacinthe Laennec, 1781~1826)는 프랑스의 의사였는데 1816년에 청진기를 발명하였고 그것을 써서 가슴의 다양한 상태를 진단하는 방법을 개척하였다. 그의 방법은 아우엔브루거의 작업을 완성하고 개선한 것으로 간주할 수 있었다. 라에네크는 1781년에 브레타뉴의 큄페르(Quimper)의 부유한 가정에서 태어났다. 1786년에 어머니가 폐결핵으로 사망하자 라에네크는 형과 함께 친척집에 맡겨졌는데, 낭트의 의사인 귀욤-프랑수아 라에네크(Guillaum-Francois Laennec)에게 맡겨진 것이 그의 진로에 결정적 영향을 미쳤다. 프랑스 혁명을 거치면서 좋은 교육을 받고 군대에서 일찍부터 의료 경험을 한 것이 계기가 되어 르네 라에네크는 의사가 되기로 결심했다. 파리의 보건학교(École de santé)에서 좋은 의학 교육을 받았다. 그는 아우엔브루거의 방법을 프랑스 병원에 최초로 도입한 인물인 코르비사르에게 교육을 받았다. 코르비사르는 환자의 가슴을 두드려서 환자가 사망하기 전에 검시에서 발견하게 될 병변을 예측할 수 있었다. 그리하여 라에네크는 병리 해부학에 관심을 갖게 되었다. 그는 현재의 증세를 병리적 과정

74 조너선 스턴, 『청취의 과거: 청각적 근대성의 기원들』(서울: 현실문화, 2010), pp. 162-163.

과 관련짓기를 원했다. 그의 방법은 확실히 경험주의적 경향을 띠고 있었다. 그는 복막염(peritonitis), 월경불순(amenorrhea), 간 질환을 포함하는 400종의 케이스를 보고하면서 명성을 얻었다. 1802년에 그는 해부술 학교(École Pratique de Dissection)로 전학하였다. 그는 그곳에서 뛰어난 외과의로서 명성을 얻었고 22세의 나이에 자신의 방법을 전수하기 위한 수업을 개설했다. 그렇지만 나폴레옹 치하에서 가톨릭 신자이자 왕당파였던 그는 일자리를 얻기가 쉽지 않았다. 1816년에 라에네크는 드디어 네케르(Necker) 병원에 자리를 얻게 되었고 이 병원에서 청진기를 발명하였다. 그는 1822년에 콜레주 드 프랑스(Collége de France)의 강사가 되었고 1823년에는 의학교수가 되었다. 그렇지만 1826년에 지병인 결핵이 악화되어 45세의 나이로 사망했다.

라에네크가 살던 시대에 병을 진단하는 주된 방법은 환자에게 증세에 대해 묻거나 환자의 증세를 눈으로 살펴보는 것이었다. 현대 의학에서 주로 사용하는 여러 가지 검사 도구는 아직 진단에 도입되지 않았다. 병을 눈으로 진단하는 것은 근대 과학의 정신에 부합하는 방법으로, 과학적 방법을 의학에 도입하여 해부학과 생리학에 기초한 의학을 구축하려는 사람들의 방법과 잘 맞아떨어졌지만 그것이 도입된 지 얼마 되지 않았었다. 더구나 해부를 해 보지 않고는 몸 안을 들여다볼 수 있는 방법이 없었다. 당시는 산업화와 도시화가 활발하게 진행되면서 이전에는 스스로 치료책을 찾던 사람도 전문가에게 더 많이 의존하게 되었다. 과학적 추론과 기술의 수용에 힘입어 의술은 중간 계급의 전문직이 되었다. 그리고 많은 자본이 투입됨으로써 그 자체가 산업화되었다. 청진과 청진기의 도입은 이러한 산업화와 합리화의 연장선상에서 이루어진 것이었다.

라에네크는 청진기 발명의 과정을 이렇게 회상했다. 1816년에 파리에 있는 네케르 병원에서 일하던 라에네크에게 심장병 증세를 가진 젊은 여자 환자가 찾아왔다. 그 여자는 살이 많이 쪄서 탁진이나 촉진이 쉽지 않았다. 그렇다고 젊은 여자 가슴에 직접 귀를 대고 소리를 들어볼 수도 없는 노릇이었다. 그때 라에네크는 나무 조각의 한쪽 끝을 귀에 대고 다른 쪽 끝을 핀으로 긁으면 긁는 소리가 매우 선명하게 들린다는, 단순하지만 잘 알려진 사실이 떠올랐다. 그것은 몇 달 전에 한 아이가 나무 막대의 한쪽 끝을 핀으로 긁으면 반대쪽에서 다른 아이가 그 소리를 들으며 노는 것을 본 기억과 연관되었다. 그는 즉시 빳빳한 종이를 말아서 관을 만든 다음, 한쪽 끝을 심장 부위에 대고 다른 쪽은 귀에 대었다. 그러자 직접 귀를 대었을 때보다 심장 소리가 훨씬 또렷하고 크게 잘 들렸다. 이러한 효과는 특히 살찐 사람의 경우에 확실하게 나타났다. 왜냐하면 살찐 사람은 직접 귀를 가슴에 대더라도 살이 소리를 흡수해서 소리가 약하게 들리기 때문이다.

라에네크는 이후 3년간 청진용 관을 개량하기 위해 다양한 재료를 시험해 보았다. 그는 폐렴 환자에게 자신이 만든 시험 기구를 테스트해 보았고, 곧 첫 번째 기구를 제작하였다. 그것은 길이 25cm에 지름이 3.5cm인 나무 원통이었다. 나중에 그는 그것을 세 부분으로 나눌 수 있는 형태로 만들었다(그림 4-1). Fig. 1은 라에네크의 청진기를 조립한 것이고 Fig. 2와 Fig. 3은 청진기의 종단면이며, Fig. 4는 가슴 접촉부를 분리한 모양, Fig. 5는 귀에 꽂는 부분의 나사를 뽑아 놓은 모양, Fig. 6은 횡단면의 모양이다. 이 장치는 당시에 소리를 모으기 위해 널리 사용되던 귀 트럼펫(ear trumpet)과 사실상 같은 구조로, 하나의 귀만 사용하는 형태였다. 이후 개선된 것 중에는 중간 부분을 유연하게 고무로 대체한 것도 있었는데, 기본적으로 하나의 귀만 쓰는 형태를 한동안 유지하였다.

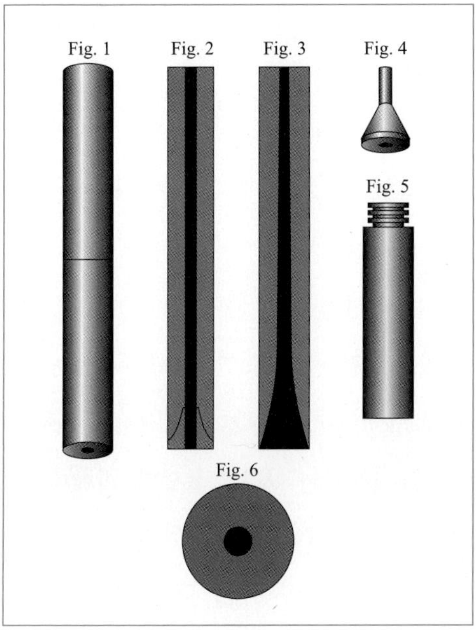

그림 4-1 라에네크의 청진기

라에네크가 청진기를 만드는 과정이 온전히 독창적인 것은 아니었다. 오히려 그 아이디어 자체는 진부했다. 그는 히포크라테스 학파가 청진을 했다는 것을 알고 있었고 1817년에 프랑스의 의사인 두블르(François-

Joseph Double, 1776~1842)가 직접 청진을 추천한 것도 알고 있었다. 영국의 의사이자 사람의 가청 한계에 대한 선구적인 연구를 한 월러스턴(William Hyde Wollaston)은 긴 막대를 가지고 발에서 귀까지 소리를 전달할 수 있었다. 나중에 라에네크는 자신이 청진기를 고안할 때 월러스턴의 막대 실험에 대해서는 몰랐다고 말했다. 라에네크의 이야기에서 그렇게 극적으로 묘사되었던 것이 의도적인 과장은 아니었을 것이다. 그렇지만 라에네크 자신이 여러 가지 배경 속에서 청진기와 간접 청진에 대한 아이디어를 착안했을 것이다.

당시에는 가슴에 직접 귀를 대고 소리를 듣는 방법, 즉 직접 청진이 널리 이용되고 있었다. 그렇지만 그것에 특별한 체계나 방법이 있지는 않았다. 청진(auscultation)이라는 말도 라에네크가 만든 말이다. 'auscultare'라는 라틴어는 '듣는다'는 의미이다. 라에네크는 청진기를 쓰지 않고 귀로 직접 환자 몸 안의 소리를 듣는 것을 '직접 청진'(immediate auscultation)이라고 부르고 청진기를 사용하는 방법을 '간접 청진'(mediate auscultation)이라고 불렀다. 라에네크는 자신의 고안품을 원래는 단순히 'le cylindre'(원통)라고 불렀는데, 다른 사람들이 여러 명칭을 붙이려고 하자 'stethoscope'(청진기)라는 이름을 붙였다. 이 조어는 그리스어 'stetho'(가슴)와 'skopein'(검사)에서 온 것이다. 이 명칭은 이 장치의 1차적인 목적이 가슴을 검사하는 데 있었음을 말해 준다. 'scope'라는 단어에 시각적 함의가 들어가 있다는 것은 사실인데 그것은 당시 프랑스어에서 시각, 빛, 지식을 연결하는 은유가 널리 퍼져 있었기 때문에 당연한 것이었다. 그것은 18세기 계몽주의의 영향을 반영하는 것이었다.

라에네크가 청진기를 개량할 때 청진기가 기본적으로 가져야 하는 특성으로 고려한 것이 있었다. 그것은 청진기가 어떠한 기능을 하는 기구여야 하는지와 밀접한 관련이 있다. 청진기의 귀에 대는 부분은 귀에 잘 맞게끔 크기가 적당해야 했다. 그리고 환자의 몸에 대는 부분이 일정 한도 이상 넓어서는 안 되었다. 그것은 지름이 대략 1인치(2.54cm)였다. 청진기를 몸의 여러 부위에 자유자재로 대기에 적정하도록 크기를 유지해야 하기 때문이었다. 이것은 청진기가 환자의 청진을 쉽게 해 주는 점에서 유용성이 있어야 함을 보여 준다. 귀를 대기에는 적절하지 않은 만곡부나 몸의 구석을 청진할 때 편리해야 하는 것이다. 또한 환자의 몸에 대는 부분은 모서리가 둥그렇게 되어 있어서 환자의 몸으로 파고들거나 몸을 상하게 해서는 안 되었다. 이것은 청진기가 기본적으로 의사의 편의를 추구하는 측면도 있지만 환자 측에서도 청진기를 선호할 이유가 충분히 있었다는 점을 말해 준다. 환자는 의사가 직접 몸에 귀를 대지 않고 기구를 댐으로써 신체 접촉에서 오는 불편함을 해소할 수 있었기에 청진기 사용을 선호하였다. 그런 점에서 청진기가 또 다른 불쾌감을 환자에게 유발하는 것은 철저하게 막아야 했다. 그리고 중간의 관은 막히거나 사용 중에 어떤 소리를 내서는 안 되었다. 이것은 청진기가 소리를 민감하게 잘 전달하고 정확한 진단을 할 수 있도록 돕는 기구라는 점에서 특히 중요했다. 또한 청진기의 끝은 피부에 틈이 없이 밀착되어야 하고, 청진을 받을 때 환자가 취하기 어려운 자세를 취해야 하거나 그 자세를 취하고 있는 것이 힘들어서는 안 되었다. 상체를 너무 많이 숙이거나 쪼그리고 앉는 자세는 피해야 했다.

그런데 라에네크가 간접 청진을 주장하는 데에는 위생적인 측면은 고려되지 않았다. 냄새가 나고 땀이 나고 더러운 환자와 신체 접촉을 하는 것은 의사에게 고역이었겠지만 아직 질병의 병원균설이 제시되기 전의 파리는 위생 상태가 말이 아니었다. 도시에 온통 비위생적인 상태가 만연했고 도시 전체가 더러운 냄새에 휩싸여 있었다. 뿐만 아니라 라에네크 자신의 위생 상태가 환자에게 위협이 될 정도였다. 그는 이미 폐결핵에 걸려 있어서 스스로 옷을 입을 힘도 없었다. 그러므로 라에네크가 위생상의 목적에서 간접 청진을 이야기하지 않은 것은 당연했다.

그에게 더 중시된 것은 중간 계급의 예의였다. 당시 의사는 중간 계급에 속하였고 지식과 합리성을 그 계급의 자부심으로 여기고 있었기에 부르주아가 지켜야 한다고 여겨지는 예절을 감안할 때 여성의 몸(특히 흉부)에 손을 대지 않고 옷 위에 청진기를 대서 진찰을 하는 것은 수용 가능한 일이었다. 특히 그의 환자 대부분은 낮은 계급에 속하는 사람들이었다. 여성 환자는 대개 직업을 가진 여성들이었다. 그러므로 간접 청진은 매개물을 통하여 사회적 거리를 물리적 거리로 치환함으로써 사회적 안전지대에 머물 수 있는 방안이기도 했다. 또한 부르주아의 근대적인 주관성의 증표로서 중시되는 민감성(sensitivity)을 감안할 때에도 이전에는 가까스로 의식되었던 차이를 감지하는 것이 미덕이니 신체 내부에서 들리는 작은 소리에 귀를 귀울이고 그것으로부터 병을 진단하는 것은 중간 계급에게 권장할 만한 실행이었다.

귀 트럼펫과 청진기가 구조와 기능상 유사점이 있더라도 둘 사이에는 근본적인 차이점이 있었다. 귀 트럼펫은 귀에 장애가 있는 사람이 귀의 기능을 정상으로 되돌려 일상적인 소리를 잘 듣기 위하여 사용하는 보조 기구였다. 그렇지만 청진기는 정상적인 신체를 가진 의사가 신체적 이상이 있는 사람의 몸을 진단하기 위하여 사용하는 기구였다. 그런 점에서 의사의 귀 자체를 불완전하다고 인정하는 것에서 그 사용이 시작된다. 사람의 내부 진단 의학을 위해서는 귀가 불완전한 셈이다. 그것은 이 분야에 종사하는 의사들은 누구나 청진기를 사용해야 그러한 실행을 할 수 있다는 의미이고 아무리 훈련을 받는다고 해도 기구 없이는 정상적인 진단을 실행할 수 없다는 것을 의미한다. 의사는 제대로 된 진단을 하기 위해서는 정상적인 기구와 훈련이 모두 필요하다.

라에네크는 귀를 직접 대는 청진이 적절하지 않으므로 하지 말아야 한다고 주장했다. 귀부인의 몸에 귀를 대는 것은 예의에 어긋날 뿐 아니라 몸이 더러운 사람에게 귀를 대는 것도 의사가 꺼리는 일이었다. 또한 귀를 환자 몸에 대고 소리를 잘 듣기 위해 몸을 누르면 혈행이 원활하지 못하거나 장기가 압박을 받아 오진을 할 수도 있기 때문이다. 게다가 청진기를 이용하면 의사 자신의 몸의 소리와 외부 소리로 진단이 방해 받는 것을 방지할 수도 있었다. 또 청진기는 원하는 곳은 어디든지 진찰할 수 있었던 반면에 귀는 대고 들을 수 있는 곳에 한계가 있었다.

이렇게 라에네크가 직접 청진과 간접 청진을 나누었을 때 몸을 써서 하는 듣기와 기구를 써서 하는 듣기가 구분되었으며 청취의 의미 자체가 변화하게 되었다. 인간 신체 내부의 소리를 적절하게 듣기 위해서는 도움이 필요했고 이것은 매개물의 형태를 띠었다. 그렇다고 해서 인간의 몸을 완전히 배제한 듣기는 아니었다. 그러므로 라에네크는 듣기를 비인간화하지는 않았다. 청진을 도입하는 것은 소리에 프레임(frame)을 씌우는 것이었다. 청진기를 통해서 들리는 소리를 몸 안에서 오는 소리와 몸 밖에서 오는 소리로 나누고 그중에서 전자만을 요긴한 정보로 해석하고 후자는 노이즈(noise)로 해석해야 했다. 그리하여 청진기로 들리는 소리를 프레임 속에서 이해하는 것이 의사의 독특한 자질로 부상하게 된 것이다. 듣는 과정에서 소리에 이러한 프레임을 부여하여 소리를 걸러서 수용하는 능력이 의사라는 전문직에서 요구되는 자질이었고 곧 수련 과정에서 청각 훈련을 통해 습득되어야 할 필수 요소였다. 이때 훈련 대상이 된 듣기는 더 이상 인간이 원래 가지고 있는 타고난 능력으로서 청각을 활용하는 것이 아니라 모든 주의를 기울여 집중해야 하는 새로운 듣기였다. 이전에도 집중된 듣기가 전혀 실행되지 않은 것은 아니었지만 이제 프레임에 넣어진 소리를 듣기 위해 독특한 기술이 요구되는 집중된 듣기가 실행되게 된 것이다.

라에네크가 이 단순한 장치를 사용해서 환자의 신체 내부의 소리를 듣기 시작했을 때 진단의 객관성은 놀랄 정도로 높아졌다. 소리는 이 단순해 보이는 기구를 통과하면서 신체 내부에서 나오는 자연의 소리가 아니라 기구에 의해 변형된 정보화된 소리로 탈바꿈하였다. 기구를 통해서 변환된 소리는 직접 듣는 소리와 분명하게 다른 소리였다. 라에네크는 이렇게 변형된 소리를 어떻게 읽고 분석할 것인지를 후속 연구를 통해서 정립해 나갔다. 이러한 과정은 '간접 청진'이라는 실행을 과학으로 전환해 가는 과정으로 간주할 수 있을 것이다.

라에네크의 또 하나의 혁신은 청진기를 사람의 몸속의 소리를 모아 병을 판단하는 진단 도구로 탈바꿈시킨 데 있었다. 당시 의사들은 관찰을 통해서 발견되는 작은 차이와 세부사항에 그들의 온 감각을 집중하여 현상을 구분하고 그것을 질병의 증세로 삼고자 했다. 라에네크는 이전에는 들을 수 없는 소리를 청진기를 이용해서 듣게 되었기에 자신의 청진을 통해서 발견한 음향학적 현상들을 다른 현상들과 구분해서 부를 수 있는 명칭이 필요했다. 이러한 명칭을 만드는 작업을 위해서는 상상력이 요구되었다. 그는 동물의 소리나 도시의 소리에 빗대어 그러한 체내의 소리에 이름을 붙였다. 호흡기에서 일어나는 덜그럭거리는 소리는 공기가 폐나 기관지의 유체를 통과할 때나 부분적으로 감염된 기도에서 나는 소리였다. 또 덜그럭거리는 소리라 하더라도 라에네크는 그 아래에 세부 범주를 마련하였다. 습한 덜그럭거림, 점성의 덜그럭거림, 마른 시끄러운 덜그럭거림 등 다양한 소리가 구별되었다. 이렇게 병리적 증세에 대한 목록을 만들면서 라에네크와 그의 추종자들은 듣는 실행의 중요성을 강조하였다. 듣는 실행을 통해서 소리들이 새로운 방식으로 의미를 부여받게 되었기 때문이다. 의사들은 새롭고 의미심장한 소리의 세계에 온전하게 접근할 수 있게 해 주는 듣는 실행을 추구하였다.

라에네크가 청진기를 만든 것은 심장병 때문이었지만 그의 탐구가 처음으로 중점적으로 이루어진 것은 폐 질환과 관련된 것들이었다. 라에네크는 자신이 내린 진단이 옳은지를 확인하기 위해 사후 검시(死後檢屍) 결과를 점검하였는데, 점검 후 자신의 진단에 대해 더 큰 확신을 얻었다. 라에네크가 이렇게 할 수 있었던 것은 그가 큰 병원의 의사였기에 검시를 포함하여 연구에 필요한 많은 표본을 얻을 수 있었기 때문이다. 라에네크는 자신의 연구를 통해서 아무런 증상이 없는 폐결핵(잠재적 폐결핵)을 청진기로 진단할 수 있었다. 그는 처음에는 들리는 소리의 종류와 환자의 병리 사이에 일대일 대응이 존재한다고 믿었다. 그리하여 청진기로 감지할 수 있는 환자의 목소리 변화를 결핵결절이 폐에 생긴 것과 동일시했다. 그러므로 결핵 증세를 보이지 않아도 청진기로 목소리의 변화가 감지되면 반드시 결핵에 걸린 것이라고 판단했다. 그렇지만 그는 곧 모든 공동(cavity)이 목소리 변화를 야기할 수 있지만 그 역은 성립하지 않는다는 것을 깨달았다. 1817년에 라에네크는 기관지확장증이나 폐렴 2기도 똑같이 목소리 변화를 유발할 수 있다는 것을 알게 되었다.

1819년에 라에네크는 연구 결과를 정리하여 『간접 청진에 관하여』(*De l'auscultation Mediate ou Traité du Diagnostic des Maladies des Poumon et du Coeur*)를 집필하였다. 이 책에서 그는 자신의 청진을 바탕으로 폐렴, 기관지확장증, 늑막염, 폐기종, 기흉, 폐결핵과 다른 폐 질환을 식별하는 기준을 제시하였다. 가슴의 진단 방법을 완성하였고 오늘날도 사용되는 많은 임상 용어를 도입하였다. 라에네크는 심장의 두 가지 소리, 즉 심실 수축기(ventricular systole)의 소리와 심방 수축기(atrial systole)의 소리를 식별했다.

라에네크가 이 책에서 제시한 가장 중요한 내용은 청진의 가치였다. 듣는 것이 진단에서 갖는 가치를 설명하고 독자를 설득하는 데 700쪽 이상의 분량을 할애하였다. 그는 청진의 방법과 결과 해석 방법을 제시함으로써 이 방법의 가치를 더욱 설득력 있게 제시하고자 했던 것이다. 당시는 아직 신체적 검사가 질병을 진단하는 데 중요하다는 인식이 널리 자리 잡지 못했기 때문에 청진 자체가 이러한 신체적 검사의 진단적 가치를 드높이는 데 기여하였다. 환자의 말보다 신체적 상태를 객관적으로 파악해 질병을 진단하는 새로운 시대를 열어 가는 데 청진이 첨병 역할을 하게 된 것이다.

1821년에 포브스가 라에네크의 저서를 영어로 번역하고 정리하여 『흉부 질병론』(*A Treatise on Disease of the Chest*)이라는 제목으로 출간하였고, 1826년에는 추가된 내용을 담은 프랑스어 재판이 나왔다. 이 책은 특히 결핵에 대한 내용을 많이 다루었다. 라에네크가 가슴 병에 특별히 관심을 많이 가진 것은 그의 어머니, 숙부, 친구 등이 모두 결핵으로 사망했기 때문이다. 그런데 아이러니하게도 라에네크 자신도 결국 같은 질병으로 사망했다. 그의 책은 유럽 전역에서 의사들 사이에 널리 알려졌고 그의 새로운 방법을 배우기 위해 많은 이들이 파리로 모여들었다. 라에네크는 파리 과학 아카데미에서 계속 논문을 발표함으로써 과학자로서의 명성을 드높였다.

그런데 라에네크의 새로운 기구가 세상에 소개되었을 때 모든 의사들이 그것을 쉽게 받아들인 것은 아니었다. 1885년에 한 의대 교수는 "들을 수 있는 귀가 있는 사람은 귀를 쓰게 하고 청진기를 쓰지 말게 하라."고 말할 정도였다. 특히 프랑스에서는 1910년대가 되어서야 청진이 병원에서 보편적으로 실행되었다. 그것은 이 새로운 청취 기술이 의사들에게 문화로서 정착되고 널리 공유되기까지 시간이 걸렸다는 것을 보여 준다. 그렇지만 대세는 이미 정해졌다. 20세기 들어와 청진기는 의사로서 누구나 사용할 줄 알아야 하는 기구가 되었고 청진 기술을 습득하는 것이 의료 전문직에게 꼭 필요한 요구 조건으로 정착되면서 청진은 문화의 일부로서 청취 기술을 정착시켰다.

청진기는 라에네크의 발명 이후에 계속 변모하였다. 1829년에 유연한 관을 갖춘 청진기가 사용된 것 같지만 정확한 구조는 알 수가 없고 1840년에 영국의 의사인 버드(Golding Bird, 1814~1854)가 자신이 유연한 관을 갖춘 청진기를 쓰고 있다고 말하면서 이전에도 '뱀 귀 트럼펫'(snake ear trumpet)이라고 불리는 것이 있었음을 언급했다. 그렇지만 버드의 청진기는 귀에 꽂는 부분(ear piece)이 하나뿐이었다. 오늘날과 같이 귀에 꽂는 부분이 두 개인 청진기가 발명된 것은 1851년이었다. 그것은 가슴에 대는 부분 하나에 구타페르카 관 두 개가 연결되어 양쪽 귀까지 이어지는 구조로 되어 있었다. 아일랜드의 의사인 리어드(Arthur Leared, 1822~1879)가 발명한 양쪽 귀에 꽂는 새로운 청진기는 이듬해 미국의 의사인 캐먼(George Cammann, 1804~1863)이 상업적 용도를 위하여 개선한 것이 후에 표준적인 형태가 되었다. 캐먼은 청진에 관한 논설을 써서 정교화된 청진기를 사용하는 청진의 방법과 질병의 종류에 대해 언급하기도 했다. 양쪽 귀로 듣는 청진기는 몇 가지 이유 때문에 인기를 끌었다. 우선 양쪽 귀로 소리가 전달되자 의사는 외부의 다른 소리에 방해를 받지 않고 환자 몸에서 나오는 소리에 더욱 집중할 수 있었다. 또 청진기가 의사의 귀나 목에 걸리게 되어 있어서 두 손이 자유로워졌다. 게다가 소리의 볼륨과 질이 모두 좋아졌다. 30년 후에 『미국 의학 협회 학술지』(*Journal of the American Medical Association*)는 캐먼의 두 귀를 쓰는 청진기가 청진을 위한 최고의 기구라고 평가했다.[75]

1873년에는 약간 다른 신체 위치에 두 개의 접촉부를 댐으로써 스테레오 음향을 들을 수 있는 청진기가 고안되기도 했지만 널리 사용되지는 않았다. 1940년대에 라파포트(Rappaport)와 스프라그(Sprague)가 두 개의 접촉부가 앞뒤로 달린 청진기를 발명했다. 한쪽은 호흡계를, 다른 한쪽은 심장계를 진단하는 데 사용하도록 만든 것이었다.

진단 수단으로서 듣기를 적극적으로 사용하게 된 것은 의학사에서 중요한 변화였다. 살아 있는 신체 내부의 운동이 새로운 명확성을 확보한 가운데 의학적 고려의 대상이 된 것이다. 18세기 내내 의학은 혁혁한 변화를 겪었다. 병을 진단하기 위해 증세에 대한 환자의 진술에만 의존하던 것에서 환자의 신체에 대한 관찰을 중시하는 쪽으로 변화하였다. 게다가 병을 확인하기 위해 사후 검시를 통해 질병이 장기에 남긴 흔적을 조사하는 가장 확실한 방법을 얻게 되면서, 18세기에 의사는 말에 의지하고 이론적 지향을 가진 학자에서 접촉에 의지하고 관찰적 지향을 가진 과학자로 변모하였다. 그리하여 의학적 경험주의가 주류가 되면서 시각적·접촉적·청각적 조사 기술이 더욱 중요해졌다. 의사들은 기존의 진단 기술을 되살리거나 새로운 기술을 개발해야 했다.

뿐만 아니라 의사와 환자의 관계에 근본적인 변화가 초래되었다. 이전까지 의사는 병을 진단하기 위하여 환자의 말에 귀를 기울여야 했다.

75 Jonathan Sterne, *Audible Past: Cultural Origins of Sound Reproduction* (Durham and London: Duke University Press, 2003), p. 112.

다른 시각적·촉각적 진단 방법들은 환자의 증세에 대한 진술의 보조적인 역할로서 진단에 활용될 뿐이었다. 그렇지만 청진이 이루어지면서 의사는 환자가 불편을 호소하지 않는 신체 이상을 청진만으로 알아낼 수 있었다. 환자가 결핵 증세를 보이지 않아도 청진을 통하여 결핵에 걸렸다고 확진할 수 있었다. 소리의 목록과 증세의 연결이 이렇게 확정적으로 될 수 있을 정도로 정확한 듣기가 가능해졌다는 것은 놀라운 진보였다. 이러한 진보에 힘입어 환자는 불편을 호소하고 해소받기를 원하는 고객에서, 진단의 대상이자 과학적인 진단을 통해 이상이 있는지 없는지를 밝혀낼 수 있는 관찰의 대상으로 전락하였다. 이로써 환자 대(對) 의사의 권력 구도가 변하게 된 것은 자명했다. 의사는 더 이상 환자에게 의존하지 않고도 의료 행위를 할 수 있게 되었다. 의사는 자연 현상으로서 환자의 몸에 있는 이상을 관찰로 찾아내고 그것을 해결해 나가는 주체적인 의료 종사자로 거듭나게 된 것이다.

청취 문화의 측면에서 볼 때에도 청진기의 발명은 지식을 창조하는 새로운 기술을 발명했다는 점에서 의의가 깊다. 보이지 않는 인체 내부를 보는 것보다 더 확실성을 갖고 들여다 볼 수 있게 해 준 것은 청각이 시각을 앞지른 드문 사례이다. 지식 또는 정보 습득의 수단으로서 청각의 낮은 지위가 극복되고 시각을 능가하는 고유의 가치를 청각이 부여받게 된 것이다. 청진이 각광을 받기 전 19세기에 널리 사용되던 의학적 지식의 창조 수단은 검시였다. 환자에게 치료를 시행했지만 성공하지 못하고 사망하였을 때 시체를 검시함으로써 질병이 장기에 어떤 변화를 초래했는지를 알아내는 것이 18세기 말과 19세기 초에 널리 행해졌다. 모르

가니(Giovanni Battista Morgagni, 1682~1771)와 비샤(François-Xavier Bichat, 1771~1802)의 연구에서 비롯된 이러한 실행은 검시를 주된 지식의 출처로 만들었다. 환자의 증세에 대한 진술에서 신체 특정 장소의 이상 발견으로 진단의 주된 출처가 바뀌는 과정에서 검시를 통해 알게 된 국소적 병변에 대한 객관적인 지식은 이후 질병 분류와 치료를 위한 연구의 토대가 되었다. 환자의 사망은 곧 실험적 상황의 시작이었다. 경험주의의 보편화로 환자의 주관성을 대체할 수 있는 객관적 지식이 요구되었는데, 검시가 일단 그러한 요구를 충족시키는 것 같았다. 이를 잘 안 라에네크는 자신의 청진을 검시가 제공하는 객관적 지식과 연결시키는 작업을 부지런히 전개하였고 아우엔브루거와 대조되는 이러한 노력이 청진이 객관적 진단법으로 수용되는 데 기여하였다. 라에네크의 책에 소개된 48개의 사례 각각에 대하여 환자의 사망 하루 안에 시행된 검시에서 발견된 내용이 첨부되었다. 이러한 사례들은 청진의 진단 결과를 지지해 주는 증거로 사용되었다. 그러므로 검시에서 시각적으로 확인한 것을 환자가 살아 있을 때 청각적으로 발견할 수 있다는 것이 비침투 진단 기술의 핵심을 이루었다. 환자가 들려주는 증세에 대한 진술은 주관성이 배제되지 않은 것이었지만 청진을 통하여 의사는 환자를 거치지 않고 직접 환자와 방불한 지위 또는 그보다 우월한 지위를 가지고 환자의 몸에 대해 진단할 수 있게 되었다. 몸의 소리는 증세를 숨기거나 과장하거나 왜곡하지 않고 참말을 했다. 물론 몸의 소리를 듣고 잘못된 진단을 할 수는 있었다. 그렇지만 그것은 해석의 문제였다. 이제는 환자의 몸의 진실이 청진기의 다른 쪽 끝에서 의사에게 들리게 되었다. 이것은 진단에 있어서 그 중심이 입에서 귀로 변화된 것을 의미했다. 이전에는 목소리와 말이 진단에 결정적인 단서를 제공했지만 이제는 몸속의 소리, 즉 입에서 나오는 소리가 아닌 몸이 발생시키는 자연적인 소리를 귀가 감지함으로써 진단을 수행하는 중심 기능을 귀가 하게 되었다. 일단 이렇게 기술이 확립되자 그다음부터는 스스로 자라 갈 수 있었다. 죽은 몸에서 얻은 정보로 살아 있는 몸을 진단하고 그것을 환자를 구하는 데 사용할 수 있다는 것이 라에네크가 제시하는 방법의 위력의 원천이었다.

라에네크의 청진기는 병의 진단을 개선시키고, 임상 의학에서 객관성을 증진시켰다. 당시 사후 병리학과 임상적 증상을 연결시키려는 의사들의 노력에 돌파구를 제시해 주었다. 1816년까지는 증세학(symptomalogy)이 진단의 거의 유일한 방법이었다. 탁진이 개발되었다고는 하지만 의사들은 거의 그 방법에 주의를 기울이지 않았다. 청진은 임상적 증거와 사후 증거를 연결시킬 뿐 아니라 증세가 없을 때에도 질병을 동정(identification)하는 데 도움을 주었다. 라에네크의 발명은 생리학의 발전을 가져왔고 심장과 폐에 대한 더 심화된 연구를 가능하게 해 주었다. 또한 신체 검사는 임상 의학의 새로운 영역이 되었다. 이로써 청진기는 의학의 중심을 환자에게서 병변으로 옮겨 가게 했고 살아 있는 몸을 지식의 대상으로 재구성하였다. 의학사학자 더핀(Jacalyn Duffin)은 청진기의 발명으로 질병이 증세의 집합에서 현대적인 질병의 개념, 즉 증세의 유무와 관계없는 해부학적 이상으로 바뀌는 데 결정적으로 기여했다고 보았다. 이러한 재개념화는 이전에는 신체 내부의 해부학적 결함을 파악할 좋은 방법이 없었던 상황에서 청진기를 통하여 내부 구조의 이상에 대한 진단의 정확성이 향상되면서 이루어진 것이다.

청취 기술의 측면에서 보더라도 청진기는 19세기 청취 기술의 진화를 결정적으로 보여 주는 고안품이었다. 청취 기술이 점차로 진보하는 과정에서 청진기 사용이 더욱 확대되었고 개선된 청진기의 출현으로 이어졌다. 청취의 실행을 통해 전문직업의 고유한 실행이 그 직업 집단을 바깥 세계와 구분짓는 아비투스로 기능하게 되었다. 이렇게 듣기는 근대화된 사회 속에서 자체의 독특한 지위를 획득하고 제도화된 실행으로서 자리를 굳혀 나갔다. 그 가운데에서 청취 기술은 청취의 의미를 재구성하는 데 도움을 주었다. 이런 과정에서 청진기는 19세기 말에 축음기, 전화기, 라디오로 이어지는 소리 재생 기술과 독특한 청취 기술 확산의 전초 기지와 같은 역할을 한 것이다.

잠수함과 비행기를 탐지하라

소리로 잠수함과 비행기를 탐지하는 일이 있기 전에 안개 속에서 등대의 위치를 파악하는 일이 먼저 있었다. 바다를 항해하는 배들은 암초에 부딪치는 것을 방지하기 위해서 배의 위치를 알아내야 하는데, 이를 위해 등대가 불빛을 보낼 뿐 아니라 소리 신호를 보냈다. 특히 소리 신호는 안개가 끼었을 때는 등대나 표시등의 불빛이 보이지 않기 때문에 등대의 위치를 알리기 위해서 신호를 소리로 내보낸 것이다. 음원으로는 호각, 종, 사이렌, 총성 등이 다양하게 고려되었다. 그러므로 배에 있는 선원은 등대의 위치를 파악하여 지도상의 등대의 위치로부터 배의 현재의 위치를 계산해 낼 수 있었다. 마찬가지로 안개가 끼었을 때에는 안개 신호의 방향을 파악하여 등대의 위치를 파악하고 그로부터 배의 현재 위치를 알아낼 필요가 있었다.

영국에서 등대와 표시등, 부표, 안개 신호 등을 관리하는 단체는 트리니티 하우스(Trinity House)였다. 이 단체는 헨리 8세 때부터 정부로부터 이러한 해사(marine affairs)의 일부를 위탁받은 민간 기관이었다. 이 기관에서는 음향학자를 고문으로 고용하여 안개 신호를 개선하기 위한 노력을 전개했다. 이 일을 담당했던 대표적인 과학자가 틴들과 레일리였다. 이들은 안개 신호의 효율적인 전달을 위해 연구하면서 대기 중에서 소리의 전달 문제에 대하여 많은 관심을 기울이게 되었고 이것은 대기 음향학(atmospheric acoustics)으로 발전하게 되었다.[76]

대기 중에서 소리의 전달이 날씨와 어떠한 관련성이 있는가라는 문제를 일찍부터 탐구한 사람은 영국의 성직자이자 자연철학자인 더햄(William Derham, 1657~1738)이었다. 더햄은 1708년에 비 오는 날이나 눈 오는 날, 안개 낀 날에 소리의 전달이 약화되리라는 예측을 내놓았다. 더햄의 뒤를 이어 대기 음향학을 영국에서 체계적으로 연구한 인물은 틴들이었다. 앞서 언급한 대로 틴들은 트리니티 하우스의 과학 고문으로서 안개 신호 개선을 위한 실질적인 연구를 수행하였다. 그는 1878년에 도버 해협에서 요트를 타고 다양한 기상 조건 하에서 소리가 어떻게 전달

76 구자현, 『레일리의 음향학 연구의 성격과 성과』, pp. 302-303.

되는지 실험을 하였다. 이 실험에서 그는 비와 안개가 오히려 멀리서 오는 소리를 더 잘 들리게 한다는 것을 알아냈다.[77]

틴들은 다양한 기체가 겹겹이 층을 이루고 있을 때 소리 차단 효과가 있다는 것을 보이기 위하여 실험 연구를 수행하기도 했다. 그는 이산화탄소와 석탄 가스를 여러 겹으로 겹쳐 놓고 그 층을 가로질러 전달되는 소리가 얼마나 약화되는지를 알기 위해 음원으로 종소리, 검출기로는 민감 불꽃을 써서 실험하였다. 이를 통해 그는 기체의 층만으로 효과적으로 소리가 차단될 수 있다는 것을 발견했다. 이러한 실험 연구의 노력으로 틴들은 안개 신호 개선에 기여할 수 있었다.

레일리는 틴들의 뒤를 이어 1896년부터 15년간 트리니티 하우스의 과학 고문을 맡으면서 안개 신호 개선을 위한 연구를 수행하였다. 음향학과 같은 전문 과학이 국가와 사회에 봉사할 수 있는 좋은 기회였기 때문에 레일리는 더욱 적극적이었다. 1900년경에 레일리가 해결하고자 했던 문제는 나팔을 하나만 쓸 때와 두 개 쓸 때 소리가 들리는 거리는 별로 차이가 없다는 것이 사실인지를 확인하는 것이었다. 이러한 주장은 그의 전임자인 틴들이 이미 제기했던 것인데 당초에 레일리의 입장에서는 받아들일 수 없는 주장이었다. 그것은 마치 한 사람이 노래 부르는 소리나 두 사람이 노래 부르는 소리나 크기가 같다는 말이고, 더 나아가서 한 사람이 노래 부르는 소리나 합창단이 노래 부르는 소리나 크기에 별로 차이가 없다는 말이기 때문이었다. 레일리는 실험을 통해서 확인해

77 John Tyndall, *On Sound* (New York: Greenwood Press, 1969), p. 76.

보기로 하였다. 256Hz의 음을 내는 오르간 파이프 두 개를 창틀에 올려놓고 가장 세게 불었을 때 이 소리는 200m까지 도달했다. 그렇지만 파이프 두 개를 불 때와 한 개를 불 때 들리는 소리의 세기는 거의 차이가 없었다. 그런데 두 개의 오르간 파이프를 2초 정도의 주기를 갖는 맥놀이가 일어나도록 조율한 상태에서 소리를 냈을 때 맥놀이 음이 두 파이프에서 나오는 각각의 음보다 더 확실하게 들렸다. 에너지 차원에서 고려해 보면 맥놀이가 가장 크게 들리는 부분은 두 음파 각각의 진폭이 2배가 되어 음의 세기는 4배로 들리게 된다. 이러한 결과들은 틴들이 주장한 것과 크게 다르지 않았다. 그러므로 이렇게 진동수가 약간 다른 두 대의 파이프를 쓰는 것이 효과적인 안개 신호를 만들어 내는 데에 도움이 되었다.

당시에 안개 신호로 나팔을 많이 사용하였는데 소리의 회절 때문에 멀리까지 소리를 보내는 데 장애가 있었다. 특히 나팔 주둥이의 지름이 나팔에서 나오는 소리의 파장의 절반을 넘으면 회절 효과가 상당히 중요해졌다. 나팔이 가리키는 방향에서는 나팔의 단면 어디에서나 나오는 소리가 동일한 위상으로 그 지점에 도달하기 때문에 문제가 되지 않지만, 각도가 점차 벌어지게 되면 나팔 단면의 폭이 있기 때문에 같은 지점에 도달하는 음파의 위상이 일치하지 못하게 된다. 그래서 이 차이가 반파장 정도 나게 되면 반대의 위상을 갖는 지점이 생기면서 그 점에서 소리가 완전히 사라지게 된다. 실제로는 수면이나 지면의 교란으로 완전한 상쇄가 일어나지는 않지만 감쇠 효과가 있는 것은 확실했다.

레일리는 어찌 되었든 회절로 인해 안개 신호의 효율이 떨어지는 문제를 해결하고자 하였다. 1902년에 레일리는 새로운 형태의 나팔을 안개 신호용 음원으로 제안하였다. 그것은 구멍의 단면이 타원형으로 된 나팔로, 장축을 세로 방향에 놓이게 하고 단축을 가로 방향에 놓이게 하여 회절로 소리가 해수면 위로 수평으로 퍼지도록 하되 위 방향으로 소리의 손실을 최소화하도록 고안한 것이었다. 이것은 안개 신호의 목적을 생각할 때 회절을 효과적으로 이용하고자 한 것이었다. 레일리는 이 나팔을 소형으로 만들어 그 실효성을 확인하고자 하였다. 놋쇠를 써서 전체 길이가 20cm, 타원형 주둥이의 장축이 5cm, 단축이 1.25cm인 나팔을 제작하였다. 이 정도 나팔의 주둥이에 어울리는 파장은 2.5cm이므로 이 정도 파장의 소리를 발생시키기 위해 새소리 호각에 나팔을 꽂았다. 나팔의 장축을 세로로 세우고 나팔의 방향이 전적으로 정확하게 불꽃을 가리키게 하여 공기를 내보내자 적당한 거리에 떨어진 곳의 민감 불꽃이 흔들렸다.

미국에서 틴들과 같은 역할을 수행했던 인물은 헨리(Joseph Henry, 1797~1878)였다. 헨리는 스미소니언 연구소(Smithsonian Institution)의 책임자였다. 그는 또한 등대국(Light House Board)의 책임자로서 대기 음향학에 관심이 있었다. 그는 미국의 음향학이 유럽에 비해 낙후되어 있던 시대에 독창적인 연구를 수행할 수 있는 몇 안 되는 연구자 중 하나였다. 그는 유럽에서 유학하지 않고 스스로 당시의 첨단 과학을 공부하여 이해하고 거기에 새로운 발전을 추가할 수 있는 수준까지 나아갔다. 그는 안개 신호를 효과적으로 전달하기 위한 방안을 실측을 토대로 연구했다. 그는 특히 다양한 대기층에서 안개 신호의 전달 효율에 대해

연구하였다.[78]

헨리는 1865년에 코네티컷 주 뉴헤이븐의 등대 관측소에서 음향학적 연구를 수행하였다. 그의 연구는 안개 신호와 관련하여 음원의 종류와 대기 상태에 따른 연관성을 다루었다. 그는 오목 반사경을 음원 뒤에 붙이는 것이 500야드(457.2m) 이내에서는 소리를 크게 전달하는 데 효과가 있지만 그 이상의 거리에서는 별 차이가 없다는 측정 결과를 얻었다. 나팔 모양의 반사경을 음원 뒤에 붙인다고 해서 소리가 뒤쪽으로 전혀 전달되지 않고 앞쪽으로만 전달되는 것은 아니었다. 그나마 앞쪽으로는 6마일(9.65km)까지 전달되던 트럼펫 소리가 뒤쪽으로는 3마일(4.82km)까지만 전달되었다. 이러한 현상은 사용되는 트럼펫 소리의 파장이 비교적 길어서 회절이 많이 일어나기 때문에 오목 반사경의 유효성이 그만큼 떨어진다는 것을 보여 주었다.

헨리는 안개 신호를 사용하는 여러 음원의 상대적 세기를 유효하게 도달할 수 있는 거리에 근거하여 측정하였다. 등대 관측소에서 안개 신호용으로 사용하는 음원으로는 종, 증기 호각, 이중 호각, 다볼(Daboll) 트럼펫 등이 있었다. 이 음원들에서 나오는 가장 큰 소리가 도달할 수 있는 거리는 다볼 트럼펫, 이중 호각, 증기 호각, 종의 순으로 멀었다. 헨리는 바람이 소리 전달에 미치는 효과를 관측하였다. 서로 반대 방향으로 진행하는 두 척의 배에서 관측하였더니 바람의 반대 방향보다 바람과 같은 방향으로 소리가 더 잘 전달된다는 것이 확실하게 드러났다. 가벼운

78 Ja Hyon Ku, "Alfred M. Mayer and Acoustics in Nineteenth-Century America", *Annals of Science* (2013), pp. 229-256 (234-235).

역풍보다 강한 역풍이 소리를 더 많이 차단했고 소리 진행 방향과 직각으로 바람이 불 때 소리가 더 멀리 전달되었다. 일반적으로 안개는 소리를 흡수하는 효과가 별로 없었다. 이는 더햄의 견해와는 상반되는 발견이었고 틴들의 실험 결과와는 일치하였다.

1872년에 헨리는 메인 주 포틀랜드 항에서 증기선을 타고 안개 신호가 발생하는 한 섬으로 접근하면서 3~5km 밖에서 잘 들리던 소리가 1.6km 정도에서부터 잘 들리지 않다가 좀 더 접근하자 회복되는 것을 관측하였다. 비슷한 현상이 같은 해 메인 주 화이트헤드 관측소에 접근할 때 또 관측되었다. 안개 신호가 10km에서 5km까지는 잘 들리다가 안 들리기 시작하여 0.4km에 이르러서야 다시 들리기 시작하는 것이었다. 다시 걸 아일랜드(Gull Island)에서 멀어지는 배에서 사이렌 소리가 3.21km에서 7.24km까지의 구간에서 잘 들리지 않는 현상이 관측되었다. 이러한 '침묵의 바다'(silent sea) 현상에 대해 헨리는 공기의 위층과 아래층의 바람의 속도 차이에서 생기는 굴절로 설명했다. 또한 관측소 A에서 발생시킨 안개 신호가 다른 관측소 B에서는 잘 들렸는데 관측소 B에서 발생시킨 같은 세기의 안개 신호는 같은 시각에 관측소 A에서는 들리지 않는 현상도 관측하였다. 헨리는 이때 바람의 방향이 중요한 역할을 한다는 것에 주목하였다.

1873년 8월에 메인 주의 엘리자베스 곶(Cape Elizabeth)에서 멀어져 가던 증기선에서 발생시킨 소리가 아무 장애물도 없는 바다에서 반사되어 돌아오는 현상, 즉 '바다 메아리'(ocean echo)가 관측되었다. 또한 1874년에 블랙락 아일랜드(Black Rock Island)에서 트럼펫 소리가 아무

장애물도 없는 바다에서 메아리로 선명하게 돌아오는 현상이 관측되었다. 헨리는 이 현상을 파도의 마루와 골에서 소리가 반사되기 때문에 발생하는 것으로 설명했다. 이러한 현상은 바람이 전혀 없어서 파도가 없는 날에는 발생하지 않고 바람이 불어서 물결이 이는 날에 관측되었기 때문이다.[79]

헨리는 안개 신호를 개선하기 위하여 대기의 상태와 소리 전달의 관계를 파악하고 효과적인 음원을 확보하기 위해 노력하였다. 이러한 노력은 주로 실험과 실측을 중심으로 이루어졌고, 그 결과 등대국은 안개 신호를 효과적으로 활용하기 위한 실용적인 음향학 지식을 확보하게 되었다. 헨리의 연구는 실용적인 목적을 달성하기 위해 수행된 것이었지만 그러한 연구를 통하여 대기 음향학의 기초를 놓는 중요한 역할을 하였고 그런 점에서 미국이 영국에 더 이상 의지하지 않고 독자적인 지식 체계를 확보함으로써 대기 음향학에서 세계적인 수준과 보조를 맞출 수 있었다.

1873년에는 대서양을 사이에 둔 두 나라인 영국과 미국의 등대 및 안개 신호를 담당한 두 기관인 트리니티 하우스와 등대국의 협조로 공동 조사가 실시되었다. 각국의 책임자는 틴들과 헨리였다. 호각, 대포, 대형 증기 사이렌을 가지고 테스트가 이루어졌다. 이 중에서 증기 사이렌이 단점이 있음에도 불구하고 안개 신호의 음원으로 가장 효과적이라는 결과가 제시되어 두 기관은 각국의 정부에 그 기구의 사용을 추천하였다.

79 William B. Taylor, "On Recent Research in Sound", *American Journal of Science and Arts*, January and February (1876), pp. 1-26.

이 사이렌은 헨리가 설계하여 영국의 사우스 포틀랜드 등대에서 제작되었는데 나팔의 크기가 5m에 달했다. 그렇지만 이 사이렌의 소리는 대기의 상태에 따라서 수 마일 떨어진 곳에서도 들리지 않거나 20마일 밖에서도 들렸다. 그러므로 이 장치에서 나는 소리를 배에서 들을 때 그 소리의 세기로 배에서 사이렌까지의 거리를 알 수는 없었다. 더구나 이 장치는 너무 커서 관리하기가 어려운 문제가 있었다.

헨리의 영향을 많이 받아 음향학 연구에 돌입하였던 미국의 물리학자 메이어(Alfred M. Mayer, 1836~1897)는 실용적인 기술을 고안하여 대기 음향학 발전에 기여하였다. 메이어는 19세기 후반 미국에서 독창적인 연구를 수행하고 그러한 연구 성과로 유럽에서까지 명성을 얻었다. 메이어는 토포폰(topophone)을 만들어 해상에서 안개 신호의 방향을 정확하게 감지할 수 있도록 돕고자 했다. 일반적으로 배에 설치한 토포폰은 긴 막대의 양쪽 끝에 막대의 길이 방향에 수직으로 공명기 두 대를 설치하여 음파를 검출하도록 하였다. 공명기의 뒤에는 관이 연결되어 있어서 공명기에 잡힌 소리를 전달하여 관찰자의 양쪽 귀로 연결되게 하였다. 이때 소리는 일단 하나의 관으로 모아졌다가 다시 갈라져서 두 귀로 전달되었다. 이 가로 막대는 가운데 세운 기둥 위에서 방위각을 달리하면서 회전할 수 있어 소리가 오는 방향을 탐지할 수 있었다. 소리가 오는 방향이 비스듬할 경우에는 양쪽 공명기에 도달하는 소리가 시차를 갖게 되고 그것은 위상차로 나타난다. 양쪽 귀로 전달되는 소리는 귀에 도달하기 전에 일단 모이기 때문에 여기에서 간섭이 일어난다. 양쪽 공명기에서 오는 소리가 약간의 위상차를 갖는 소리라면 그 간섭에 의해 소리의 세기는 약화된다. 그러므로 공명기를 설치한 막대의 방위각을 바꾸는 과정에서 가장 소리가 커지는 지점을 찾는 것이 중요하다. 안개 신호는 일정한 세기로 계속 발생하기 때문에 양쪽 공명기에 동시에 소리가 도달할 경우에 위상차는 0이 되고 이때 귀에 들리는 소리는 가장 커지게 된다. 그러므로 이때 가로 막대의 수직 방향에 음원이 존재한다고 판단할 수 있는 것이다. 이 방법으로 메이어는 5도 이내에서 음원의 위치를 파악할 수 있었다. 그냥 양쪽 귀를 사용하여 소리의 방향을 잡고자 할 때에는 20도 정도의 오차가 발생하던 것에 비하면 이는 상당한 개선이었다. 메이어는 토포폰을 휴대용으로도 설계했다. 이것은 어깨에 장착한 가로 막대 양쪽에 공명기를 설치하고 공명기에 연결된 관을 하나로 합친 후에 다시 갈라지게 해서 양쪽 귀에 꽂는 형태였다. 그것은 기본적으로 설치식 토포폰과 기능이 같았으나 크기가 작아서 정확성은 떨어졌다.[80]

오늘날 비행기를 탐지하기 위해 일반적으로 사용되는 것은 레이더이다. 레이더는 전자기파를 방사하여 비행기에서 반사되어 돌아오는 파를 분석하여 비행기의 위치와 형태를 알아내는 탐지 장비이다. 레이더가 1930년대에 개발되어 실용화되기 전에는 비행기를 탐지하기 위하여 음향학적 방법이 널리 사용되었다. 제2차 세계대전 초기까지도 음향학적 탐지 장치는 여전히 사용되었다. 이것은 비행기의 엔진 소리를 대형 귀트럼펫으로 탐지하는 방식이다. 이것은 토포폰을 원용한 것이라고 볼 수

80 Ku, “Alfred M. Mayer and Acoustics in Nineteenth-Century America”, pp. 248-249.

있다. 이러한 비행기 탐지용 장치는 두 개의 튜바(tuba)를 가진 것이 일반적이었다. 그러한 비행기 탐지용 튜바를 처음 만든 곳은 일본이었다. 일본에서는 네 개의 튜바를 세로와 가로 방향에 두 개씩 배치하여 비행기의 방위각과 고도를 감지하였다. 이러한 장치는 제2차 세계대전에서도 계속 사용되었다. 튜바의 끝에는 관이 연결되어 사람의 귀에 꽂을 수 있게 되어 있었다. 2 내지 4피트 간격으로 튜바가 떨어져 설치되어 있다면 비행기가 날아오는 방향에 따라 두 튜바에 도달하는 소리는 차이가 나게 된다. 이 방법은 음파가 회절되는 것을 이용한 방법으로, 산 너머에서 눈으로 비행기를 볼 수 없을 때에도 소리를 감지하여 비행기의 접근을 파악할 수 있었다.

영국에서는 1916년에 잉글랜드의 동부 해안에서 대(對)항공기 포대를 지휘하던 롤린슨(Alfred Rawlinson)의 주장에 따라 음향학적 탐지 장비가 도입되었다. 그는 흐린 날씨에 독일의 비행선인 제펠린(Zeppelin)을 탐지해야 했다. 그는 회전하는 축에 한 쌍의 나팔을 장착한 장치를 제안하였다. 제작된 기구는 접근하는 비행선의 위치를 상당히 정확하게 찾아낼 수 있었고 보이지 않을 때에도 비행선을 향해 포를 겨눌 수 있었다. 그러나 이 방법으로 비행선을 탐지하여 격추시킨 적은 없었다. 방공 장비들은 보통 큰 나팔이나 마이크로폰이 커다란 청진기처럼 조작자의 귀에 관으로 연결되어 있었다. 1920년대에 많이 설치된, 또 다른 형태의 음향 위치 추적 장비는 콘크리트나 철제 포물경을 일렬로 설치하는 방식이었다. 이렇게 설치하는 방식은 잠수함을 탐지할 때 쓰는 방식과 마찬가지였는데, 여러 대를 설치해 각 거울에서 감지된 소리의 세기를 비교하는 방식으로 비행기의 위치를 파악할 수 있었다. 그렇지만 들을 수 있는 소리의 범위가 25km 정도여서 당시 비행기의 속력이 시속 350km임을 고려할 때 불과 몇 분의 경고를 줄 수밖에 없었다.

영국에서도 방공 소리 위치 추적을 적극적으로 추진했다. 제1차 세계대전부터 제2차 세계대전까지 소리 거울의 광범위한 네트워크를 구성하였다. 소리 거울은 들어오는 소리의 진폭을 가장 크게 해 주는 각을 찾기 위해 움직였다. 다른 위치에 설치된 두 개의 소리 거울이 제시하는 두 개의 각은 삼각 측량법에 따라 비행기의 위치를 파악할 수 있는 정보로 쓰였다. 미국에서도 제2차 세계대전이 끝날 때까지도 음향학적 위치 추적 장치를 사용하였다. 미국의 장치는 세 개의 나팔이 기역자 형태로 배치되어 수직으로 두 대, 수평으로 두 대가 있어서 수직 방향의 두 대는 고도를, 수평 방향의 두 대는 방위각을 검출하도록 설계되었다.

독일에서 만든 음향학적 탐지 장치는 가로로 두 개, 세로로 두 개, 총 네 개의 나팔을 배치했다. 나팔은 고무관에 의해 청진기처럼 왼쪽과 오른쪽 두 명의 조작자의 귀에 연결되었다. 스테레오 이어폰을 낀 조작자가 비행기의 방향을 탐지하면 다른 조작자는 항공기의 높이를 탐지했다. 네 개의 나팔은 하나의 둥근 판 위에 원주를 넷으로 분할하는 형태로 배치되었다. 이 장치는 보통 서치라이트와 짝을 이루어 설치되었는데, 소리로 감지하고 서치라이트로 빛을 비추면 대포로 쏘아 맞추는 방위 체제가 구성되었다. 이 장치는 제2차 세계대전에 주로 쓰였는데, 레이더보다 비용이 저렴해 많이 사용되었다.

잠수함의 탐지 기술은 물속에서 전파되는 음파를 탐지하는 기술로,

육지에 접근하는 배를 탐지하여 사전에 경고하기 위해서 소리를 감지하는 기술로 개발되었다. 일찍이 레일리는 안개 신호로서 수중 신호의 가치를 알아차렸다. 고대에도 사람들은 수중에서 소리가 전달될 수 있을 것이라고 생각하였다. 아리스토텔레스와 소 플리니우스(Gaius Plinius Caecilius Secundus, 61~113?)는 물고기의 행동을 보고 소리를 들을 수 있을지 생각하였다. 많은 세월이 흘러 1490년에 레오나르도 다빈치(Leonardo da Vinci, 1552~1619)는 노(roar)에 귀를 대면 다른 배에서 노 젓는 소리가 수중으로 전파되어 들린다고 적었다. 스리랑카 어부들은 일찍부터 물속에 담근 토기를 두드려 신호를 보냈고 멀리 떨어진 곳에서도 배 바닥에 귀를 대면 그 소리를 들을 수 있었다고 한다. 고대 중국에서는 어부들이 대나무의 한쪽 끝을 물속에 밀어 넣고 다른 쪽 끝에 귀를 대고서 물고기가 내는 소리를 듣고 물고기 떼를 따라갔다고 한다.

18세기에 소리의 전달에 대한 실험이 많이 행해졌다. 런던 왕립학회의 큐레이터였던 혹스비(Francis Hauksbee, 1660~1713)는 1709년에 진공 중에서는 소리가 전달되지 않고 수중에서는 소리가 전달된다는 것을 확인했다. 18세기를 거치면서 물속에 넣은 종의 소리를 물 밖에서도 들을 수 있다는 것을 네덜란드의 과학자 스그레브상드(Willem's Gravesande, 1688~1742)가 말했다. 볼프(Christian Wolff, 1679~1754), 놀레(Jean-Antoine Nollet, 1700~1770)와 같은 실험의 대가들이 음향학 실험을 수행했다. 놀레는 수면 위에서 쏜 총, 종소리, 사람 목소리가 수면 아래에서도 약하지만 들린다고 보고했다. 프랭클린(Benjamin Franklin, 1706~1790)은 수중에서 돌이 부딪치는 소리가 3.2km 떨어진 곳에서 물속에 귀를 넣었을 때 들린다는 것을 확인했다. 수중에서와 공기 중에서 중 어느 쪽에서 음속이 큰가를 놓고 일찍이 여러 사람이 실험을 해 보았는데, 그중 뵈당(François Sulpice Beudant, 1787~1850)의 실험이 성공적이었다. 그는 19세기 초에 마르세유 근처의 지중해에서 수중에 종을 넣고 종에서 일정한 거리만큼 떨어진 곳에서 헤엄을 치는 두 명의 관찰자가 종소리가 도달하는 시간을 쟀다. 그 결과 수중에서의 음속은 초속 1,500m로 측정되었다.

물속에서 음속을 정확하게 재고자 하는 시도가 있기 전에 1816년에 이미 라플라스(Pierre-Simon Laplace, 1749~1827)가 이론적으로 수중에서의 음속을 구하였다. 담수에서 음속은 초속 1,525.8m였고, 해수에서의 음속은 초속 1,620.9m였다. 실제로는 1826년에 콜라돈(Jean-Daniel Colladon, 1802~1893)과 슈투름(Charles Sturm, 1803~1855)이 제네바 호수에서 측정을 실시했다. 물속에서 종을 치는 동시에 화약을 터뜨리고 약 16km 떨어진 곳에서 물속에 나팔을 넣어 소리를 모았다. 측정값은 초속 1,437.8m여서 당시 물의 온도를 섭씨 8도로 간주하면 현대적인 관측치인 1,438.8m와 매우 가까운 값을 얻은 것이었다.[81] 1886년에 마르티니(Tito Enrico Martini)는 수중 음속은 온도와 염도에 따라 증가한다는 것을 실험으로 보였다.

수중에서 소리를 들을 뿐 아니라 메아리를 듣고서 대상까지의 거리를 측정하는 실험이 1838년에 미국에서 최초로 시행되었다. 버지니아대

81 Beyer, *Sounds of Our Times*, pp. 34-36.

학의 보니캐슬(C. Bonnycastle) 교수가 바다의 깊이를 재기 위해서 콜라돈이 사용한 것과 비슷한 나팔과 폭약을 원격으로 조종해 수중에서 폭파시키는 방법을 채택하였다. 그러나 그 실험은 성공하지 못했다. 수중 음향학에 대한 실험 데이터의 부족과 열악한 장비 때문이었다. 수중에서 소리의 전달 거리가 짧은 것과 세기가 약한 것에 대하여 보니캐슬이 보고한 것을 듣고 콜라돈은 1840년에 다시 실험을 시도하였다. 콜라돈은 자신의 실험에 대하여 파리 과학 아카데미의 서기인 아라고(François Arago, 1786~1853)에게 편지를 보냈다. 콜라돈은 35km까지 수중 소리 전송에 성공하였다. 그러나 메아리로 거리를 잴 수 있는지는 확신할 수 없었다. 전통적으로 줄과 납추를 이용하는 전통적인 깊이 측정 방식이 여전히 사용되었다. 1870년에 파리가 독일군에게 포위당했을 때 세느강에 잠긴 큰 종을 치는 방식으로 외부 세계와 교신하려고 하였는데, 그때 이런 방식으로 종소리가 도달할 수 있는 최대 거리가 겨우 1,800m라는 것이 밝혀졌다. 1880년대에 수중 폭발에서 발생하는 폭파음의 메아리를 이용해서 깊이를 재는 방식이 실용성을 확보하였다. 폭약을 이용하지 않고 망치로 강철판을 때리는 방식과 자왜(magnetostriction) 변환기를 이용하는 방식이 추가로 채택되었다.

잠수함은 레오나르도 다빈치가 기술한 적이 있었고 다이빙 벨(diving bell)은 이미 17세기부터 실용화되었다. 그렇지만 잠수함이 실전에 배치된 것은 미국의 남북전쟁에서였다. 잠수함은 적에 침투해서 폭파 임무를 수행하기 위한 목적으로 개발되었는데, 역시 잠입을 위해 잠수함보다 좋은 무기는 없다는 것을 여실히 입증했다. 잠수함이 잠행을 하려면 물을 채워 넣었다가 물을 펌프질을 해서 배 밖으로 뽑아내는 기술이 중요했다. 잠수함 안에서 사람이 지내기 위해 필요한 산소를 공급하는 것도 중요한 문제로 부각되었다.

잠수함이 개발되자 잠수함을 탐지하는 기술도 함께 개발되었다. 가장 먼저 활용된 방법은 잠수함의 엔진 소리를 감지하여 잠수함의 위치와 속력을 알아내는 것이었다. 이를 위해 요긴하게 활용된 것은 도플러 효과였다. 도플러 효과는 네덜란드의 과학자 도플러(Christian Andreas Doppler, 1803~1853)가 음파에서 처음으로 발견하였다. 도플러는 다가오는 기차와 멀어지는 기차에서 나오는 음악 소리를 정지해 있는 관찰자가 듣고, 반대로 정지한 채로 연주되는 음악을 기차에 탄 관찰자가 듣는 방식으로 실험을 진행하면서, 관측 결과와 더불어 이론적 설명도 제시하였다. 도플러 효과는 단순한 음향 효과에서 그치지 않고 움직이는 타깃이 음파를 반사할 경우에 반사되어 돌아오는 음파의 진동수는 타깃의 속도에 관련된다는 사실로부터 움직이는 물체의 속도를 잴 수 있는 도구의 원리를 제공하였다. 오늘날 널리 사용되는 스피드건의 원리가 그것이다. 기본적으로 레이더와 소나는 전자기파나 음파를 발송한 다음 반사되어 돌아오는 파동을 감지하여 대상의 모양, 크기, 위치, 속도 등을 추정한다. 제1차 세계대전과 제2차 세계대전은 이러한 기술에 투자하는 데 중요한 이유가 되었다. 잠수함과 비행기 기술이 발달할수록 이에 대한 방어책으로 레이더와 소나가 더욱 발전하였다.

소나 개발의 역사는 군사 기술의 역사와 맞물려 있다. 원래 영국에서 개발했을 때의 명칭은 아스딕(asdic)이었는데 그것이 미국으로 넘어가

소나(SONAR, Sound Navigation and Ranging)로 명칭이 바뀌었다.[82]

제1차 세계대전 중에 독일 유보트(U-boat)의 공격이 전쟁에서 새로운 변수로 부각되자 이를 막아내기 위한 전략으로서 유보트의 엔진 소리를 탐지해 위치를 알아내려는 연구가 시작되었다. 이를 위해 하이드로폰이 널리 사용되었고 그것을 개선하기 위한 노력이 경주되었다. 이 과정에서 아스딕이 고안되고 수중 음향학 분야에서 그 가치를 크게 인정받았다.

아스딕이 나오기 전까지는 안개 신호를 보조하기 위한 수단으로 1889년에 미국 등대국은 캔사스 대학의 블레이크(Lucien Blake)가 설계한 수중 경고종(underwater warning bell)을 음원으로 사용하고 그것을 마이크로폰 시스템(microphone system)으로 검출하는 방식을 도

82 아스딕이라는 명칭의 기원에 대하여 1939년에 옥스퍼드대학출판부가 영국 해군에 처칠이 하원에서 처음 사용한 이 용어의 의미에 대하여 문의하자 해군은 회의를 거친 후에 그 단어가 Allied Detection Investigation Committee의 약어라고 답하였다. 1914년부터 1918년까지 전쟁 중에 존재하여 잠수함의 탐지를 위한 연구와 실험을 수행했던 위원회의 명칭에서 유래했다는 것이었다. 그렇지만 실제로 이런 위원회는 공식 기록상 존재하지 않기에 이것은 근거가 없다. 1918년부터 갑자기 공식 서류에 등장한 이 단어는 해군성에서 이 연구를 시작한 부서인 Anti-Submarine Division 뒤에 ics를 붙여 만든 조어로, 그 기술의 내용을 알 수 없게 만든 비밀 용어였다. 소나라는 용어는 1942년에 미국 수중 음향학 전문가이자 하버드 수중 음향학 연구소를 맡았던 헌트(F. V. Ted Hunt)가 처음 붙인 명칭인데 'Sonic, Azimuth and Range'를 의미할 수 있지만 나중에 본인의 회상으로는 그냥 레이더(Radio Detection and Ranging)와 발음이 비슷하도록 붙인 것으로, 발음만 따르면 소더(sodar)가 되어야겠지만 발음이 더 쉬운 것이 소나여서 그렇게 만들고 그다음에 해당하는 단어를 생각해 냈다고 한다. 그것은 'Sounding, Navigation and Ranging'으로 정의되었다가 나중에 레이더의 어원을 생각해서 'Sound Navigation and Ranging'으로 바뀌었다. Willem Hackmann, *Seek and Strike: Sonar, Anti-Submarine Warfare and the Royal Navy 1914-54* (London: Her Majesty's Stationery Office, 1984), p. xxxv.

입하였다.[83] 벨과 비슷한 시기에 전화기를 발명한 미국의 기술자 그레이(Elisha Gray, 1835~1901)는 블레이크가 비슷한 연구를 했다는 것을 모른 채 먼디(A. J. Mundy)와 함께 수중종-마이크로폰 시스템을 개발했다. 그레이는 이 장치를 하이드로폰(hydrophone)이라고 불렀다. 하이드로폰은 탄소 버튼 마이크로폰(carbon button microphone)이 부착된 두꺼운 금속 박판이 달린 금속 상자였다. 물속의 음파가 수압의 변화를 일으키면 그것이 박판을 떨게 해 탄소 버튼의 전기 저항을 변화시켜서 선상에 있는 전화 수화기에 비슷한 진동을 일으켰다. 탄소 버튼은 에디슨이 전화기에 채용한 것을 그대로 응용한 것이다. 이 장치의 시장성을 알아보고 먼디는 1901년에 수중 신호 회사(Submarine Signal Company)를 설립했다. 이 회사는 수중 신호의 초기 발전에 중요한 역할을 했다. 수중 경고종은 등대나 등대선, 여울목, 난파선, 산호초 등에 설치되어 지나가는 배에 위험을 알렸다. 그 신호는 15km 이상의 범위에 있는 선박들에서 감지되었고 배가 방향을 바꾸면서 선체의 앞과 뒤에 달아 놓은 마이크로폰에서 감지되는 소리의 세기가 같아지는 위치에서 음원의 위치를 파악할 수 있었다. 어떤 음원인가는 음원의 독특한 진동수로 알아냈다. 종들은 주로 해안을 따라 설치되었고 대서양 정기 여객선이나 화물선은 수중 마이크로폰을 장착하고 있었다.

잠수함 공격에 대한 우려가 본격화된 것은 1880년이었다. 영국 해군 어뢰 학교(Torpedo School)의 1882년 연례 보고서에는 영국 군함 버넌

83 W. D. Hackman, "Underwater Acoustics and the Royal Navy, 1893-1930", *Annals of Science*, 36 (1979), pp. 255-278.

(H. M. S. Vernon) 호에 최초의 잠수함 탐지기를 장착하였다고 언급되어 있다. 이 장치는 매키보이(C. A. McEvoy)가 개발한 유도 천칭(induction balance)으로, 잠수함이 다가오면 전기적 평형이 교란되면서 유도 전류가 발생하여 그 전류가 전화 수화기에 소리를 발생시키게 되어 있었다. 그렇지만 이 장치는 잘 작동되지 않았던 것 같다. 1893년에 매키보이는 하이드로폰을 개발하였다. 이것은 블레이크의 수중 마이크로폰과는 작동 원리가 달랐다. 그것은 잠수종에 넣은 마이크로폰을 주의 깊게 해저에 설치해 종 안의 공기가 수중 음파에 의해 운동하도록 해서 이 운동으로 백금 띠를 진동시키면 그에 따라 회로에 흐르는 전류가 변하고 그것이 해저 케이블에 의해 해안의 제어판까지 전달되었다. 그와 비슷한 장치들이 1903년까지 어뢰 학교에서 계속 시도되었다. 수중에서 소리의 방향을 탐지하기 위한 노력은 계속되었는데, 그중 하나는 포물경의 초점에 마이크로폰을 놓는 방법이었다. 비스듬하게 포물경에 진입하는 음파는 모두 마이크로폰에 모이지 않기 때문에 이 소리의 세기를 재게 되면 음원의 방향을 감지할 수 있었다. 그렇지만 포물경의 크기나 음원에서 나오는 소리의 파장을 변경시켜 보면서 철저하게 실험이 진행되지는 않았다. 1903년에 어뢰 학교는 하이드로폰을 별로 신뢰할 만하지 않다고 평가했다.

1900년에 영국 해군은 미국 전기 보트 사(Electric Boat Company)에 잠수함을 주문했다. 수중종과 마이크로폰 시스템은 안개 신호로 시행되었던 것인데, 영국 해군은 잠수함의 도입과 함께 잠수함이나 배 사이의 통신 수단으로 이 시스템을 사용하고자 했다. 이를 위하여 1909년에 항해 학교(Navigation School) 교장, 잠수함 탐지 단장(Inspecting Captain of Submarines), 신호 학교(Signal School)의 감독자를 위원으로 하고 어뢰 학교 교장을 위원장으로 하는 위원회가 출범했다. 이 위원회는 수중종-마이크로폰 시스템을 안전한 항해를 위해서뿐만 아니라 배 사이의 음향 전신(sound telegraphy)을 위해 사용하는 것을 고려하였다.[84]

1912년 유보트는 소리 신호를 모스 부호로 바꾸어 전달하는 방식으로 통신했다. 영국에서는 잠수함을 탐지하는 기술에는 노력을 쏟아부었지만 정작 자국 잠수함들 간의 수중 통신을 위한 방안은 제대로 마련하지 못했다. 1912년에 타이타닉 호가 빙산에 부딪쳐 침몰한 후 수중 물체 탐지에 관심이 높아졌다. 타이타닉 침몰 후 12주일이 못 되어 영국의 기상학자 리처드슨(L. F. Richardson, 1881~1953)이 영국 특허국(British Patent Office)에 공기 중에서 반향 위치 탐지에 관한 특허를 냈고 한 달 후에는 수중 물체 탐지를 위해 초음파를 사용하는 장치로 특허를 냈다. 그렇지만 리처드슨은 그 장치들을 실제로 만들지는 않았는데, 1914년에 캐나다의 발명가인 페센덴(Reginald A. Fessenden, 1866~1932)이 미국에서 첫 번째로 작동되는 반향 위치 탐지 장치로 특허를 냈고, 그에 따라 제작한 장치로 초음파를 발생시켜 3.2km 밖의 빙산에서 되돌아온 메아리를 감지해 냈다. 영국 해군은 이 장치를 신속하게 구입하였고 제1차 세계대전이 발발하자 잠수함 탐지를 위해 활용하였다. 이러한 업무를 전담한 어뢰 학교는 잠수함 탐지의 효율을 높이기 위해 다양한 버전의 페센덴 진동자를 만들어 냈다.

84 W. D. Hackmann, "Underwater Acoustics and the Royal Navy, 1893-1930", *Annals of Science* 36 (1979), pp. 255-278 (259).

제1차 세계대전이 발발했을 때 해군력에서 영국을 이기기 힘들었던 독일은 개별 군함을 유보트와 기뢰로 침몰시키는 전략을 구사하였다. 그렇지만 잘 무장된 영국 군함을 유보트가 무력화시키기는 어려웠다. 1915년에 영국의 해상 봉쇄로 자국민이 식량 위기에 처하자 위기를 전략적으로 돌파하기 위해서 독일은 유보트로 하여금 상선을 무차별로 공격하도록 하는 작전을 펼쳤다. 그러한 작전이 미국을 전쟁에 개입시킬 것을 알고 있었지만 독일은 미국이 언젠가는 참전할 것이라고 생각했기에 별로 개의치 않았다. 결정적으로 1915년 5월 7일 영국의 상선 루시타니아 호(Lusitania)가 독일 잠수함의 어뢰 공격을 받아 18분 만에 침몰하였다. 루시타니아 호가 그렇게 빨리 침몰한 것은 무기와 화약이 많이 실려 있었기 때문이다. 어뢰 공격으로 화약들이 폭발하면서 1,957명의 승선 인원 중에서 1,198명이 수장되었다. 그중에는 미국인이 124명 포함되어 있었다. 이를 계기로 그 전까지 영국의 독일 봉쇄를 반대하였던 미국이 독일에게 확실하게 적대적 태도를 취하고 전쟁에 참전하게 되었다. 이후 독일은 계속 유보트에 의한 무차별 공격을 감행함으로써 영국을 고립시킬 수 있을 거라고 믿었는데, 그것은 오산이었다. 영국의 대잠수함 연구가 성과를 보이기 시작했던 것이다.

제1차 세계대전은 군사 과학이 최초로 그 판도를 바꾸어 놓은 전쟁이었다. 영국의 군사 연구는 1915년에 과학 산업 연구 자문 위원회(Advisory Council for Scientific and Industrial Research)가 조직되었고 이듬해 과학 산업 연구부(Department of Scientific and Industrial Research)로 승격되었다. 이 조직 밑에는 영국 해군과 민간인 연구자들이 함께 일하는 발명 연구 평의회(Board of Invention and Research, BIR)가 있어 전문가들의 과학 기술을 군사 무기로 탈바꿈시키는 일을 담당했다. 이 평의회의 장을 맡게 된 사람은 일찍부터 독일의 잠수함에 대비해야 한다고 경고했던 피셔(Sir Jackie Fisher, 1841~1920) 제독이었다. 중앙 위원회는 톰슨(J. J. Thomson, 1856~1940)을 포함한 세 명의 저명 과학자로 구성되었고 고문단에는 열두 명의 과학자가 있었는데 크룩스(William Crookes, 1832~1919), 로지(Oliver Lodge, 1851~1940), 러더퍼드(Ernest Rutherford, 1871~1937), 브래그(W. H. Bragg, 1862~1942), 스트럿(R. J. Strutt, 1875~1947) 등이 포함되었다.

BIR의 부서는 제1부부터 제6부까지 6개가 있었는데 (1) 비행선과 일반 항공술 부서, (2) 잠수함과 무선 전신 부서, (3) 해군 건조 부서, (4) 방공 장비 부서, (5) 화기와 탄약 부서, (6) 항공기, 폭탄 부서, 폭격조준기 장비 부서가 그것이었다. 각 부서에는 과학자 서너 명과 서기 역할의 장교 한 명이 배속되었다. 이후 1917년에 조직이 개편되면서 실험 연구부(Department of Experiments and Research)가 새로 만들어져 연구 업무를 전담하게 되었다. BIR은 민간의 지혜를 모아 군사 장비로 바꿀 수 있는 것을 찾아보는 아이디어 공모식으로 연구를 진행했는데, 잠수함에 대한 아이디어가 가장 많이 쇄도하였다.

제2부의 예산이 가장 많았고 그중에서도 수중 음향학과 잠수함 탐지를 위하여 많은 예산이 투입되었다. 제2부를 담당한 해군 측 인사는 라이언(Captain C. P. Ryan)이었는데, 발명에 특기가 있는 사람이었다. 그는 주로 호크레이그(Hawkcraig)에 위치한 연구 시설에서 하이드로폰

에 관련된 많은 연구를 수행하였다. 이곳은 해심도 다양하고 배의 왕래도 많고 유속도 다양하여 장치를 시험하기 최적의 조건을 갖추었다. 그러다가 대(對)잠수함 부서(Anti-Submarine Division)가 1916년에 설립되자 라이언의 부서는 여기에 소속되었고, 하리치(Harwich)의 파크스톤 키(Parkeston Quay)에서 새로운 BIR 연구를 수행하게 되었다. 라이언은 원래 마르코니의 무선통신 회사에서 근무해 그 방면에 전문지식이 있었지만 음향학, 특히 수중 음향학에는 문외한이었다. 그렇지만 그는 특유의 창의력으로 하이드로폰을 만드는 데 발군의 실력을 발휘했다. 라이언이 만든 하이드로폰 400개 정도가 수심 91m에서 183m 사이에 보통 2.4km의 간격으로 설치되었다. 이때 설치된 하이드로폰들은 비방향성이었지만 어떤 하이드로폰이 유보트의 소리를 잡아내느냐에 의해 적 잠수함의 위치를 알아낼 수 있었다. 라이언은 1916년에 양방향 하이드로폰도 만들었다. 그것은 두 장의 박판을 앞뒤로 붙여서 만든 것으로, 다른 각도에서 박판에 음파가 오면 반응하지 않지만 박판에 수직으로 오는 음파는 앞쪽이나 뒤쪽이나 모두 똑같이 반응하는 하이드로폰이었다. 그것은 민감성은 떨어졌지만 더 넓은 영역에서 잠수함을 탐지할 수 있다는 장점이 있었다. 기존의 지식을 실용적 기구로 탈바꿈시키는 라이언의 연구 방향에 대하여 BIR의 과학자들은 동의하지 않았지만 그의 기여에 대해서는 그들도 인정하였다.

잠수함 탐지를 위해 가장 많은 연구가 이루어진 기술은 음향학적 기술이었고 그것은 하이드로폰의 활용이 중심이 되었다. 그렇지만 정작 수중 음향학에 대해서는 거의 알려진 것이 없었다. 대기 중에서 소리가 공기 중으로 전달되는 것이 물속에서 전달되는 것과 비슷할 것이란 이해 속에서 접근이 이루어졌다. 음속은 전달하는 매질의 밀도와 탄성에 관계된다는 것이 알려져 있었다. 수중에서는 공기 중에서의 음속의 4배로 소리가 전달된다고 알려졌다. 그렇지만 그것은 수온, 수압, 염도에 영향을 받았다. 하이드로폰을 해안에 여러 개 설치해 놓고 접근하는 적 잠수함의 소리를 감지해 여러 개의 하이드로폰에 잡히는 잠수함의 엔진 소리를 비교하여 잠수함의 위치를 파악하였다. 이 방법으로 영국 해군은 여러 대의 적 점수함을 궤멸시켰다. 또한 하이드로폰은 잠수함에도 장착되었다. 잠수함에 장착된 하이드로폰은 자체의 엔진을 끄고 적 잠수함의 위치를 탐지하였다. 하이드로폰은 단방향 하이드로폰과 양방향 하이드로폰이 있었다. 단방향은 한쪽에만 진동을 감지할 수 있는 장치가 달려 있어 앞쪽에서 오는 소리만을 감지할 수 있었지만 한번 소리를 감지하면 방향을 잘 파악할 수 있었다. 반면에 양방향 하이드로폰은 양쪽에 진동을 감지하는 장치가 달려 있어서 양쪽 방향에서 오는 소리를 모두 잘 감지할 수 있었으나 앞과 뒤에서 오는 소리를 잘 구분하지 못하는 것이 단점이었다. 하이드로폰은 보통 1,000Hz의 진동수에 특화된 공명기를 장착하여 엔진 소리는 증폭시키고 다른 소음은 걸러내는 방식으로 작동되었다. 이렇게 하이드로폰이 선박들에 널리 장착되고 해안에도 설치되어 영국의 해군은 적의 잠수함의 위협을 잘 차단할 수 있었다. 전쟁이 끝날 무렵에 5,000대의 양방향 하이드로폰과 3,500대의 단방향 하이드로폰이 영국 해군에 의해 사용되었다. 그렇지만 적 잠수함이 내는 소리만을 검출하는 수동적인 방법에 한계가 있음이 드러났다. 그럼에도 불구하고 독일군은 하이드로폰의 사용에 대해 매우 흡족해했고 적극적인 잠수함 탐지 기술을 개발하는 데 총력을 기울이지 않았다. 독일군은 하이드로폰을 통신을 주고받는 데 사용하는 외에는 적극적인 잠수함 탐지 기술의 필요성을 별로 느끼지 않았다.[85]

하이드로폰이 가진 단점을 해결할 수 있는 방안은 음파를 발생시키고 그것의 반향을 검출하는 적극적 탐지 방법이었다. 이 비밀 기술의 명칭은 아스딕이었다. 아스딕의 기초는 프랑스의 물리학자 랑주뱅(Paul Langevin, 1872~1946)이 프랑스 정부의 지원을 받아 시작한 연구였다. 1920년에 랑주뱅은 진동수가 높은 음파를 발생시키고 그것이 대상에 반사되어 돌아오는 메아리를 감지하고자 많은 노력을 경주하였다. 압전소자는 적당한 증폭기가 없었기 때문에 한계에 봉착했다. 1917년에 에콜 센트랄(Ecole Central de T. S. F.)에서 고주파 증폭기를 개발하자 랑주뱅은 그것을 이용하여 스파크 전송기와 석영 수신기를 제작하여 최초로 신호를 주고받는 데 성공하였다. 1917년에 랑주뱅은 석영 변환기(quartz transducer)를 연구하여 1918년에 얇은 석영판과 금속판을 샌드위치처럼 번갈아 끼워 넣은 장치를 설계하였다. 그것의 전체 두께가 공명 진동수를 결정하였는데 그 진동수는 5만 Hz였다. 영국 해군에서는 랑주뱅의 연구를 이어받아 연구를 수행하여 457m 이상의 거리에서 잠수함을 탐지하는 데 성공하였다. 이렇게 진행된 연구를 통해 제2차 세계대전이 발발하기 직전까지 효과적인 장치를 만들어 냄으로써 잠수함 탐

85 W. D. Hackman, "Underwater Acoustics and the Royal Navy, 1893-1930", *Annals of Science*, 36 (1979), p. 272

지에 자신을 가지게 된 영국은 독일이 잠수함으로 재무장하는 것도 용인할 수 있었다.

한편 1917년, 설립된 지 26개월 만에 BIR이 해체되었다. 기초적인 연구를 중시한 과학자들과 당장의 필요를 충족시키는 연구를 요구한 해군 장교 사이의 갈등이 주된 원인이었다. 과학자들은 실질적인 수중 탐지 장치가 개발되기 전에 더 기초적이고 이론적인 연구가 필요하다고 보았고, 이론 물리학조차 새로운 기술을 개발하는 데 엄청난 유용성이 있으니 그러한 연구들도 지원을 받아야 한다고 주장했다. 그렇지만 해군 장교들은 기존의 기술을 가지고 당면한 문제를 해결하기 위한 목표 지향적 연구에만 예산을 집행하기를 원했다. 해군의 전략적 대응이 과학기술을 이용한 무기 개발보다 더 중요하다고 믿었던 해군에서 BIR에 근무하는 것은 이후 경력을 위하여 좋게 여겨지지 않았다. 그렇기 때문에 연구 분위기 자체가 그렇게 의욕이 넘칠 수만은 없었다. 그럼에도 불구하고 영국의 뛰어난 물리학자들과 기술자들이 전쟁 연구에 투입되어 연구에서 중요한 경력을 쌓았다. 영국에서 전쟁 연구의 필요성에 의해 설립된 BIR은 비록 짧은 기간이었지만 전쟁 연구의 전략적 가치를 널리 인식시키는 계기가 되었다. 그중에서도 잠수함과 수중 전신 분야의 연구가 가장 활발하게 이루어졌다. 영국은 수중 음향학 분야에서 독일을 앞질러 해군의 승기를 계속 이어 갈 수 있었다.[86]

미국의 잠수함 탐지 기술은 1917년에 미국이 제1차 세계대전에 참전

86 구자현, 『앨프레드 메이어와 19세기 미국 음향학의 발전』, pp. 153-154.

하면서 급진전되었다. 수중 신호 회사, 제너럴 일렉트릭 사, 서부전기회사가 매사추세츠 주 나한트(Nahant)에 모든 자원을 결집시켰다. 1917년 5월 말부터 7월 초까지 영국, 프랑스, 미국의 과학자들이 모인 가운데 전시 연구에 관한 회의가 열렸다. 6월 14일부터 사흘에 걸쳐서 대(對)잠수함 조치를 논의했다. 결과적으로 미국의 하이드로폰을 영국과 프랑스의 전함과 잠수함에 장착하기로 했다.

실용적인 기술을 중시하는 미국의 분위기에 힘입어 하이드로폰은 미국에서 빠르게 개선되었고 얼마 되지 않아 영국으로 역수출되었다. 미국에서 만들어진 하이드로폰은 SC관이었다. 그것은 공기가 들어찬 공명하지 않는 두 개의 고무 통(bulb)을 가로대의 양쪽 끝에 장착하고 거기에 청진기 장치를 연결해 귀로 듣는 것이다. 능숙한 조작자는 음원이 오른쪽에 있는지 왼쪽에 있는지 알 수 있었고 소리의 세기를 통해 음원까지의 대략적인 거리도 파악할 수 있었다. 전쟁이 끝날 무렵 이 장치 450대가 영국 해군에 의해 사용되었다. 또한 미국에서 전화기를 개발하는 과정에서 많은 기술상의 진보를 이룩할 수 있었는데, 이러한 전화 기술이 수중 음향 장치를 만드는 데에도 많은 도움이 되었다.

제1차 세계대전 중에 미국의 전시 연구는 조직적으로 이루어지지 못하고 여러 부서에 의해 여러 방식으로 필요에 따라 이루어졌다. 가장 높은 수준에는 국방 위원회(Council of National Defense)가 있어서 전쟁상, 해군상, 내무상, 농무상, 상무상, 노동상 등이 참가하였다. 그 목적은 국가 안보와 안위를 위해 산업과 자원을 조직하는 것이었다. 미국 해군의 과학 연구는 전쟁 중에 성립된 두 기관에 의해 주도되었다. 하나는 1915년 7월에 설립된 해군고문단(Naval Consulting Board)이었고, 다른 하나는 1916년 4월에 설립된 국가연구평의회(National Research Council)였다. 이 두 기구는 모두 국립 과학 아카데미(National Academy of Sciences)에서 관할하였다. NCB는 에디슨이 담당했는데 영국의 BIR와 같이 대중이 제안한 주제 중에서 연구 주제를 선별했다. 또한 NRC는 BIR처럼 대학과 군사 기관의 연구를 연결하여 조율하였다.

제1차 세계대전이 끝나자 설치된 해안 하이드로폰은 제거되고 수정궁 하이드로폰 학교는 문을 닫았다. 파크스톤 키의 연구 시설도 폐쇄되었지만 포틀랜드 청취 학교(Portland Listening School)는 하이드로폰과 아스딕 조작자들을 위한 훈련 시설로 존속되었다. 해군과 민간인의 대규모 협력이 종식되었고 전간기(戰間期) 연구를 위한 많은 교훈이 남았다.

제1차 세계대전과 제2차 세계대전 사이의 전간기 동안 군사적 목적의 연구를 통해서 수중 음향학에 큰 진보가 이루어졌다. 물은 완벽한 음향학적 매질일 것이라는 생각이 틀린 것으로 밝혀졌다. 물은 균질하지 않아서 물마다 밀도, 온도, 염도의 차이가 컸고 이러한 차이에 따라 음파가 굴절되었다. 수중에서 음파의 에너지는 전달되다가 산란되거나 물의 점성 때문에 흡수되어 열로 전환되면서 소실되었다. 이와 같은 산란과 흡수를 모두 아울러 이르는 표현이 감쇠(attenuation)이다. 이런 효과에 의해 소리 에너지가 거리의 제곱에 반비례하여 약해진다는 추정이 들어맞지 않게 된다. 소리 빔의 전달을 혼란스럽게 하는 다른 요인은 반사이다. 음파는 수면이나 해저면으로부터 매우 복잡하게 반사된다. 대상으로부터 반사되어 돌아오는 메아리는 전달된 소리 에너지의 일부일 뿐이다. 지진 활동, 폭풍우, 배의 운행, 해저 생물 등도 노이즈를 일으킨다. 소나를 장착한 배 자체의 엔진, 프로펠러, 물을 헤치고 지나가는 용골이 일으키는 소음도 있다. 그 밖에 공기 방울, 작은 고체 입자, 플랑크톤이나 물고기와 같은 유기체, 해저의 불규칙한 상태, 표면파 등에서 일어나는 반향이 차폐 효과를 일으킨다. 반향은 목표물의 메아리보다 거리에 따라 감쇠되는 효과가 적기 때문에 전송 신호를 강화시키면 신호뿐 아니라 반향도 함께 강해져 신호의 검출이 개선되지 않는다. 신호 대 반향의 비는 빔의 폭을 줄이거나 펄스의 파장을 줄임으로써 개선될 수 있다. 1930년대에 집중적으로 이루어진 연구를 통해 원치 않는 반향을 줄이는 데 실질적 개선이 이루어졌다.

메아리 검출의 핵심은 전기-음향 변환기였다. 이것은 신호를 보내고 받는 두 가지 기능을 모두 담당했다. 이러한 목적의 첫 번째 기기가 1913년에 특허를 받은 페센덴의 전기 동역학적 진동자였다. 하지만 이 장치는 낮은 주파수에서 작동되었다. 첫 번째 초음파 변환기는 랑주뱅과 칠로프스키(Constantin Chilowski)의 석영-강철 샌드위치였다. 초음파를 보내고 그것의 메아리를 감지하는 체계는 칠로프스키의 아이디어였다. 프랑스 정부는 이 아이디어를 퀴리 형제의 첫 학생이었던 랑주뱅에게 넘겼고 두 사람은 이것을 실현시킬 첫 장치를 만들어 냈다. 이것이 제2차 세계대전에서 영국이 사용한 변환기의 토대 기술이었다. 영국은 그 당시에 메아리 검출을 위해 석영을 사용하는 유일한 해양 강대국이었다. 미국은 이미 제1차 세계대전 직후에 석영을 로셸염 결정 변환기로 대체했고 1920년대 중반까지 고전압 자왜 변환기로 대체하였다. 영국에서는 제2차 세계대전이 끝난 직후에 아스딕 기술을 위하여 자왜 변환기를 사용하기 시작했다.

변환기들은 수중에서 빠르게 움직이는 피스톤처럼 기능해야 하는데, 그 설계가 매우 복잡하다. 목표물의 위치를 정확하게 잡기 위해서는 폭이 좁은 빔을 써야 하지만 또한 변환기의 표면 직경은 소리 빔의 파장의 여러 배가 되어야 한다. 제1차 세계대전 때 사용되던 석영 변환기는 작아서 100kHz까지의 주파수를 쓸 수 있었다. 그렇지만 감쇠는 주파수에 비례하여 빠르게 커진다. 그리하여 타협안으로 나오게 된 것이 14~26kHz의 범위였고 이를 위해 직경이 15인치(38cm)인 석영-강철 변환기가 나오게 되었다. 독일은 15kHz, 미국은 25kHz에서 소나가 작동되었다. 이때 전송하는 소리 펄스를 짧게 함으로써 높은 해상도를 얻을 수 있었다.

잠수함을 탐지하기 위해서 전쟁 기술로 개발된 초음파 발진 및 메아리 검출 기술은 전후에 평화적 용도로 사용됨으로써 의학과 산업에서 기술상의 혁신을 일으키게 된다. 전쟁 기술이 국가적 규모의 투자를 통해 경쟁적으로 개발되면서 평화 시에는 이룰 수 없는 대단한 기술상의 혁신을 이룩하는 예가 종종 있는데, 초음파 기술도 그러한 범주에 속한다.

초음파 진단과 비파괴 검사

사람을 죽이기 위한 기술이 사람을 살리는 기술이 되기도 한다. 초음파의 의학적 용도는 다양하다. 약한 출력은 진단에 쓰이고, 중간 출력은 치료에 쓰이며 강한 출력은 수술에 쓰인다. 그 외에도 다양한 목적으로 의학 연변 분야에서 초음파가 활용되고 있다. 초음파 진단은 MRI나 CT, PET와 같은 진단 방법에 비하여 안전하고 저렴하다. 이것은 초음파 진단 장치가 비록 진동수가 높은 음파를 사용하기는 하지만 다른 진단 장치에서 사용하는 복사선에 비하여 에너지 수준이 낮아 조직이나 장기에 미치는 피해 효과가 적기 때문이다. 그리하여 초음파는 태아나 생식기와 같이 민감한 조직의 검사에 널리 사용되고 있다. 초음파 진단기가 가진 또 다른 장점은 실시간으로 조직을 관찰할 수 있다는 것이다. 사진을 찍고 그것을 변환하여 이미지로 보여 주는 것이 아니라 현장에서 바로 탐지부(probe)를 움직이면서 대상을 관찰할 수 있다. 또한 장치가 간소하기 때문에 입원한 환자의 침상 옆이나 전쟁터, 심지어 우주 공간처럼 어디든지 쉽게 가지고 갈 수 있다. 반면, 단점으로 지적되는 것은 뼈 뒤에 있는 조직은 관찰하기가 어렵고 좋은 결과를 얻기 위해서는 능숙한 작동 기술이 요구된다는 것이다.

초음파 진단은 뼈, 인대, 근육, 관절, 지방 등 조직별로 초음파의 투과도와 반사도가 다른 것을 이용하여 대상의 위치와 두께 등을 알아낼 수 있다. 그리하여 신체 특정 부위에 초음파를 쪼이면 정상 조직과 병변을 식별할 수 있다. 메아리의 양은 다양한 매질 또는 장기의 구조적 특성에 의존한다. 이러한 매질이나 장기의 구조적 특성을 음향학적 임피던스(acoustic impedance)라고 부른다. 그것은 매질의 밀도와 매질에서의 음파의 속도의 곱으로 표현된다.

초음파 진단을 위하여 초음파를 발생시키는 장치는 초음파 변환기

(transducer)이다. 초음파 변환기는 2 내지 18MHz의 초음파를 발생시킨다. 진동수가 낮은 초음파를 사용하면 해상도가 떨어지지만 더 깊이 조사(照射)가 가능하다. 반면에 진동수가 높은 초음파는 해상도가 더 높지만 투과가 덜 된다. 그 이유는 진동수가 높을수록 감쇠율이 커서 조직에서 더 많이 흡수되기 때문이다. 그리하여 태아의 뇌를 검사할 때에는 더 정밀한 해상도를 얻기 위해 7~18MHz의 초음파를 사용하고 간이나 신장을 검사할 때에는 더 깊이 투과하기 위해 1~6MHz의 초음파를 사용한다. 초음파 변환기는 초음파를 발생시키기도 하지만 조직에서 반사되어 돌아오는 반사파를 검출하는 기능도 한다. 이렇게 검출된 신호는 이미지로 변환되어 조작자(operator)에게 제공된다.

제2차 세계대전 중에 레이더의 발전에 힘입어 2차원 소나와 의학용 영상 시스템이 개발되었다. 초음파 진단 장치를 만드는 데 가장 중요한 부품은 압전 소자이다. 압전 소자는 압력을 받으면 전기를 발생시키는 압전 효과를 일으킨다. 1880년에 압전 현상을 처음으로 발견한 사람은 자크 퀴리(Jacques Curie, 1856~1941)와 피에르 퀴리(Pierre Curie, 1859~1906) 형제였다. 그들이 만든 장치는 자연적으로 압전 효과를 일으키는 석영 같은 재료를 진동하기를 원하는 표면에 부착하였다. 압전 현상은 재료의 역학적 상태와 전기적 상태의 전기역학적 상호작용의 결과로 생기는 것인데, 이 반응은 가역적이어서 압전 소자에 전기를 가하면 거기에서 압력을 발생시킬 수도 있다는 것이 예견되었고, 곧 퀴리 형제에 의해 확인되었다. 이러한 역압전 현상을 이용하면 초음파를 쉽게 만들어 낼 수 있다. 적당한 진동수의 교류 전압을 압전 소자에 걸어 주면 압전 소자의 길이가 늘어났다 줄어들었다 하면서 주변의 매질을 때려서 종파를 만들어 낸다. 종파는 파동의 진행 방향과 매질의 진동 방향이 평행한 파동이다.

초음파 발생 기술과 관련하여 또 하나의 중요한 발견은 자왜(magnetostriction) 효과이다. 자왜 효과는 어떤 재료(강자성체)가 자화될 때 그 모양이나 크기가 바뀌는 현상을 말하는데, 1837년에 미국의 발명가인 페이지(Charles Grafton Page, 1812~1868)가 처음 발견하고, 1847년에 줄(James Prescott Joule, 1818~1889)이 이에 대해 연구한 것을 발표하였다. 줄은 1842년에 철로 된 막대에 자기장을 가했을 때 막대의 길이가 변하는 것을 관찰하였다. 나중에 밝혀진 바로는 강자성체 안에는 균일한 자기 분극(magnetic polarization)의 구역들이 존재하는데 자기장이 가해지면 그 구역의 경계가 전이되면서 그 구역이 회전한다. 이 때문에 재료의 형태가 변화된다. 역으로 강자성체가 기계적인 응력을 받으면 자화율이 변화하는데 이 현상을 빌라리 효과(Villari effect)라고 부른다.

강자성체에 외부에서 자기장을 가하면 길이가 변한다. 이때 변하는 값은 가해 준 자기장의 세기에 비례한다. 실제로 길이의 증가는 매우 작지만 그나마 니켈의 경우 길이가 가장 많이 증가하므로 자왜 효과를 이용해서 초음파를 발생시킬 때에는 니켈을 주로 사용한다. 니켈 막대에 코일을 감고 코일에 흐르는 전류를 주기적으로 진동시키면 그에 따라 니켈 막대의 길이가 진동하게 된다. 음파는 일종의 충격파이므로 진동하는 막대가 유체를 때려 주면 이로부터 고주파의 음파를 만들어 낼 수 있다.

1930년대에 자왜 효과 소자가 압전 소자를 앞지르고 초음파 발진을 위해 더 강력하고 믿을 만한 소자로 여겨졌다. 왜냐하면 천연 압전 소자는 깨지기 쉽고 전기 에너지를 진동 에너지로 변환시키는 효율도 그렇게 높지 않았기 때문이다. 그렇지만 제2차 세계대전 중에 소나에서 사용하기 위해 더 믿을 만한 압전 세라믹들이 개발되면서 전세가 역전되었다. 티탄산바륨(barium titanate) 같은 새롭고 강력한 인공 세라믹이 천연 결정을 대체하여 진동을 일으키는 데 쓰였다. 지금도 초음파 발진을 위해서 압전 소자가 자왜 소자보다 더 널리 쓰이고 있다. 자왜 소자가 30kHz 이하의 진동수로 작동되는 한계를 가지고 있는 반면에 압전 소자는 더 높은 진동수에서도 작동된다는 장점 때문이다.

1920년대와 1930년대는 전쟁 용도로 초음파 변환기를 활발하게 개발하던 시기였는데, 이것을 의학적 용도로 쓰려는 시도는 우선적으로 치료 목적을 띠는 것이었다. 초음파는 유럽의 축구팀을 위한 치료에 먼저 활용되었고, 이어서 백신을 멸균하는 데 활용되었다. 이후에는 초음파 치료가 방사선 치료와 결합하여 암 치료에 활용되기도 했다. 1940년대가 되자 초음파는 관절염에서 위궤양까지 무엇이든 치료할 수 있는 것처럼 여겨졌다.

초음파를 의학적 진단의 목적으로 처음 쓰기 시작한 사람은 오스트리아의 과학자였던 두식(Karl Theodor Dussik, 1908~1968)이었다. 두식은 1942년에 뇌실(cerebral ventricles)을 진단하기 위하여 초음파를 사용하였다. 그는 뇌를 관통하는 초음파가 약화되는 정도를 이미지화해서 나타냈고 그 결과물을 하이퍼포노그램(hyperphonogram)이라고 불렀다. 1949년에 루트비히(George Döring Ludwig, 1922~1973)와 슈트루터스(W. Struthers)가 부드러운 조직 속의 단단한 물체나 쓸개 결석을 진단하기 위해 펄스 메아리 방법을 개발하였다. 루트비히는 1950년에 팔, 다리, 허벅지 등 여러 곳의 근육에서의 음속을 여러 차례 측정했다. 그리하여 평균값으로 1,540m/s라는 값을 얻었다. 이 값은 지금도 표준적인 값으로 사용되고 있다. 루트비히는 대부분의 부드러운 조직에서 음속이 거의 비슷하여 몇 퍼센트밖에 차이가 나지 않는다는 것을 발견했다. 같은 실험에서 루트비히는 여러 조직의 음향학적 임피던스를 측정했는데, 그는 몸의 부드러운 조직과 대부분의 장기가 물을 많이 포함하고 있어서 음향학적 임피던스가 비슷하게 나온다는 것을 발견했다.

비슷한 시기에 콜로라도 대학의 방사선 전문의인 하우리(Douglas Howry, 1920~1969)와 블리스(Roderick Bliss)는 부드러운 조직 경계의 그림자를 검출하는 실험을 하다가 드디어 최초로 단면 영상을 만들어 냈다. 그들은 엑스선으로 검출할 수 없는 부드러운 조직의 정확한 진단이 가능하리라고 믿었다. 하우리는 자기 집 지하실에 실험실을 꾸며 놓고 연구를 수행하였다. 그는 1945년에 2.5MHz의 초음파를 사용하여 펄스 반사형 초음파 스캐너를 만들었다. 1956년에는 윌드(John J. Wild)와 리드(John M. Reid)가 손으로 들고 사용하는 스캐너로 양성 및 악성 유방 종양을 검출하는 데 성공하였다. 특히 이들은 위(胃)에서 암 병변이 정상 조직과 다른 메아리를 발생시킨다는 것을 이미지를 통해 구분해 내어 1970년대 발전하게 될 조직 특화(characterization of tissues)의 중요한 토대를 놓았다. 그들은 15MHz의 초음파를 사용했는데 이 실험 결과는 초음파 진단에 대하여 많은 관심을 불러일으켰다. 이러한 노력은 나중에 두 방향으로 세분화된다. 하나는 초음파 이미지로부터 직접 관찰 가능한 것들을 보고 진단하는 기술이고, 다른 하나는 조직 특화로, 초음파 데이터를 계산하여 조직의 정상 상태와 비정상 상태를 찾아내는 기술이다.

카이델(Wolf D. Keidel)은 초음파를 심장에 적용한 최초의 인물이었다. 그리고 스웨덴의 엘더(Inge Elder)와 헤르츠(Helmuth Hertz)는 초음파의 반사를 이용하여 심장을 들여다보는 기술을 만들어 내는 데 크게 기여했다. 헤르츠는 스웨덴 룬트(Lund) 대학의 물리학자였는데 1953년에 심장 전문의인 엘더를 점심시간에 우연히 만났고 그것을 계기로 엘더와 협력하게 되었다. 그들의 노력으로 엄청나게 많은 이들이 생명을 구할 수 있었다.

일본의 물리학자 사토무라(Shigeo Satomura, 1919~1960)와 심장 전문의 니무라(Yasaharu Nimura)는 1955년에 초음파 검출기에서 도플러 효과를 이용하는 방법을 고안하였다. 이것은 심실 판막의 운동을 도플러 효과를 이용하여 검출하는 것에 우선적으로 쓰였다. 처음에 이 장치를 이용했을 때 사토무라는 원하는 신호 외에 노이즈도 검출했는데, 이것을 심실이나 심방 안에서 피의 난류에 의해 생기는 것으로 생각했다. 그렇지만 나중에 카토(Kanemasa Kato)는 그것이 적혈구와 관련이 있다는 것을 밝혀냈다.

한편 1950년에 바움(Gil Baum)은 초음파를 조사하여 망막 박리와 외래 물체를 포함해 안구 내의 종양과 안와(眼窩)의 종양을 검출하는 안과용 스캐너를 만들어 냈다. 같은 해에 스코틀랜드에 있는 글래스고 대학의 도널드(Ian Donald, 1910~1987)는 직접 피부에 대고 손으로 작동시키는 스캐너를 만들었다. 이후에 초음파 진단기가 미국과 영국에서 판매되기 시작했다. 1958년에 도널드는 태아의 양두정골의 지름과 임신 기간의 연관성을 밝히는 논문을 발표하였다. 그 이후에 전자 기기와 컴퓨터가 발전하면서 실시간 스캐너와 양질의 영상이 개발되었고, 그 결과 이 분야에 더 많은 발전이 이루어졌다.

도자기, 유리, 종을 테스트하는 데 소리를 사용한 지는 꽤나 오래되었다. 초음파를 사용한 비파괴 검사(NDT, nondestructive testing)는 1928년에 소련의 레닌그라드의 울리야노프(Ulyanov) 전기 기술 연구소에서 일하는 소련의 물리학자 소콜로프(Sergei Sokolov)가 금속 결함 검출을 위해 초음파를 사용하기를 제안했을 때 시작되었다. 소콜로프는 연속파를 사용하는 전송 기술로 금속의 내부 결함을 검출할 수 있음을 보였고 이어서 반사 방법을 제안하였다. 독일에서는 1931년에 초음파를 이용한 결함 검출의 응용이 특허를 받은 이래로 광범위하게 이 기술이 연구되었다. 1939년에 영국에서는 영국 철 및 강철 연구소(British Iron and Steel Institute)에서 미세한 금을 어떻게 검출할 것인지를 놓고 고민하였다. 1842년에 스프롤(Donald Sproule)은 강철의 결함을 검사하기 위해 우드의 반향 기법 원리를 사용했다. 이때 짧은 펄스를 발생시키고 검출하는 장비가 활용되었다. 그의 장치는 펄스 발생기와 반향 검출기가 분리되어 있었다. 거의 같은 시기에 미국의 파이어스톤(Floyd Firestone)이 유사한 문제를 풀기 위해 고민하던 중 석영 변환기를 사용하여 금 검출을 위한 펄스 반향 검사법을 고안했다. 이 방법은 실질적으로 공군의 폭격기 랜딩기어의 검사에 응용되었다. 펄스 반향 검사에서는 검사하고자 하는 금속의 한쪽 편에 고주파 펄스를 발생시키고 그것이 재료의 반대편에서 반사되어 돌아오는 것을 검출한다. 이때 결함이 중간에 있으면 거기에서 반사가 생기고 메아리가 돌아오는 시간이 달라진다. 이 시간의 변화를 검출함으로써 결함의 위치를 알 수 있다.

비파괴 검사에서 사용되는 초음파는 초음파 진단에서 사용하는 초음파에 비하여 진동수가 훨씬 높다. 그 이유는 투과해야 할 대상이 금속처럼 단단한 매질이기 때문이다. 진동수가 높은 초음파를 쓰지 않으면 음파가 재료 안에서 직진성이 떨어지고 간섭과 회절에 의해 재료에 쉽게 흡수되어 버린다. 그러므로 파장이 매우 짧은 초음파를 사용하는데, 이러한 음파들은 단단한 재료에서 잘 진행할 뿐 아니라 미세한 흠에 대해서 그 위치와 크기를 정밀하게 파악하는 데도 좋다.

비파괴 검사는 흔히 용접이 잘 이루어졌는지를 검사하는 데 많이 사용된다. 용접 부위에 초음파를 쏘면 용접 부위와 원재료가 만나는 경계면에서 초음파가 반사되어 원래의 위치로 돌아오게 되는데, 이 '메아리'를 감지할 때까지의 왕복 시간을 측정하면 용접의 두께를 파악할 수 있다. 그런데 그 중간 지점에 용접의 균열이 있다면 그 균열에서 일부 음파가 반사되어 돌아오기 때문에 균열 지점의 위치를 파악할 수 있고 정밀한 조사를 통해서 균열의 크기와 방향도 알아낼 수 있다.

초음파 진단이나 비파괴 검사, 아스딕에 의한 잠수함 탐지에는 공통점이 있다. 그것은 모두 공히 자연에 존재하는 방법, 이를테면 박쥐나 돌고래가 먹이나 다른 사물의 존재를 감지하는 방법, 즉 자신의 입에서 나오는 소리가 대상에 반사되어 돌아오는 메아리를 귀로 감지하여 대상의 위치나 형태를 파악하는 방식을 기술에 응용한 것이다. 박쥐나 돌고래도 반향 지각을 위해 초음파를 사용하고 이러한 기술들도 초음파를 사용한다는 점에서 공통점이 있다.

여기에서 한 가지 의문이 생긴다. 사람도 자연적으로 그러한 메아리에 의한 대상의 위치나 형태 파악이라는 방법을 발전시킬 수는 없었느냐는 것이다. 사람도 목소리에 의해 공간이나 사물에 대한 지각이 어느 정도 가능하다. 큰 홀에 들어가서 목소리를 낼 때와 넓은 야외에서 목소리를 낼 때 우리는 반향을 통해 공간을 지각한다. 반향 시간을 재고 눈으로 보거나 직접 걸어보는 신체 감각을 통해서 공간을 지각할 수 있다. 이러한 경험의 연속을 통해서 우리는 눈을 감고도 자신이 목소리를 낸 공간이 어느 정도 크기인지를 가늠하게 된다. 물론 반향 시간은 벽면의 상태에 따라 달라지기 때문에 이러한 감각은 사람마다 경험의 차이로 매우 주관적으로 형성될 수 있다. 그런 점에서 시각이 발달한 사람에게 반향을 이용한 공간 지각은 보조적인 수단에 불과하다. 놀라운 것은 시각 장애인의 경우에는 어떤 방에서 목소리를 내고 그 소리를 들으면 방의 폭과 길이와 높이를 어느 정도 정확하게 가늠할 수 있다고 한다. 그 정도의 감각이 있는 사람이라면 빈 방이 아니라 어떤 물건이 그 방에 놓여 있다면 그 물건의 위치를 가늠할 수도 있을 것이다. 다만 사람이 사용하는 주파수 대역이 낮기 때문에 파장이 긴 소리를 사용하여 기물의 크기와 위치를 파악하는 능력에서, 어두운 공간에 피아노 선이 복잡하게 얽혀 있어도 걸리지 않고 비행할 수 있는 박쥐와 같은 정밀성을 기대할 수는 없을 것이다. 이것은 개가 초음파를 들을 수 있는 능력을 가지고 있지만 반향 지각을 발전시키지 않은 것과 비교할 만하다. 개는 뛰어난 시각, 특히 뛰어난 후각을 가지고 있기 때문에 이러한 반향 지각과 같은 능력을 적극적으로 활용할 필요가 없었을 것이다.

제5장

말하는 기계:
기록되고 재생되는 소리

말하는 기계: 기록되고 재생되는 소리

전화기, 소리를 멀리 보내다

벨(Alexander Graham Bell, 1847~1922)은 1876년 3월 7일 전화기에 대하여 특허를 얻었다. 벨은 자신의 발명품이 전기를 이용해서 소리를 멀리 보낼 수 있는 첫 번째 장치가 아니라는 것을 알고 있었다. 벨보다 먼저 라이스(Johann Philipp Reis, 1834~1874)라는 독일의 과학자가 전기로 말을 멀리 보내는 장치를 발명했고 그 사실이 세상에 널리 알려졌다. 뿐만 아니라 벨이 특허 신청서를 내던 날인 1876년 2월 14일에 특허국을 방문한 또 한 명의 발명가가 있었다. 그는 미국의 발명가인 그레이(Elisha Gray, 1835~1901)였다. 그는 정식 특허는 아니지만 자신의 고유한 아이디어에 대해 우선권 인정을 요구하는 특허보호신청서(caveat)를 제출했다. 그의 아이디어의 핵심은 전류의 조절에 의한 소리의 전달 방법이었다. 그런데 벨의 특허 신청서에는 가변 전류에 의한 소리의 전달이라는 이 중요한 기술적 진술이 여백에 급하게 쓴 형태로 기록되어 있었다. 이것이 나중에 전화기 특허 소송에서 주목을 받게 된다.[87]

벨은 비슷한 시기에 전화기를 발명한 세 사람 중에서 음향학 지식이 가장 부족했다. 다만 그는 농아에게 말을 가르치는 일에 전문지식이 있었는데, 그의 아버지 멜빌 벨(Alexander Melvill Bell, 1819~1905)은 캐나다로 이주하기 전에 영국에서 이미 음성학 연구로 일가를 이룬 인물이었다. 벨의 아버지는 특히 농아가 말하는 법을 터득할 수 있도록 가르쳤고 아들인 벨에게도 이 분야의 지식을 전수했다. 그리하여 벨은 어린 나이에 이미 아버지를 도와 이러한 지식을 전달하는 강연을 다니고 있었다. 그가 전화기를 착안하게 된 것도 농아에게 말을 쉽게 가르칠 수 있는 방법을 연구하는 과정에서였다.

벨은 직업이 의사인 친구 블레이크(Clarence J. Blake, 1843~1919)의 소개로 자동소리기록기(photoautograph)를 접하게 되었다. 이 장치는 프랑스의 인쇄업자인 스코트(Édouard-Léon Scott de Martinville, 1817~1879)가 1857년에 발명한 것으로 소리를 기록하는 최초의 장치였다. 이 장치는 죽은 사람의 실제 귀를 사용하거나 이와 유사한 대용물로 구성되었다. 나팔 모양의 수화 장치에 말을 하면 거기에 연결되어 있는 귀의 고막이 진동하면서 거기에 연결된 청소골이 진동하고 그 진동이 레버를 움직이고 레버 끝에 달린 돼지털이 그을음이 낀 유리에 파동 형태의 무늬를 만들어 내었다. 스코트의 장치보다 더 널리 알려지고 더 널

87 구자현, 「라이스의 전화기 발명과 통화 품질의 문제」, 『한국음향학회지』 29 (2010), pp. 395-401 (398).

리 보급된 것은 쾨니히의 장치였는데, 이것은 회전하는 원통에 그을음을 씌운 종이를 말아서 사용하였다.

벨은 이 장치를 처음 보고 그것이 소리를 기록할 수 있다는 점에서 농아에게 말을 가르치는 데 유용하겠다는 생각을 했다. 그는 작은 막이 작용해서 상대적으로 무거운 뼈를 작동시키는 것에 큰 감명을 받았고 거기에서 전화기를 착안하였다. 그는 이 장치처럼 공기의 진동을 막대의 진동으로 바꾸고 그것을 다시 전기 신호로 바꿀 수 있을 것이라고 생각했다. 1874년 7월에 벨은 전화기의 원리를 떠올렸다. 이후 2년 만에 벨은 왓슨(Thomas A. Watson, 1854~1934)과 함께 전화기를 발명하게 되는데, 여기서는 음향학적 지식보다는 기계적 작동에 대한 지식이 중요한 역할을 하였다. 이러한 전문 지식을 제공해 준 사람은 그의 조수인 왓슨이었다. 왓슨은 원래 전기 공방의 능숙한 기계공이었다. 그를 스카우트한 벨은 왓슨이 자신의 아이디어를 기계로 전환하도록 했고 전화기 발명 이후 왓슨은 전화기의 성능을 향상시킬 수 있는 실제적인 아이디어를 내놓았다.

전화기 개발 초기 단계에서 벨은 전화기에 대한 자신의 아이디어를 가지고 헨리(Joseph Henry)에게 그것의 실현 가능성을 물어보았다. 그는 이 장치를 개발하기 위해서는 전기에 대한 지식이 필요할 것인데 어떻게 하면 좋겠냐고 물었다. 헨리의 대답은 단순했다. "가서 그걸 얻으시오!"(Go and get it!)

벨에게 필요한 것은 전기 지식만이 아니었다. 그에게는 연구비가 필요했는데, 벨은 그것을 다른 연구에 대한 지원으로 충당했다. 벨의 조화 전신기(harmonic telegraphy) 연구를 위하여 돈을 대기로 한 사람은 사업가로, 장차 벨의 장인이 될 허버드(Gardiner G. Hubbard, 1822~1897)였다. 조화 전신기는 음향학적 전신기(acoustic telegraphy)라고도 불리며 전신을 빠르게 주고받기 위한 것이었는데, 벨은 이 전신기를 연구하면서 전화기에 대한 아이디어를 더 구체화해 나갔다. 벨은 전화기의 실현 가능성을 발견하고 허버드에게 그것에 대한 후원을 부탁하였지만 허버드는 전화기의 실용적 가치를 대단치 않게 보고 전화기 연구를 후원하지 않았다. 그런데도 벨이 전화기에 대한 연구를 더욱 진척시키자 허버드는 계약 위반이라면서 연구비를 중단하겠다고 협박하였다. 그리하여 벨의 전화기 연구는 중단되었고 실효성을 볼 수 있는 직전 단계에서 연구는 제자리걸음을 했다.[88]

벨과 비슷한 시기에 전화기에 대한 생각에 도달한 라이스와 그레이는 벨보다 음향학이나 전기에 대한 지식이 더 많았다. 라이스는 1834년에 겔른하우젠(Gelnhausen)의 제빵 기술자 아들로 태어났으나 부모를 일찍 여의고 후견인의 도움으로 프리드리히스도르프(Friedrichsdorf)에 있는 가니어(Ganier) 학교에서 교육을 받으면서 영어와 프랑스어에 큰 관심을 가졌고 이후에 프랑크푸르트의 하셀(Hassel) 학교를 다니면서는 자연과학과 수학에 관심을 갖게 되었다. 그는 졸업 후에 프랑크푸르트에 있는 바이어바흐(J. F. Beyerbach)의 염료 회사에 들어가 도제 수업을 받으면서 개인 교사에게 물리학과 수학을 배우고 무역학교에서 뵈트거

88 John Brooks, *Telephone: The First Hundred Years* (New York: Harper & Row, 1976), pp. 43-46.

(R. Bötger) 교수의 역학 강의를 들었다. 라이스는 도제 수업을 마친 후에 학업을 계속하면서 1851년에 프랑크푸르트 물리학회의 회원이 되었고 지역 교수들에게 물리학과 화학 강의를 들으면서 과학자들과 교류하였다. 라이스는 1858년에 프리드리히스도르프의 가니어 학교의 교사가 되었으며 스스로 연구를 시작했다. 1860년에 그는 전화기에 대한 첫 연구를 시작하여 전화기를 만들었고 자신의 발명품에 '텔레폰'(Telephon)이라는 이름을 붙였다. 그는 자신의 기구가 모든 종류의 음을 동전기(galvanic current)를 통해 원하는 만큼 멀리 보낼 수 있었다고 일기에 적었다.[89]

객관적으로 평가했을 때 라이스의 전화기는 악음을 전달할 수는 있었지만 음성을 제대로 전달하지는 못했던 것 같다. 그런 이유 때문에 그는 최초의 전화기 발명가로 기억되지 못했다. 그렇지만 라이스 자신은 그러한 처사가 공정하지 않다고 생각했다. 그는 전화기 발명 직후에 여러 곳에서 자신의 발명품에 대해 알렸고 1862년에는 유명한 물리학 학술지인 포겐도르프(Johann Christian Poggendorff, 1796~1877)의 『물리 화학 연보』(*Annalen der Physik und Chemie*)에 논문을 게재하려 했으나 거절당했다. 포겐도르프는 소리를 전기로 전달한다는 것이 허무맹랑하다고 생각했기 때문이다. 라이스는 자신이 가난한 교사이기 때문에 거절당했다고 생각했다.[90] 라이스가 전화기에 대해 발표한 강연에는 여러 대학

89 구자현, 「라이스의 전화기 발명과 통화 품질의 문제」, p. 396.
90 Silvanus P. Thompson, *Philip Reis: Inventor of the Telephone* (London: E. & F. N. Spon, 1883), p. 5.

의 교수들이 참석했고 오스트리아의 황제와 바이에른의 왕이 프랑크푸르트를 방문했을 때 라이스를 찾아와 전화기의 시범을 보기도 했다. 그렇지만 그의 발명품은 정당한 인정을 받지 못했다. 프랑크푸르트 물리학회는 그 발명품에 대해서 아무런 언급을 하지 않았고 라이스는 이 학회를 탈퇴했다. 나중에 포겐도르프가 전화기에 대한 논문을 자신의 학술지에 게재해 주겠다고 통보했으나 라이스는 정중하게 거절했다. 라이스는 전화기를 가니어 학교에 기증하고 1874년에 사망했다. 1877년 유럽에 벨의 전화기가 도입되었을 때 프랑크푸르트 물리학회는 라이스의 우선권을 주장하지는 않았지만 1878년에 라이스의 묘지에 기념비를 세우고 거기에 라이스가 전화기의 발명가라고 새겨 넣었다.

그렇다면 라이스가 받았던 이러한 냉대는 어디에서 기인한 것인가? 그리고 그는 전화기를 발명한 것으로 인정을 받아야 하는가, 그렇지 않은가? 이 질문들에 답하기 위해서는 라이스가 발명한 전화기가 어떠한 원리로 작동되었는지를 알고, 그것을 벨의 장치와 비교해 볼 필요가 있다. 라이스의 전화기는 송화기와 수화기로 이루어져 있었다. 그는 다양한 형태의 송화기와 수화기를 만들었는데, 알려진 것만도 열 가지 형태의 송화기와 네 가지 형태의 수화기가 있었다. 그중에서 가장 완성도가 높은 열 번째 송화기와 네 번째 수화기의 작동 원리를 살펴보자. 라이스의 열 번째 송화기는 시장에 출시되기까지 했다. 그의 송화기는 기본적으로 소리를 감지해서 전달한다는 점에서 사람의 귀를 본뜬 형태였다.

〈그림 5-1〉에 나와 있듯이 정육면체의 상자 옆면에는 주석으로 만든 깔때기(*s*)가 있는데, 그것에 구멍이 있어 소리가 안으로 들어가 양피지

를 진동시키게 되어 있었다. 이것은 귓바퀴와 외이도를 흉내 낸 것이다. 뚜껑(*a*)에는 팽팽하게 양피지를 씌워 고막을 흉내 냈다. 그 양피지 중앙에는 금속판이 연결되어 있었고 금속판의 한쪽 끝은 전지의 단자(*d*)에 도선으로 연결되어 있었다. 양피지가 진동하면 다른 삼각도선(*b*)에 금속판의 한쪽 끝이 연결되었다 분리되었다 하면서 단속적인 전류가 만들어졌다. 상자의 또 다른 옆면에는 보조적인 장치로 전건(電鍵, key)(*e*)과 전자석(*f*)이 달려 있었다. 전건과 전자석은 전화벨의 역할을 하는 것으로, 도선의 다른 쪽 끝에 있는 수신자에게 전화를 걸기 전에 먼저 전신으로 신호를 주고받을 수 있게 설치해 놓은 것이다. 이 송화기는 불완전한 접촉점에서 가해지는 목소리에 의해 회로가 열리거나 닫혀서 전류의 흐름을 단속해 주게 되어 있었다.

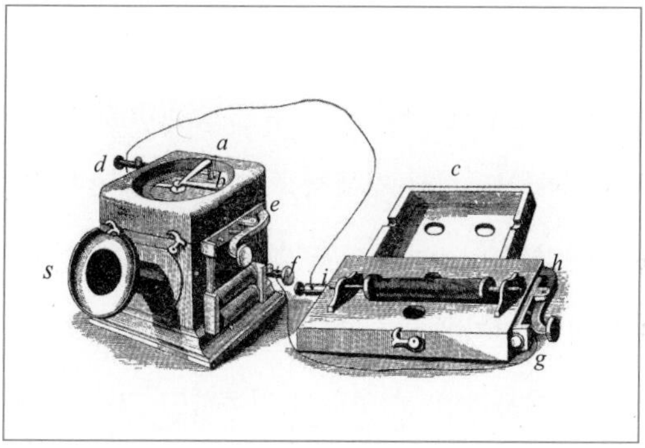

그림 5-1 라이스의 전화기: 열 번째 송화기와 네 번째 수화기

라이스의 네 번째 수화기는 뜨개바늘(knitting needle) 수화기이다. 이 모형은 뜨개바늘 크기의 금속 막대 양쪽을 받침대로 고정하고 중간

부분의 뜨개바늘은 명주실을 감은 도선으로 코일을 만들어 주어 여기에 수화기에서 들어온 단속적인 전류가 흐르면 금속 막대를 진동시키고 그 막대는 양쪽 받침대를 통해 밑에 있는 울림 상자를 진동시키고 상자 위에 뚫려 있는 두 개의 구멍에서 소리가 나와서 위에 있는 뚜껑(c)을 덮어 주면 소리가 더욱 집중되어 커지게 되어 있었다. 이때 전류가 흐르는 코일 안의 금속 막대가 진동하는 것은 자왜 효과 때문이다. 라이스는 강철 막대를 코일 속에 넣었고 코일에 흐르는 단속적인 전류에 의해 강철 막대의 자화와 탈자화가 반복되면서 막대의 팽창과 수축이 빠르게 일어난 것이다. 옆에 달려 있는 전건(h)은 음성 신호를 제대로 전달받았을 때 그 사실을 전신으로 발신자에게 알리기 위한 것이다. 두 상자를 연결하는 도선(d~i)을 길게 하면 먼 거리까지 똑같은 소리를 전달할 수 있었다.

이러한 라이스 전화기의 송화 및 수화 방식은 기본적으로 단속적 전류를 사용한다는 점에서 벨의 전화기와는 차이가 난다. 벨의 전화기는 진동하는 연속적인 전류를 사용했다. 벨은 소리자동기록기에서 인간의 고막이 소리를 받아 전달하는 것에서 힌트를 얻어 막에 부착된 금속 조각을 사용하는 전화기의 아이디어를 떠올렸다. 철 조각은 전자석 앞에 있었고 그 전자석은 전지에서 나오는 전류로 항상 자화되어 있었다. 그런데 막이 소리로 진동하면 철 조각이 진동했고 그에 따라 전자석 주위에는 진동하는 전류가 형성되었다. 이 전류가 도선을 따라 멀리 전달되었고 그 진동하는 전류가 방향에 따라 제2의 전자석을 강하게도 하고 약하게도 했으며 자기력으로 제2의 막에 부착된 철 조각을 잡아당겨서 첫 번째 막에서 일어났던 진동과 같은 막의 진동을 일으켰다. 처음에는 그

효과가 미미하여 만족스럽지 않았다.[91]

벨은 포기하지 않고 연구를 계속했다. 철 조각의 크기를 변화시킴으로써 모음을 더욱 명확하게 재생할 수 있었으나 자음은 개선되지 않았다. 진동하는 전류를 만드는 다른 방법이 시도되었다. 물이 상당한 전기 저항을 가지고 있다는 것을 이용하기로 했다. 얇은 백금선을 꽂은 코르크 마개를 막에 부착하고 그 코르크 마개를 물 위에 띄웠다. 그리하여 소리가 막을 진동시키면 코르크 마개도 물 위에서 진동하면서 물속에 잠기는 전선의 길이가 주기적으로 변화되었다. 이에 따라 전기 저항이 변화되면서 도선에 흐르는 전류가 진동했다. 벨은 다양한 액체를 가지고 실험했는데 나중에는 수은에 흑연을 담갔다. 이 방법으로 그는 모음과 자음을 전달하는 전화기를 만들 수 있었다. 이 장치를 필라델피아 100주년 기념 박람회에 출품했는데 이 장치를 보고 영국의 위대한 물리학자인 윌리엄 톰슨(켈빈 경)은 "지금까지 나온 놀라운 전신기 중에서 가장 대단하다."라고 평가했다. 이 장치가 다른 전신기처럼 말을 디지털 신호로 바꿀 필요 없이 아날로그로 바로 전달할 수 있었기 때문이다.

하지만 벨은 이 방법으로 만족스럽게 말을 전달하고 전달받을 수 없었다. 그리하여 개선된 형태로 나오게 된 것이 철 상자와 진동하는 얇은 뚜껑이었다. 이 장치에서는 얇은 막이 놋쇠 고리 위에 펼쳐져 있고 그 위에 얇은 철편(*A*)이 부착된다. 얇은 막이 진동하면서 철편을 진동시키면

91 S. Garner, *The Telephone: Its History, Construction, Principles, and Uses, with Definitive Instructions on the Making of Telephones, and to which is Added a Chapter on the Phonograph* (London: Simpkin, Marshall, and Co., 1878), pp. 10-11.

전자석(M)의 코일에 흐르는 전류에 변화가 생긴다. 이 진동하는 전류가 다른 전자석(M')의 코일에 흐르는 전류를 변화시키면 그것을 둘러싸고 있는 철 상자(I)의 얇은 뚜껑(L)이 진동하면서 소리를 발생시킨다. E와 E'처럼 접지를 해 놓으면 송화기와 수화기를 연결하는 도선은 한 가닥이면 충분하다. 접지를 통해서 회로가 닫히기 때문이다.

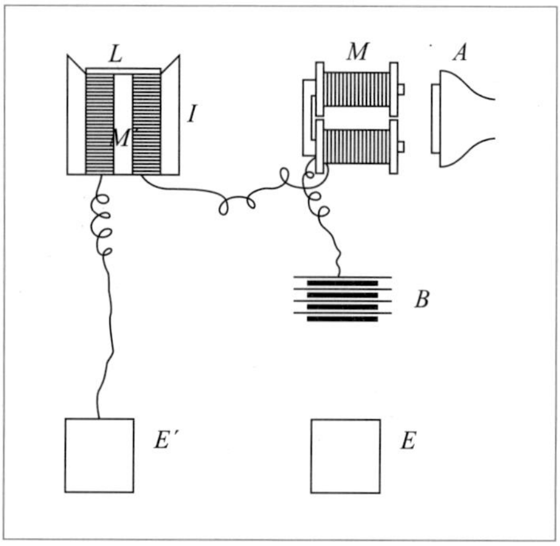

그림 5-2 벨의 철 상자와 진동하는 얇은 뚜껑

벨은 이 장치를 사용해서 분절적인 소리를 제대로 전달하고 재생할 수 있었지만 더 나은 음질을 위해 장치를 개선하는 데 매진했다. 전자석을 둘러싸고 있는 코일의 크기를 줄이면 수화기 쪽에서 더 강한 소리를 낼 수 있었고 전류의 유도를 일으키기에 충분한 양 이상으로 코일을 감는 것은 저항만 증가시키기 때문에 좋지 않다는 것도 알았다. 벨은 전자석의 크기와 세기를 변화시키다가 전자석의 심이 영구자석이면 전지(B)

는 필요하지 않다는 것도 알게 되었다. 철편을 크게 하자 소리도 커졌고 얇은 막은 필요하지 않다는 것도 알아냈다. 그리하여 송화기와 수화기의 형태는 더욱 간단해졌다.

이상에서 보았듯이 벨의 전화기는 라이스의 전화기와는 달리 연속적으로 진동하는 전류를 사용하였다. 라이스의 전화기가 끊어졌다 이어지는 단속적인 전류를 사용한 반면에, 다양한 방법을 통하여 벨이 만들어 낸 것은 언제나 파도치는 연속적인 전류였다. 이러한 가변 전류는 모음과 자음이 가진 독특한 특성을 전달할 수 있었지만 단속적인 전류로는 분절적인 언어를 제대로 전달하거나 재생할 수 없었다. 다만 송화기의 깔때기에 넣어 준 소리와 음높이가 같은 소리를 만들어 낼 수는 있었지만 목소리의 모음조차 제대로 만들어 낼 수 없었다. 모음은 구강 내에서 특정한 부분음이 강화되거나 약화되어 특징적인 패턴의 파형을 가지고 있었는데, 라이스의 전화기는 단속적인 전류를 사용했기 때문에 그것을 제대로 구현할 수 없었다.[92]

그런 점에서 보면 그레이도 벨과 마찬가지로 단속적인 전류가 아니라 진동하는 전류를 사용하였다. 벨이 특허 신청을 하던 날에 그레이도 특허보호신청을 하러 왔는데, 그때 그 신청서에는 벨의 전화기 특허와 매우 유사한 아이디어가 기록되어 있었다. 특허보호신청 제도는 현재 미국에서 실시되고 있지 않지만 당시에 특허와 관련된 근본적인 아이디어를 제출하면 그 사람에게 우선권을 보장해 주는 제도였다. 그레이는 1873

92 구자현, 「라이스의 전화기 발명과 통화 음질의 문제」, pp. 399-400.

년 겨울에 전화기 연구를 시작하였고 이듬해 어느 정도 아이디어를 완성하였다. 그는 자신의 아이디어로 만든 전화기를 가지고 유럽을 방문할 정도로 생각이 구체적이었다. 그렇지만 그는 자신과 비슷한 연구를 누군가 하고 있다는 것을 알지 못했다.

그레이가 만든 전화기는 얇은 금속으로 만든 깔때기에 크기와 무게가 다양한 라이더(rider)들이 가볍게 접촉하고 있는 형태였다. 소리가 깔때기로 들어오면 깔때기가 진동하고 그 진동에 의해 라이더와 깔때기 사이의 접촉 정도가 변하면서 다양한 세기의 전류를 보내게 되어 있었다. 이를 위해 회로의 한쪽에 전지가 설치되어 있었고 전지의 한쪽은 깔때기의 한쪽에 연결되어 있고 라이더에 이어진 도선들에 의해 회로가 완성되게 되어 있었다. 그레이는 이렇게 크기가 다른 여러 개의 라이더가 있어야 음성 속에 들어 있는 다양한 진동수의 단진동을 모두 받아들일 수 있을 것이라고 생각했다. 이러한 생각은 근본적으로 헬름홀츠가 만들었던 소리 합성기의 원리를 따른 것이었다. 헬름홀츠가 원하는 소리를 합성하기 위하여 크기가 다른 여러 개의 소리굽쇠를 진동시켰던 것처럼 그레이도 분절적인 소리 속에 들어 있는 부분음 각각을 감지할 수 있는 장치가 필요하리라고 생각했던 것이다. 이것은 과학적 탐구의 전통이 오히려 기술상의 발전을 가로막은 사례이다. 과학 지식에 충실한 사람이 실험적 실행에 충실함으로써 오히려 올바른 발명의 길에 이르지 못하게 되는 것이다.

1875년 가을까지 그런 방식의 전화기를 생각하고 있었던 그레이는 우연히 길거리에서 아이들이 깡통 밑에 구멍을 뚫고 실을 꿰어 서로 연결한 후 30m 정도의 거리에서 서로 대화를 주고받는 것을 보았다. 그레이가 신기한 눈으로 바라본 이 장난감은 2,000년 전에 중국에서 이미 알려져 있던 것이었다. 그레이는 자신이 직접 그것을 시연해 보고 전화기의 새로운 설계에 대한 힌트를 얻었다. 그렇지만 그는 당시에 조화 전신기에 대한 연구를 수행하고 있었고 그의 파트너에게 새로운 전화기에 대한 연구를 발전시켜 보자고 제안했지만 동의를 얻지 못했다. 그리하여 그는 자신의 아이디어를 정리하고 그림을 곁들여 특허보호신청을 하게 되었다.

그의 새로운 전화기 아이디어는 송화기에서 회로의 저항을 변화시키는 방식을 채용하였다. 그는 자신이 "전신을 이용해서 음성을 전송하는 새로운 기술"을 발명했다고 적었다. 그는 빈 공간의 끝에 팽팽하게 펼쳐진 막에 전기 회로의 퍼텐셜을 변화시키는 장치를 달아서 가해진 소리에 의해 진동하는 전류를 변화시키면 그 전류가 수신소(receiving station)로 전해지고 거기에 전자석을 포함하는 회로가 있어서 막에 붙어 있는 연철 조각을 흔들게 되면 역시 빈 공간의 끝에 펼쳐진 막이 진동하면서 소리를 만들어 내게 된다고 했다.

그레이가 가진 기본적인 아이디어는 벨이 생각한 것과 거의 비슷했다. 나중에 벨과 그레이가 특허 소송에서 맞붙었을 때 가변 전류(variable current)에 대한 아이디어를 누가 먼저 알았느냐가 주요 쟁점이었다. 그레이 측은 벨의 특허 신청서에는 가변 전류에 대한 언급이 여백에 기록되어 있기 때문에 이것은 나중에 첨가된 것이라고 주장하였다. 다시 말해, 벨이 그레이의 특허보호신청서를 읽었고 나중에 가변 전류에 대한 내용을 특허국 직원의 허락을 받아 여백에 적어 넣었다는 것이다. 벨은 이것을 부인했고 법원은 벨의 손을 들어 주었다. 그렇지만 벨이 특허를 제출할 시점에 그레이보다 전화의 실현 가능성에서 앞서 있지 않았던 것이 사실이다. 벨이 실제로 전화기로 음성 통화를 실현시킨 것은 특허 서류를 제출한 지 한 달이 지난 1876년 3월 10일이었다. 벨은 액체 접촉 송화기(liquid contact transmitter)에 대고 "왓슨 군, 이리로 오게. 보기를 원하네."(Watson, come here, I want to see you.)라고 말했고 왓슨은 그 음성을 다른 방에서 수화기를 통해 들었다. 그때 벨이 사용한 전송기는 그레이의 아이디어와 동일한 방식으로 작동되는 것이었다. 그렇지만 그레이는 아이디어 수준에서 특허보호신청을 한 것이고 벨은 정식으로 특허를 냈다. 실제로 작동되는 장치를 먼저 만들어 낸 사람도 벨이었기 때문에 아무리 지식이나 기술상 그레이가 앞서 있었다 하더라도 벨이 우선권을 갖는 것을 막을 수는 없었다. 그레이가 벨처럼 조화 전신기 연구를 중단하고 전화기 연구를 먼저 했더라면 전화기를 먼저 만들어 냈을 수도 있었을 것이다. 벨이 부정한 수단으로 그레이의 아이디어를 도용하거나 서류를 위조한 것이 아니라면 그의 우선권은 정당하고 벨은 운이 좋은 사람이 분명하다. 결국 벨은 엄청난 거대 산업의 선두주자로 돈과 명예를 거머쥐게 되었고 라이스와 그레이는 그에 근접한 생각과 지식을 가지고 있었지만 통화가 가능한 장치를 실현시키지 못함으로써 역사의 뒤안길로 묻히게 된 것이다.

축음기, 소리를 통에 넣다

축음기는 1877년에 에디슨(Thomas Alva Edison, 1847~1931)이 발명하였다. 간단한 기계 장치에 불과한, 이 조잡해 보이는 장치는 '소리를 기록한다'는 의미에서 포노그래프(phonograph)라는 명칭이 붙여졌다. 축음기는 에디슨의 다른 발명품처럼 시장성이 있다고 판단해 개발에 착수해서 발명에 이른 것이 아니라 다른 발명을 하다가 우연히 얻게 된 결과물이었다. 소리를 녹음한다는 것이 어떻게 세상을 바꾸어 놓을지 발명의 시점에서는 에디슨 자신도 예측하지 못했다. 에디슨의 축음기 발명 과정은 1877년에 중계 전신기(relay telegraph) 발명과 긴밀하게 연결되어 있었다. 자동으로 전신을 받고 그것을 다시 전송하는 중계 전신기의 핵심 장치는 전신 부호를 기록하는 회전 원반이었다. 에디슨은 밀랍을 먹인 종이 원반 위에 철필이 움직이면서 홈을 만들게 하고 그것을 뒤집어 돌리면 홈이 돌기로 바뀌면서 철필이 돌기를 다시 전기 신호로 바꾸어 주게 하였다. 그는 이 장치에서 힌트를 얻어 박판을 이용해 소리를 재생하는 장치를 생각해 냈다.[93]

에디슨의 완성된 축음기는 수화 장치, 기록 장치, 재생 장치 세 부분으로 이루어져 있었다. 수화 장치는 구부러진 관으로 한쪽은 소리가 들어가는 구멍이고 다른 쪽 끝은 매우 얇은 금속판으로 덮여서 소리가 들어오면 진동하게 되어 있었다. 이 금속판의 중앙에는 작은 강철 핀이 붙

93 James Burke, *Connections* (New York: Simon & Schuster, 1995), pp. 281-2.

어 있어서 판이 진동하면 진동하게 되어 있었다. 이 핀의 끝은 기록 장치의 원통에 있는 홈에 맞도록 조정되어 있었다. 기록 장치는 기본적으로 회전하는 원통으로 되어 있었다. 표면이 나선 모양인 원통은 양쪽에 축이 달려 있고 그 축은 양쪽에서 베어링에 의해 받침대 위에 올려졌다. 축의 한쪽에 손잡이가 달려 있어서 그것을 회전시키면 축에 나 있는 나선에 의해 원통이 수평으로 조금씩 움직이게 되어 있었다. 그 원통은 주석박(tin foil)처럼 부드러운 금속을 둘러서 수화 장치의 강철 핀을 주석박에 닿게 조정해 주었다. 소리가 수화 장치로 들어오면 핀이 아래위로 진동하면서 주석박에 깊이가 변하는 홈이 만들어졌다. 사람이 수화 장치의 관에 말을 하면서 핸들을 돌려 주면 문자 그대로 말이 금속 띠에 오톨도톨한 모양으로 새겨졌다. 재생 장치에는 원뿔 모양 나팔의 좁은 쪽에 종이가 팽팽하게 고정되어 있고, 그 종이의 중앙에 고정된 명주실이 수직으로 배치된 가벼운 강철 스프링에 연결되어 있었다. 이 스프링의 끝에는 뭉툭한 강철 핀이 닿아 있었다. 그리하여 강철 핀을 기록 장치의 원통 위의 홈에 닿게 하면 원통이 돌아가면서 핀이 원통의 홈에 따라 진동하고 그 핀의 진동이 스프링으로, 그다음에는 명주실로, 그다음에는 종이 막까지 전달되었다. 종이 막이 진동하면 그것이 원뿔형 나팔로 퍼져 나왔다. 원통을 원래 녹음할 때와 같은 속력으로 돌리면 같은 톤의 목소리가 나오지만 원통을 더 느리게 돌리면 톤이 내려가고 더 빨리 돌리면 톤이 올라갔다. 원뿔을 돌리는 속력을 일정하게 하기 위해서 에디슨은 태엽에 의해 장치가 작동되도록 장치를 개선했다. 이 장치를 개선하기 위해서 에디슨이 동원한 전문적인 음향학 지식은 별로 없었다. 오히려 그는 음향학 이론과 실험에 무지했기에 자기 나름의 장치를 자유롭게 고안해 만들 수 있었고 그러한 과정에서 축음기를 완성할 수 있었다.

에디슨은 원통에 소리를 기록하기 전에 테이프, 원반, 원통 등 다양한 형태를 테스트하여 그중에서 원통을 선택했다. 원통은 일정한 속력으로 회전시킬 수 있다는 장점이 있기 때문이었다. 1877년부터 1886년까지 에디슨은 전구를 만드는 데 집중하고 축음기를 개선하기 위해서는 별로 노력하지 않았다. 그 사이에 벨의 측근이었던 테인터(Charles Sumner Tainter, 1854~1940)가 축음기를 개선했다. 테인터는 에디슨과는 달리 주석박 대신에 밀랍을 씌운 원통을 가지고 더 나은 음질을 만들어 내었다. 테인터는 이 발명품에 그래포폰(Graphophone)이라는 이름을 붙여서 1886년에 특허를 신청했다. 이때까지는 축음기가 사무용 '받아쓰기 기계'로 여겨졌다. 그것이 에디슨이 생각할 수 있는 축음기의 주된 용도였다. 축음기가 오락용으로 인식되기 시작한 것은 한참 지난 뒤였다.

경쟁 제품이 출현한 것을 보고 에디슨은 1886년에 다시 축음기 개선 연구에 돌입했다. 그는 밀랍 원통을 사용하고 전동기로 회전하는 축음기를 내놓았는데, 이것은 소리 재생의 질이 훨씬 뛰어났다. 1892년에 드디어 오락용 축음기가 출시되었다. 이것은 가정용이 아니라 동전을 넣으면 음악을 들려 주는 일종의 음악 자판기였다. 녹음된 음악이 하나의 상품으로 그 가치를 처음으로 인정받게 되었다. 그리하여 축음기 제작과는 별도로 레코드를 만드는 일이 하나의 새로운 사업으로 부상하였다.

그래포폰은 별로 성공적인 제품이 되지 못했다. 그리하여 1894년에 미국 그래포폰 회사(American Graphophone Company)는 컬럼비아 그래포폰 회사(Columbia Graphophone Company)가 되어 새로운 그래포폰을 내놓았다. 이 제품은 에디슨의 축음기가 가진 특색을 그대로 많이 따왔다. 그것은 에디슨 축음기와 똑같은 규격의 원통을 사용했다. 그렇지만 그래포폰은 가정용 기기를 만들어 새로운 시장을 개척하고자 했다. 이에 맞서 에디슨도 1896년에 가정용 축음기를 내놓았다. 두 회사 제품의 판매량은 서서히 증가하였다.

1900년대에 이르러 축음기의 오락용 기기로서의 지위가 분명해지고 축음기 자체보다는 레코드 원통의 제작과 판매가 중요해졌다. 그리하여 원본(master) 원통에서 어떻게 복사본을 찍어 낼 것인가가 상업화의 관건으로 부상했다. 많은 시행착오를 거쳐서 원본 원통에 도금을 하여 금속박을 입히고 이것을 주형으로 삼아 플라스틱 원통을 찍어 내는 방법으로 좋은 레코드를 제작할 수 있었다.

1893년에 그래포폰 외에도 에디슨 축음기와 경쟁을 벌이는 또 다른 축음기로 그래모폰(Gramophone)이 등장하였다. 그래모폰은 독일 출신의 미국 기술자인 베를리너(Emil Berliner, 1851~1929)가 발명하였다. 이 축음기는 원통 대신에 7인치 직경의 원반을 사용했다는 점에서 현대적인 전축에 더 가깝지만 여전히 손잡이를 돌려서 원반을 회전시킨다는 점에서는 기술이 많이 뒤떨어져 있었다. 소리를 저장하는 방식에서는 에디슨 축음기가 수직 진동 방식이었던 반면에 그래모폰은 수평 진동 방식을 택했다. 수직 방식이 수평 방식보다 더 효과적이었지만 특허 침해를 방지하기 위해 베를리너는 수평 방식을 택했다. 그렇지만 그 선택은 장점으로 작용했다. 원반은 복사본을 만들 때 원통보다 제작이 더 용이했고 보관이나 운반을 할 때 부피를 원통보다 적게 차지했기에 이점이 있었다. 이런 이유 때문에 그래모폰은 에디슨 축음기와 경쟁할 수 있었다. 그렇지만 에디슨 축음기가 녹음 기능이 있었던 반면에 그래모폰에는 그런 기능이 없었다. 1897년에 그래모폰도 스프링 모터를 구동 방식으로 채택했고 조노폰(Zonophone)과 디스크 그래포폰 같은 다른 디스크 축음기가 출시되어 시장은 경쟁 구도가 훨씬 복잡해졌다.

곧 10인치와 12인치 원반 레코드가 출시되면서 단 2분밖에 재생이 되지 않던 에디슨 축음기를 능가하는 성능을 자랑하기 시작했다. 1908년에 에디슨이 이에 경쟁하기 위하여 내놓은 새로운 원통형 레코드 '앰버롤'(Amberol)은 더 조밀한 홈을 설정하여 재생 시간이 4분으로 늘어남으로써 경쟁력을 갖추었다. 20세기 초 10년간 많은 축음기들이 출현했지만 금방 사라진 것은 특허를 침해했다는 결정 때문이었다. 그중에서 가장 장수했던 것은 파테폰(Pathéphone)이었다. 파테폰은 원반형이었지만 수직 기록 방식을 채택했고 사파이어 침을 사용했다. 차별화를 위해 파테폰은 원반의 중심 쪽에서 녹음과 재생을 시작하여 바깥에서 마치는 방식을 택하였다. 1906년에는 나팔이 내장되어 있는 제품이 출시되었다. 빅토롤라(Victrola), 그래포놀라(Graphonola), 앰버롤라(Amberola) 등이 그것이었다. 그리하여 6년 이내에 외장 나팔은 시장에서 거의 사라졌다. 1912년에는 셀룰로이드로 만들어진 에디슨의 블루 앰버롤(Blue Amberol) 레코드가 나왔다. 그리하여 이 원통은 깨지지 않고 재생이 확실하게 되었다. 1913년에는 에디슨 다이아몬드 원반 포노

그래프가 출시되었다. 이것은 4분의 1인치의 두께에 수직 방향으로 홈이 있는 원반이었는데, 다이아몬드 침을 사용했다. 재생 능력이 우수했지만 무겁고 비싸서 얇은 셸락(shellac) 78과는 경쟁하기가 어려웠다.

1920년대 초에 기초 특허의 대부분이 만료가 되자 다른 회사들이 축음기를 생산하기 시작했고 우후죽순처럼 축음기 회사들이 생겨났다. 1920년대 중반에 이르자 라디오 방송이 도입되고 레코드 판매량이 줄었다. 이에 대응하여 레코드 회사들은 전기 레코드와 개선된 기계들을 도입했다. 음량과 음질이 개선되자 레코드와 축음기 판매량이 함께 늘어났다. 에디슨의 원통 레코드는 아직도 생산되고 있었지만 라디오의 인기와 겨루기 위해 에디슨 사는 롱플레잉(long playing) 다이아몬드 원반 레코드를 1927년에 내놓았다. 12인치 레코드의 양면에 인치당 450개의 홈이 있어 20분간 재생이 가능했다. 1929년에 대공황이 시작되면서 에디슨은 축음기 사업을 접었고 시장은 셸락 78에게 맡겨졌다.

애당초 사무용 받아쓰기 기계로 여겨졌던 축음기가 오락용이라는 새로운 용도를 발견하면서 시장이 넓어지고 그와 더불어 여러 경쟁업체들의 개입으로 기술적 진보와 발전이 더욱 활발하게 이루어졌다. 또한 축음기라는 재생용 기계의 상품으로서 가치가 새롭게 부각되었을 뿐 아니라 음반이라는 새로운 상품이 출현하고 그것 또한 새로운 시장을 창출하게 되었다.

무선 전신과 라디오의 출현

어릴 적, 라디오를 듣는 것이 하루 중에서 가장 기다리는 시간이었던 때가 있었다. 매일같이 방송되는 드라마 때문에 그 시간을 학수고대했던 기억이 난다. 요즈음 젊은이들은 라디오로 드라마를 '듣는다'는 것이 무척이나 생소할 테니 그들이 라디오 드라마의 묘미를 알 리가 없다. 성우들의 목소리 연기도 멋지지만 간간이 이어지는 효과 음향은 보이지 않는 장면을 보고 있는 듯한 착각을 불러일으킨다. 라디오 드라마는 그런 점에서 책과 유사점이 있다. 책으로 소설을 읽다 보면 영상매체와 달리 해당 장면을 상상해 가면서 읽어야 한다. 주인공의 얼굴을 자기 나름대로 상상하고 해당 장면을 자기 생각대로 그린다. 라디오 드라마를 들을 때도 똑같다. 소설책과 차이가 있다면, 문자 매체를 이용하느냐 음향매체를 이용하느냐이다. 어려서 내가 즐겨 들었던 드라마는 〈손오공〉과 〈마루치 아라치〉였다. 지금도 그 주제곡을 부를 수 있을 정도로 매일같이 한 회도 놓치지 않고 이 드라마를 들었던 기억이 난다. 어찌 되었든 라디오 드라마를 열심히 들은 아이는 상상력을 발휘하는 훈련이 되어서 그것이 두뇌 개발에 상당한 도움이 되었으리라 생각한다.

라디오의 발명은 무선 통신의 역사와 맥을 같이한다. 무선 통신의 역사에서는 전자기파의 발견이 핵심적인 사건이다. 1888년에 독일의 물리학자 헤르츠(Heinrich Hertz, 1857~1894)가 전자기파를 발견한 것은 이전까지는 생각할 수 없었던 무선 통신의 시발점이었다. 전자기파의 존재 자체가 인간에게는 알려진 적이 없었던 새로운 물리적 실체였음을 감안하면 전파 통신의 개막은 갑작스럽고도 예상하지 못했던 일이라고 보아야 할 것이다. 인간의 감각이 미치는 영역 밖에 존재하고 그러한 것이 존재하리라고는 상상하지 못했던 것을 상상하게 하고 찾아내게 되는 과정은 이론 물리학이 이룩한 놀라운 성과였다. 이러한 놀라운 성과가 이룩되는 중심에는 맥스웰(James Clerk Maxwell, 1831~1879)이라는 영국의 물리학자가 있다.

물리학이나 전자기학을 공부한 학생들은 맥스웰의 방정식에 대해서 한 번씩은 들어 보았을 것이지만 일반인들에게 맥스웰은 커피 이름일 뿐이다. 맥스웰의 이론 전자기학이 그가 살아 있는 동안에도 물리학계에서 낯설게 여겨졌다는 것은 그의 이론의 혁명성을 잘 보여 준다. 맥스웰은 전기와 자기를 연속체 물리학(continuum physics)의 관점에서 바라보았다. 이것은 뉴턴 이래 입자와 원격 작용에 익숙해 있던 유럽 대륙의 물리학자들에게는 생소하고 황당한 관점이었기에 맥스웰이 1873년에 『전기자기론』(*A Treatise on Electricity and Magnetism*)을 출판하고 한참이 지난 후에도 그들은 그 내용을 제대로 이해하지 못했다.

전자기파의 발견으로 이어진 맥스웰의 놀라운 이론 전자기학에 대해 이야기하기 전에 맥스웰의 이론의 시발점을 제공해 준 또 한 명의 위대한 영국 물리학자를 먼저 이야기해야겠다. 그 사람은 다름 아닌 패러데이(Michael Faraday, 1791~1867)이다. 패러데이는 영국의 빈천한 집안에서 태어나 고등 교육을 받지 못했지만 세계 최고의 과학자로 이름을 날린, 입지전(立志傳)의 인물이다. 그는 위대한 과학적 성과로 인하여 빅토리아 여왕이 기사 작위를 내리고자 하였으나 그것을 고사하고 'Sir

Faraday'가 아니라 'Mr. Faraday'로 남은 겸손한 사람이었다. 이러한 그의 겸손함은 그의 독실한 기독교 신앙과도 맞물려 있었다. 그는 비국교도 소수파인 샌더먼 파(Sandermanian)의 일원이었는데, 신의 창조의 비밀을 밝혀내는 것을 소명으로 받아들이고 그것을 이루기 위해 노력하였다. 그러므로 그에게 과학 활동은 신에 대한 봉사이자 사회의 유익을 추구하는 봉사 활동의 연장선상에 있었다.[94]

패러데이는 대장장이로 가사를 책임지는 아버지에게 보탬을 주기 위해 17세에 리보(George Riebau)라는 제책공의 도제로 들어가 책 만드는 법을 배우기 시작했는데, 그것이 그의 지적 욕구를 자극하는 계기가 되었다. 일을 마친 후 저녁에 책을 읽는 것을 취미로 삼았던 패러데이는 특히 과학 서적에 탐닉했다. 그는 주인의 허락을 받아, 당시 유명한 화학자였던 데이비(Humphry Davy, 1778~1829)가 자신이 근무하던 연구소인 영국 왕립 연구소(Royal Institution of Great Britain)에서 하는 정기 강연에 참석하였다. 열심히 필기를 한 패러데이는 필기한 내용으로 책을 만들어서 데이비에게 헌정했다. 이 일이 계기가 되어 데이비는 우연히 조수 자리가 비자 그 자리에 패러데이를 앉혔다. 이때부터 패러데이는 당시 첨단 과학을 차근차근 배우게 되었고 스스로 연구하는 일에도 열심을 냈다.

패러데이는 주로 전기를 사용하는 실험에서 두각을 나타냈다. 전지에서 나온 전기는 전해질용액 속을 통과시키면 전기분해를 일으키는데, 그 전기분해로 석출되는 물질의 질량이 물질마다 달랐다. 체계적인 연구를

94 구자현, 『쉬운 과학사』, pp. 184-188.

통해, 수소 1g을 얻는 데 필요한 전기의 양이 산소 8g을 생성한다는 것을 알아냈다. 이러한 관계를 물질마다 수립할 수 있었고 전기화학적 당량(electrochemical equivalence)이라는 개념을 정립하였다.

얼마 지나지 않아 패러데이는 전기와 자기의 연관에 깊은 관심을 가졌고 이러한 연구로부터 자전기(magnetoelectric) 유도 개념을 얻어 냈다. 자기력을 변화시키면 전류가 유도된다는 사실은 도선 주위에서 자석을 흔들어 줌으로써 도선에 전류를 흐르게 할 수 있다는 매우 중요한 발견이었다. 자기력선의 다발(flux)이 시간이 흐르면서 얼마나 변하느냐에 따라 발생하는 전압이 결정되었다. 이러한 사실을 개념적으로 설명하기 위하여 패러데이는 전기력선, 자기력선과 같은 역선(line of force)의 개념을 창안해 내었다. 역선이 빽빽하면 힘이 강해지고 역선이 성기면 힘이 약해진다. 역선은 갈라지거나 합쳐지지 않고 서로 나란하게 나아가며 가능한 한 서로 멀어지려고 한다. 패러데이는 이러한 독특한 성질을 갖는 선들 여러 개가 다발로 뭉쳐져 있는 모양을 머릿속에 그리고 그것을 사용하여 자신이 발견한 현상들을 설명하고자 하였다. 그리고 역선이 존재하는 공간으로서 장(field)이라는 개념도 제시하였다. 장이 성립하기 위해서는 역선을 서로 이어지게 하는 무언가, 즉 공간을 메우는 대상이 존재하여야 한다. 그러므로 공간은 아무것도 없는 비어 있는 진공 상태여서는 안 된다. 이러한 매개물의 역할을 하는 것으로 쉽게 생각할 수 있는 것은 에테르였다. 전자기적 에테르가 역선을 이어지게 하고 전자기력을 매개하는 공간이 장인 것이다. 그러므로 패러데이의 개념에서 전기력과 자기력의 전달은 비어 있는 공간을 뛰어넘어 힘이 전달되는 것이 아니라 매질에 영향을 미쳐서 하나의 끈을 형성하여 밀고 당기는 가운데 힘이 전달되는 것이다. 이러한 아이디어는 패러데이의 창의성을 보여주는 동시에, 기존의 전자기학에 익숙한 이들에게는 생소한 개념을 포함하는 것이었다. 이것은 패러데이가 당시에 정식 과학 교육을 받지 않은 가운데 자유롭게 생각할 수 있었기에 새로운 개념을 창출할 수 있었음을 보여 준다.[95]

패러데이는 역선과 장 개념을 창안했지만 수학 교육을 전혀 받은 적이 없었기 때문에 그것을 수학적으로 표현할 수는 없었다. 여기에서 패러데이의 개념들을 수학적으로 표현하고 그것을 통하여 전자기학의 체계를 새롭게 구축한 사람이 맥스웰이었다. 맥스웰은 케임브리지 대학의 수학우등졸업시험(Mathematical Tripos)에서 2등을 하여 세컨드 랭글러(Second Wrangler)라는 타이틀을 얻음으로써 탁월한 수학 실력을 인정받았다. 맥스웰은 케임브리지 대학에 들어가기 전부터 어린 나이에 이미 탁월한 수학 실력을 인정받았다.

$\nabla \cdot \mathbf{E} = \dfrac{\rho_v}{\varepsilon}$	가우스의 법칙
$\nabla \cdot \mathbf{H} = 0$	자기장을 위한 가우스의 법칙
$\nabla \times \mathbf{E} = -\mu \dfrac{\partial \mathbf{H}}{\partial t}$	패러데이의 법칙
$\nabla \times \mathbf{H} = \mathrm{J} + \varepsilon \dfrac{\partial \mathbf{E}}{\partial t}$	앙페르의 법칙

그림 5-3 맥스웰의 방정식

95 Collin A. Russell, *Michael Faraday: Physics and Faith* (Oxford: Oxford University Press, 2000), pp. 83-97.

맥스웰은 전자기적 힘을 전달하는 매질의 작용을 설명하기 위하여 역학적인 모형을 도입했으며 그러한 모형을 사용하여 수학적으로 전기장과 자기장을 개념화해 나갔다. 최종적으로 맥스웰은 전자기 현상을 포괄할 수 있는 네 개의 미분 방정식을 수립하였는데, 그 모든 것을 자신이 발견한 것은 아니고 이미 알려져 있는 개념도 있었지만 그것을 단일한 개념적 토대 위에서 정돈하고 그 사이에 대칭적 관계가 성립하도록 개념을 보정한 데에서 그의 독창성이 드러났다.

이러한 작업에서 결정적인 역할을 한 것이 변위 전류(displacement current)라는 개념이었다. 두 개의 금속판을 평행하게 마주 보도록 해 놓고 그 사이를 일정한 간격으로 유지하면서(이를 위해 보통 종이나 헝겊 등 절연체를 삽입한다) 양쪽 금속판 각각을 직류전원에 연결하면 잠시 전류가 흐르는 것을 확인할 수 있다. 이때 평행한 금속판은 축전기(capacitor)가 된다. 축전기는 전기를 저장할 수 있는 소자이다. 축전기에 전기가 저장되어 있는지 여부는 회로에서 직류전원을 떼어 내고 그 자리에 꼬마전구를 연결해 불이 켜지는지를 보면 알 수 있다.

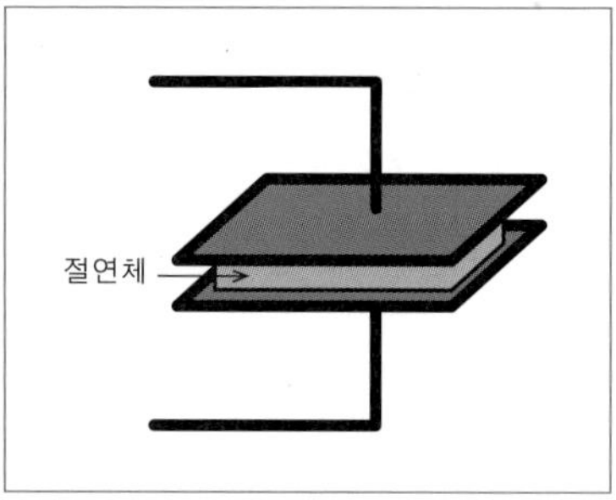

그림 5-4 평행판 축전기

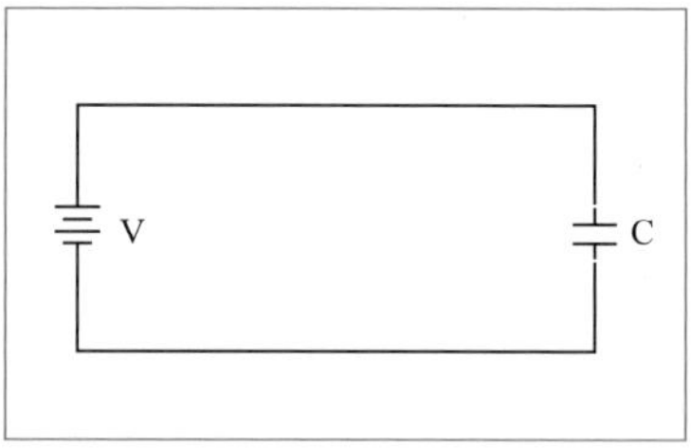

그림 5-5 축전기 회로

이 축전기 회로에서 평행한 두 금속판 사이의 공간은 전류가 흐를 수 없으므로 전체 회로는 끊어져 있는 열린회로이다. 그렇지만 끊어져 있는 회로가 축전기가 충전되는 시간에는 마치 연결되어 있는 것처럼 회로에 전류가 흐르게 된다. 또 축전기에 저장된 전기가 방전되는 동안에는 마치 회로가 연결되어 있는 것처럼 회로에 전류가 흐르게 된다. 이러한 과정에서 축전기의 평행한 금속판 사이에도 모종의 전류가 흐르는 것으로 볼 수도 있겠다는 것이 맥스웰의 착안 사항이다. 맥스웰은 변위 전류라는 것이 축전기가 충전될 때와 방전될 때 절연체를 통과하면서 형성되는 것으로 보았다. 이렇게 보면 왜 축전기가 충전될 때와 방전될 때 축전기 주위에서 마치 전류가 흐르는 도선 주위에 자기장이 형성되는 것처럼 자기장이 형성되는지를 설명할 수가 있다. 이렇게 변위 전류도 전류로 간주하면 이 회로를 설명하기 위하여 맥스웰의 방정식 중에서 '앙페르의 법칙'을 나타내는 식을 적을 수 있게 된다.

맥스웰이 전자기 현상을 포괄하는 네 개의 방정식을 수립하자 그것으로부터 온갖 전자기 현상들을 일관되게 설명할 수 있었다. 그중에서 특히 흥미로운 부분은 이 방정식들을 결합하자 2차 편미분 방정식이 만들어졌는데, 그것이 이미 음향학 분야에서 누누이 보아 왔던 익숙한 방정식의 형태를 띠었다는 점이다. 그것은 곧 파동이 전달되는 방정식, 파동 방정식이었던 것이다. 이로써 전자기적 교란이 퍼져 나가는 것을 기술해 주는 방정식이 만들어졌다. 이 파동 방정식은 전자기적 교란이 빛의 속도로 전파되어야 함을 함축하고 있었다. 이에 대하여 맥스웰은 빛이 곧 전자기적 교란의 일종이라는 과감한 주장을 펼쳤다. 인공적으로 만들어진 전자기파가 검출되고 그것이 광속으로 전달될 뿐 아니라 빛과 같이 직진하고 굴절하고 회절하며 간섭한다는 것이 밝혀짐으로써 맥스웰의 주장이 옳았음이 곧 확인되었다. 오늘날 같으면 전자기파의 존재를 예견한 맥스웰이나 전자기파를 발견한 헤르츠(Heinrich Hertz, 1857~1894) 모두 노벨상을 받아야겠지만 노벨상이 제정되려면 아직 십여 년을 기다려야 했고, 이 위대한 발견이 이루어진 1888년에 맥스웰은 이미 이 세상에 없었다. 그는 암에 걸려 1879년에 48세의 나이로 사망했기 때문에 그 당시에 노벨상이 존재했다 하더라도 맥스웰은 그것을 받지 못했을 것이다.[96]

그림 5-6 맥스웰

헤르츠는 전파 통신에 결정적인 토대가 되는 전파를 만들고 받는 기술을 창안해 낸 인물이다. 영국에 있었던 맥스웰의 추종자들은 나름대로의 방식으로 전자기적 교란의 존재를 찾아서 맥스웰을 옹호하는 데 최선

96 구자현, 『쉬운 과학사』, pp. 188-193.

을 다했지만 결국 헤르츠에게 그 영예를 양보했다. 맥스웰의 이론에 대한 이해가 부족했던 독일에서 헤르츠가 이처럼 뛰어난 성취를 이룩할 수 있었던 것은 그의 천재성과 그의 스승인 헬름홀츠의 지도가 결합한 운 좋은 결과였다. 이 천재적인 물리학자는 헬름홀츠에게는 더할 나위 없이 귀하고, 장차 자신의 뒤를 이어 독일 물리학계를 짊어지고 나갈 장래가 촉망되는 젊은 제자였다. 그러나 불행하게도 헤르츠는 자신의 뛰어난 성취로 세계적인 관심의 중심에 있었음에도 불구하고 습한 실험실에서 연구에 몰두하다가 육아종증에 걸려 결국 1894년에 36세의 젊은 나이로 사망하고 말았다.

헬름홀츠는 독일의 물리학자들 중에서 맥스웰의 이론에 우호적인 몇 안 되는 인물 중 하나였다. 그는 기존의 독일 물리학자인 프란츠 노이만(Franz Neumann, 1798~1895), 빌헬름 베버(Wilhelm Weber, 1804~1891)의 이론과 맥스웰의 이론을 화해시킬 방안을 모색하였다. 헬름홀츠의 제자가 된 헤르츠도 스승의 영향을 받아서 맥스웰의 이론을 긍정적으로 검토하였다. 이것이 계기가 되어 그는 맥스웰이 예견한 전자기적 교란을 직접 만들어 내기 위한 작업에 들어갔다. 그는 마침내 고압으로 유도된 장치에서 일어난 스파크가 떨어진 곳에 있는 원형 고리 한쪽의 열린 간극에서 스파크를 유도해 내는 방법을 찾아냄으로써 전자기파의 송신과 수신에 성공하였다. 그는 전자기파를 만들어 낸 다음에는 그것이 갖는 성질을 집중적으로 연구하여 그것이 광속으로 움직이며 빛처럼 굴절, 반사, 회절을 일으킨다는 것을 입증하였다.

헤르츠의 실험은 곧 무선 통신의 가능성과 연관되었다. 이미 유선으로 전신을 보내고 받는 방법은 실용화되었기 때문에 모스 부호를 무선으로 보내고 받을 방법만 고안하면 무선 통신이 가능할 것이었다. 이 작업에 적극적으로 개입하여 무선 통신을 성공시키고 무선 전신을 상용화한 인물은 이탈리아인 마르코니(Guglielmo Marconi, 1874~1937)였고 그는 이 공로로 1909년에 노벨 물리학상을 수상했다. 아마도 맥스웰, 헤르츠가 살아 있었다면 함께 수상했을 것이다.

마르코니는 1894년에 헤르츠의 사망으로 그의 업적이 새롭게 관심을 끄는 것을 보았다. 마르코니는 볼로냐 대학의 물리학 교수였던 리기(Augusto Righi, 1850~1920)의 지도 하에 헤르츠 파에 대하여 공부하고 그것과 관련된 실험을 수행하였다. 그는 자신의 집에 실험 설비를 갖추어 놓고 집사의 도움을 받아 실험을 하였다. 그는 이때부터 무선으로 전신을 실현시킬 목표를 가지고 있었다. 이미 무선 통신에 관심을 가지고 연구를 수행한 사람들이 있었지만 상업적 장치를 만드는 데 성공한 사람은 없었다. 마르코니는 헤르츠의 것처럼 스파크를 일으키는 간격이 있는 전송기를 썼다. 그는 전송기에서 전건(電鍵)으로 모스 부호를 보내고 수신기에서는 종이 테이프에 모스 부호를 기록하기를 원했다. 다른 이들은 비슷한 장치로 몇 백 미터 정도까지만 신호를 보낼 수 있었다. 1894년 12월에 마르코니가 자신의 장비를 아버지에게 보여 주자 아버지는 지갑에 있는 돈을 모두 아들에게 주었고 그는 더 좋은 장비를 구입할 수 있었다.

이듬해 여름 마르코니는 장비를 바깥으로 가져가 안테나를 땅 위에 높이 세워 2.4km까지 신호를 보낼 수 있었다. 그는 더 많은 돈을 투입하면 더 나은 장치를 만들어 상업적으로나 군사적으로 성공할 수 있을 것이라고 생각했다. 그는 우편 전신부에 도움을 요청하는 편지를 썼지만 거절당했고 1896년에 가족의 친구의 추천을 받아 영국으로 가서 도움을 청하기로 하였다. 주영 이탈리아 대사 페레로(Annibale Ferrero, 1839~1902)에게 편지를 보내 도움을 청하자 페레로는 우호적인 반응을 보이며 마르코니에게 특허를 내기까지 비밀을 지킬 것과 영국으로 올 것을 권했다. 영국에 간 마르코니는 여러 곳에서 지원을 받으면서 신호의 도달 거리를 점차 늘려 갔다. 그는 영국 우편국의 관리였던 프리스(Sir William Henry Preece, 1834~1913)의 추천을 받아 1896년에는 토인비홀(Toynbee Hall)에서, 1897년에는 영국 왕립 연구소에서 영국의 지식 대중에게 무선 전신에 대해 강연하였다. 1899년에는 영국 해협(English Channel)을 전파가 건넜고, 그해 가을에는 미국에서 최초의 시범이 있었다.

1901년 12월에 영국의 남서부인 콘월(Cornwall)의 폴두(Poldhu)에서 송신한 무선 신호를 캐나다의 뉴펀들랜드 세인트존스(St. John's, Newfoundland)에서 수신하였다. 대서양 횡단 무선 통신이 최초로 이루어진 것이다. 이때 150m의 안테나가 연(kite)의 도움을 받아 세워졌다. 두 지점 간의 거리는 3,500km에 달했다. 낮 시간에 파장이 350m 정도인 신호를 보내는 것은 쉽지 않았고, 모스 부호의 S에 해당하는 세 번 클릭이 반복해서 송신되었지만 간헐적으로 신호가 수신되었다. 그리하여 무선 통신의 실효성에 대한 의심이 계속 일어났다. 그렇지만 마르코니의 노력은 계속되었고, 1903년 1월 13일에 시어도어 루스벨트(Theodore Roosevelt) 대통령이 매사추세츠 주의 사우스 웰플릿(South Wellfleet)

근처의 무선국(station)에서 영국의 에드워드 7세에게 새해 인사를 보냈다. 이것은 아메리카에서 유럽으로 보낸 최초의 무선 통신이었다. 마르코니는 대서양 양안에 계속 무선국을 세웠고 거기에서 대서양에 떠 있는 배들과 신호를 주고받았다. 1904년에 밤새 나온 뉴스를 요약하여 무선으로 배에 보내 주는 서비스를 시작하였다. 1907년에는 정규화된 대서양 횡단 무선 통신 서비스를 공식적으로 시행하였다. 그렇지만 마르코니는 스파크 전송기를 사용했기 때문에 더 효과적이면서 소리를 보낼 수도 있는 연속 신호를 보내지 못했다. 그런 점에서 그의 기술은 보수적이었다. 1915년에 늦게나마 마르코니 회사는 연속 신호를 보내는 장치로 전환하였다. 이로써 1920년에 진공관 전송기를 써서 영국에서 첫 오락 라디오 방송이 시작되었다.

최초의 음향 무선 전송은 1900년 12월 23일에 캐나다의 발명가인 페센덴(Reginald A. Fessenden, 1866~1932)이 수행하였다. 그는 워싱턴 D. C.에서 80km 떨어진 락 포인트(Rock Point)라는 곳에서 고주파 스파크 전송기를 이용해서 사람의 말을 처음으로 무선으로 전송하였다. 그는 전송지로부터 1.6km 떨어진 지점에 수신기를 설치하였는데, 말소리가 너무 많이 왜곡되어서 실용성을 보장할 수 없었다. 그렇지만 그 실험을 통해 페센덴은 개선이 이루어지면 라디오 신호로 목소리를 전달할 수 있다는 확신을 얻었다. 이 즈음에 페센덴은 특허 권리 때문에 그의 동업자와 다투느라 어려움을 겪고 있었는데, 다행히 부유한 펜실베이니아의 사업가 두 명에게 지원을 받아 미국전기신호회사(NESCO, National Electric Signal Company)를 설립할 수 있었다. 페센덴은 무선 전신을 위한 회전 스파크 전송기(rotary spark transmitter)와 무선 전화를 위한 연속파 전송기를 함께 연구하면서 음질을 높이려면 스파크 대신에 연속파를 사용해야 한다는 것을 알게 된다. 그는 고주파 교류 전송기를 설계하고 제작하기 위해 제너럴 일렉트릭(General Electric)과 계약을 체결했다. 연속파 전송 아이디어 자체가 당시로서는 혁신적인 것이었다. 라디오파를 만들어 내는 유일한 방법이 전기 스파크라고만 알려져 있던 때였으므로 페센덴은 이러한 허황되어 보이는 노력 때문에 조소를 받았다.

1906년에 대서양 횡단 양방향 무선 전신을 시도하였던 페센덴은 계약자의 태만으로 계획이 실패하자 한 번의 진동에서 사인파를 하나 만들어 내는 연속파 전송기 실용화에 더 매진하였다. 몇 백 Hz의 교류를 몇 만 Hz의 고주파 교류 전류로 변환해야 효과적으로 정보를 전달할 수 있었다. 페센덴은 라디오 주파수 운반자(carrier) 전파에 소리를 올리기 위해서 에디슨의 탄소 마이크를 사용하여 필요한 진폭 변조(AM, amplitude modulation)를 일으킬 수 있었고 1906년 8월에 GE는 5만 Hz의 전송기를 페센덴에게 납품했다. 그렇지만 그것은 전파가 약한 것이 문제였다. 페센덴은 브랜트 락(Brant Rock)에서 그해 크리스마스 이브에 그 교류 전송기를 이용해서 불특정의 무선 전신용 수신기를 향하여 육성과 음악을 담은 방송을 내보냈다. 그 결과 8km 떨어진 선박에서 감도가 좋다는 첫 청취 소감을 받았고 수십 km까지 신호가 닿았다.

1907년에 미국의 기술자 디포리스트(Lee de Forest, 1873~1961)는 3극 진공관을 발명하여 라디오에 없어서는 안 되는 연속 전파 발생과 변조장치 발전의 기틀을 마련하였다. 3극 진공관은 증폭 기능이 있어서 라디오 수신기에서 미세한 전류 신호를 수신하여 그것을 증폭한 다음, 소리 신호로 쉽게 바꿀 수 있게 된 것이다. 이 기술을 바탕으로 디포리스트는 라디오 전화(radio telephone)를 통해 곧 뉴욕과 그 인근에 음악 방송을 할 수 있다고 발표했다. 1908년에 디포리스트는 시험 삼아 파리의 에펠탑 위에서 오페라가 녹음된 레코드를 틀고 그것을 전파에 실어 송출했다. 그러나 이것은 대중을 위한 방송은 아니었다. 이것을 들은 이들은 전파 수신기를 갖고 있었던 주변에 있는 아마추어 무선사들이었다. 드디어 1910년 1월 13일, 대중을 대상으로 한 첫 라디오 방송이 이루어졌다. 뉴욕시 메트로폴리탄 오페라 하우스(Metropolitan Opera House)의 공연이 송출되었는데, 방송을 수행한 회사는 디포리스트 라디오 전화 회사(De Forest Radio Telephone Company)였다. 이때에는 라디오가 '라디오 전화'(radio telephone)라고 불렸다. 디포리스트는 '무선'(wireless)이라는 말을 싫어해 '라디오'(radio)라는 말을 만들었다. 그러므로 '라디오 전화'는 곧 '무선 전화'를 의미했다. 카루소(Enrico Caruso, 1873~1921)와 데스틴(Emmy Destinn, 1878~1930)을 비롯한 몇몇 가수들이 오페라 공연에 참여하였다. 오페라 극장의 마이크들은 전화선에 의해 디포리스의 실험실로 연결되어 있어서 가수들의 노래가 전화선을 통해 실험실로 전달된 후에 그곳에서 전파에 실려 송출되었다. 대중을 향하여 송출된 첫 방송이었지만 정작 라디오 세트를 가진 사람은 별로 없었다. 디포리스트의 실험실 연구원들과 타임 스퀘어의 호텔, 뉴욕 항의 큰 배들에 있던 사람들, 뉴욕시 도처에 대기 중이던 기자들이 특수하게 마련된 라디오 세트로 방송을 들었다. 물론 일반 시민들도 그 방송을 듣도록 초청을 받았다. 그러나 그 시험 방송은 별로 성공적이지 못했다. 당시 마이크의 성능이 좋지 않았기에 무대 위의 가수들의 노랫소리를 잘 잡아내지 못했다. 무대 아래의 가수들이 직접 마이크에 대고 부르는 노랫소리는 선명하게 전달되었다. 이 행사를 위하여 상업용 라디오 세트가 뉴욕시의 라이프 빌딩에서 판매되었다. 전송기는 송출 파워가 500W여서 20km 떨어진 배 위에서도 그 방송을 들을 수 있었다. 심지어 코네티컷 주의 브리지포트(Bridgeport)에서도 방송을 들을 수 있었다. 이전에도 실험적 차원에서 음악을 송출하고 수신한 적이 여러 번 있었지만 공중을 대상으로 방송을 송출한 것은 이것이 처음이었다.

라디오 방송이 처음 이루어졌을 때 청취자는 헤드셋을 이용해서 들었다. 그러므로 한 대의 라디오로 여러 사람이 들으려면 헤드셋 여러 개를 라디오에 연결해야 했다. 그러던 것이 내장된 스피커를 통해서 듣는 것으로 바뀌었다. 소리를 증폭시킬 수 있는 기술이 발전하면서 스피커로도 공간 전체를 소리로 충분히 채울 수 있게 된 것이다. 그 덕분에 헤드셋을 여러 개 살 필요가 없어졌을 뿐 아니라 듣는 실행 자체의 성격도 바뀌었다. 그 이전까지는 라디오를 듣는 것이 파편화된 공중의 사적인 실행이었던 데 반해 이제는 공중의 집단적 실행으로 바뀌게 되었다. 이전에는 소리가 헤드셋을 통하여 각자의 귀에 도달함으로써 개인에게 사적인 경험을 초래했다면 이제는 라디오 소리가 미칠 수 있는 범위 안에서 그 공간 안에 있는 사람 모두가 하나의 청취 공간에 속하게 되었다.

이것은 19세기를 거치면서 콘서트홀에서의 음악 듣기가 바뀐 것과도 관계가 있다. 그 이전 시대와는 달리 콘서트홀에서 청중은 점차 조용해졌다. 옛날에는 연주가 진행되는 동안 돌아다녀도 되고 떠들어도 되었다. 이것은 청중이 왕족이거나 귀족이었고 음악가들은 그들에게 고용된 낮은 계급의 사람들이라는 인식과 함께, 음악은 파티를 형성하는 보조적인 요소 중 하나일 뿐이라는 인식에서는 자연스러운 것이었다. 그러던 것이 19세기를 지나면서 청중이 중간 계급으로 확대되었고 반대로 음악가들은 누군가에게 고용 계약된 기능인이라기보다는 독립된 예술가로 인식되면서 그 지위 또한 상승하였다. 이러한 맥락에서 음악은 예술로서 집중해서 들어야 할 대상으로 자리잡게 되었고, 연주가 진행되는 동안에는 조용히 자리를 지키는 것이 예의 바른 행동이란 인식이 생겨나게 되었다. 이로써 사람들은 이러한 조용하고 사색적인 콘서트 가기(concertgoing)를 통해 집단적인 음악 체험을 하게 되었다.[97]

그런 점에서 라디오를 통해서 음악을 듣는 것도 집단적인 콘서트의 변형된 형태로서 개별적인 헤드폰을 이용한 청취보다는 내장 스피커를 통한 집단적인 청취가 자연스러운 것이 되었다.

음질과의 싸움

1901년에 베를리너의 방식을 이어받은 존스턴(David V. Johnston)이 빅터 축음기 회사(Victor Talking Machine Company)를 설립하여 원반

97 Jonathan Sterne, *Audible Past: Cultural Origins of Sound Reproduction* (Durham and London: Duke University Press, 2003), p. 97.

방식의 레코드와 레코드 플레이어를 생산하였다. '그의 주인의 목소리'(His Master's Voice)라는 유명한 광고 문구와, 개가 레코드 소리를 듣는 그림이 소비자들에게 깊이 각인되면서 빅터 사는 시장에서 주목을 받았다(그림 5-7). 이 사진에는 주인과 사별한 개가 주인의 목소리가 녹음되어 나오는 레코드 소리를 듣고 주인이 직접 말하는 줄 알고 축음기 앞을 떠나지 못한다는 감동적인 사연이 담겨 있다.

그림 5-7 빅터 사의 축음기 광고 사진

1930년대에 축음기의 음질이 꾸준히 개선되었지만 축음기 자체의 발전은 별로 이루어지지 않았다. 전기 픽업을 장착한 다양한 그래모폰이 만들어졌지만 판매되는 그래모폰과 레코드의 수는 상대적으로 적었다. 오히려 휴대용 기계식 그래모폰은 1950년대까지 잘 팔렸다. 1950년대에 독일에서 LP의 라이벌로 나온 것이 테피폰(Tefifon)이었다. 이 장치는 플라스틱 테이프에 미세한 홈(microgroove)을 새겨 소리를 기록했다. 작은 카트리지가 한 시간 동안 재생되었고 더 크게 만든 것은 더 오래 재생이 가능했다. 테피폰은 스테레오 버전도 나왔고 1960년대 중반까지 출시되었다.

자기 기록 방식은 제2차 세계대전 중에 개발되었다. 1940년대 말에 자기선 레코더가 널리 사용되었다. 매초 20인치 이동하는 매우 미세한 강철선에 소리가 자기 패치로 기록되었다. 그렇지만 1950년이 되자 철사 레코더보다 더 편리한 플라스틱 자기 테이프 레코더가 나왔다. 1960년대에는 자기 테이프를 담은 콤팩트 카세트가 나왔다. 그것은 가정용 레코더로 출시되었고 더불어 음악 테이프도 함께 상용화되었으며 그것이 다음 20년 동안 자기 기록의 지배적인 형태가 되었다.

축음기의 초기 음질은 사람이 무슨 말을 하는지를 정확하게 확인하기 어려운 수준이었다. 축음기에 〈메리는 작은 양이 있었네〉와 같은 노래가 시험용으로 처음 녹음된 것은 가사와 음률이 친숙해 사람들이 기계의 부족한 부분을 기억으로 채워 넣기에 적당했기 때문이다. 이렇게 관습적인 말이나 소리를 시험용으로 사용하는 것은 소리가 재생된다는 사실을 확인시켜 주기에 용이했기 때문이다. 시험용 문구가 무슨 말인지만 알아들으면 언어의 재생 가능성이 입증되는 것이다. 그렇지만 초기의 음향 재생 장치는 그 소리를 알아듣기가 매우 어려워 그것을 사용하려면 특별한 훈련이 필요했다. 그리하여 축음기는 믿을 만한 음질이 확보되지 않은 상태에서 상용화가 먼저 이루어졌다. 그것의 첫 번째 용도는 사무용 녹음기였다. 그렇지만 1890년대에 결국 이 '말하는 기계'는 엄청난 실패에 봉착했는데, 그 이유는 이 기계가 별로 잘 작동하지 못했기 때문이다.

축음기의 음질을 개선하는 것은 오락적 용도로 축음기를 쓰는 데 있어서 매우 중요한 요소였다. 축음기는 음악가가 현장에 있는 것과 같은 효과를 내는 것이 기대되었기 때문에 기술자들은 양질의 음질을 만들어 내기 위해 많은 노력을 기울였다. 그런 점에서 판촉을 위해 직접 가수가 노래를 부르는 것인지, 축음기를 틀어 놓은 것인지를 청중이 구분하는 행사가 많이 열렸다. 이른바 '히든 싱어'의 역할을 기계에 맡긴 것이다. 1915년부터 1925년까지 에디슨 축음기 회사는 4천 회 이상의 소리 테스트를 실시했는데, 참가 인원이 수백만 명에 달했다. 이 테스트는 다음과 같이 진행되었다. 먼저 연주자가 커튼 뒤에서 연주를 하다가 축음기와 협연하고 잠시 후에는 축음기가 솔로로 연주한다. 연주가 끝나면 커튼이 걷히고 숨겨진 축음기가 공개된다. 이를 통해 대부분의 사람들은 사람이 연주하는 것과 축음기가 연주하는 것을 구분할 수 없었다고 했는데, 그것은 매우 주의 깊게 설계된 공연과 보도 통제를 통해 이루어진 것이었다. 연주에 동원된 연주자는 대개 무명이었다. 그것은 특징적인 연주 패턴을 청중이 알아차리지 못하게 하려는 의도였을 것이고 연주의 기교보다는 악보에 충실하게 연주하는 것이 테스트의 목적에 맞기 때문이었을 것이다. 게다가 무명의 연주자는 회사에서 요구하는 바를 그대로 따라 레코드 소리처럼 연주할 가능성이 더 컸다. 회사는 기자들의 행사 기사 내용을 최대한 통제했고 행사 후에는 보도자료와 광고를 내보내서 원하는 홍보 효과를 이끌어 냈다. 당시의 기술 수준으로 보아 민감한 청중이 사람의 연주와 축음기의 소리를 구분하지 못했을 리는 없지만 축음기 회사는 이러한 통제된 행사를 통해 축음기가 원음을 충실하게 재생해 낸다는 인식을 널리 퍼뜨리는 데 성공했다. 이러한 성공이 축음기와 음반이 새로운 시장을 개척하는 데 엄청난 파급 효과를 냈음은 말할 나위도 없다.

음질의 문제는 음반을 제작하는 과정에서 일찍부터 독특한 실행을 발전시켰다. 20세기 초에 최초의 음반이 나왔을 때부터 실황을 있는 그대로 녹음하는 것은 실패를 자초한다는 것이 인지되었다. 극장에서 공연이 이루어질 때 청중이 듣는 소리를 녹음하기 위해 청중의 위치에 마이크를 놓고 녹음을 하면 마이크는 사람의 귀가 듣는 소리를 전혀 잡아내지 못했다. 그리하여 녹음 기술자들은 원하는 음질의 음반을 녹음하기 위해서는 스튜디오와 같은 독특하고 고립된 환경이 필요하다는 것을 알았다. 주위의 소음에서 되도록 멀리 떨어진 장소를 찾아내고 주위의 소음이 없는 시간을 이용해서 녹음해야 한다는 것을 안 것이다. 방음 시설을 해야 한다는 것도 곧 인식되면서 효과적인 방음 기술에 대한 연구도 급속도로 진전되었다. 이러한 독특한 녹음 공간으로서 스튜디오는 녹음 시설을 가까이 두고 필요한 곳에 마이크를 장치하여 원하는 음질의 음반을 제작하는 데 용이하게 조직될 수 있었다. 그에 비하여 극장이나 야외는 예상하지 못한 소리가 마이크에 잡히고 원하는 소리가 잘 잡히지 않는 문제를 풀기에 쉽지 않은 공간이라는 것도 알게 되었다.

부자연스러운 것은 공간만이 아니었다. 녹음을 잘하기 위해서는 녹음하는 사람도 녹음 장치에 맞추어 자신을 인위적으로 바꾸어야 했다. 녹음이 잘 이루어지게 하기 위해서는 소리를 모으는 장치와 사람의 입의 상대적 위치를 조절해야 했는데, 이를 위해서 가수는 부자연스러운 자세로 몸을 고정시키고 노래해야 했다. 곡의 대목에 따라 음을 높이거나 강하게 할 때에는 마이크에서 멀어지고, 감미롭고 부드러운 부분을 노래할 때에는 마이크와 입의 간격을 좁게 해서 밀랍(wax)에 철필의 흔적이 잘 남도록 해야 했다. 이것을 제대로 조절하지 않으면 녹음 상태가 안 좋아졌으므로 가수는 녹음을 잘하기 위해 훈련이 필요했다. 더구나 숨소리를 크게 낸다든지 몸의 다른 부분에서 소음을 발생시키면 안 되었다. 당시 축음기는 듣고자 하는 소리는 잘 잡지 못하고 듣고 싶지 않은 소리는 잘 잡는 특성을 가지고 있었기 때문이다. 이러한 녹음 과정에서 사람이 소리를 들을 때 자연에 존재하는 소리를 있는 그대로 포착하는 것이 아니라 주의(attention)에 의해 듣고자 하는 소리에 주목한다는 심리적 청취 기법에 대한 이해가 추가로 이루어졌다. 또한 이렇게 부자연스러운 녹음 공간과 녹음 자세로부터 자연스러운 소리를 녹음할 수 있다는 것에서 녹음이라는 것은 자연을 있는 그대로 포착하는 것이 아니라 원하는 모습으로 포착하기 위해 인위적인 조작이 들어가야 하는 기술이며, 녹음을 하는 사람의 가치관과 미적 기준에 따라 원하는 측면이 강조되고 변형된다는 점에서 그 자체가 하나의 예술이 되었다.

음질의 문제는 전화 기술에서도 중요한 해결 과제였다. 처음에 벨이 전화기를 발명하고 왓슨과 함께 수많은 순회강연을 다니면서 전화기가 사람의 말을 전달할 수 있다는 것을 보이기 위해 노력했다. 그렇지만 그 당시 전화기는 성능이 그렇게 좋지 못해서 알아들을 수 없는 웅웅거림으로 들리는 경우가 많았기 때문에 전화로 전달하기 쉬운 문구를 택해야 했다. 그리하여 강연장에 놓인 전화기 저쪽의 왓슨은 "내 말 알아듣겠어요?"라든지 "전화기에 대해서 어떻게 생각하세요?"와 같은 소리를 외쳤다. 사람들이 전화기의 작동을 확인하고 그것의 실용성을 인정해 주는 것은 이후 전화기술의 발전을 위해 더없이 중요했다. 전화를 사업화하고자 하는 사람들은 전화의 실효성을 부각시키기 위해 노력했고, 특히 외국인들에게는 전화기가 영어 외에 그들의 말도 전달할 수 있다는 것을 확인시켜 주어야 했다.

전화기가 상용화되고 AT&T가 미국 전화망의 대부분을 지배하게 되었을 때 이 회사에 소속된 벨 연구소(Bell Laboratories)는 더 나은 음질을 확보하기 위하여 많은 연구를 수행하였다. 20세기 전반에 이루어진 음질 개선을 위한 연구 작업에서는 이론 과학과 실험 과학이 모두 중요시되는 가운데, 과학이 기술상의 혁신으로 이어지는 본격적인 과학 기반 기술(science-base technology)의 모습이 나타났다. 음질 개선을 위해 노력하는 과정에서 음성학(phonetics)에 대한 지식이 더 많이 요구되었고, 음향학의 전문적인 지식이 동원되기에 이르렀다. 이 과정에서 레일리의 『음향 이론』이 새롭게 각광을 받게 된 것은 레일리의 음향학적 논의를 통해 전기적 진동에서의 문제를 상당 부분 해결할 수 있었기 때문이다.[98]

20세기 들어와 전화 기술이 비약적으로 발전했다. 미국은 전화기가 특허를 받은 국가였고 전화기가 가장 빨리 상용화되고 가장 빨리 보급된 국가였다. 이러한 과정에서 미국은 전화기술의 발전에서도 독보적으로 선도적인 역할을 했다. 1909년에 유럽에서의 통화 건수는 49억 3,700만

98 Harvey Fletcher, "Book Review of The Theory of Sound by Lord Rayleigh", *Proceeding of the Institute of Radio Engineers* 16 (1928), pp. 181-191.

건인데 비해 미국에서의 통화 건수는 126억 1,700만 건이었다. 같은 해 전 세계적으로 가설되어 있는 전화선의 길이는 2,700만 마일(4,345만 km)이었고 전신선의 길이는 750만 마일(1,200만 km)이었다. 연간 수익을 보면 1915년에 미국에서만 전화로 3억 5,000만 달러, 전신으로 1억 달러를 벌어들였다. 이 데이터는 처음에는 전신선을 빌려서 사용하던 전화기가 20세기 초에 전신을 뛰어넘어 주된 통신 수단으로 자리잡고 엄청난 경제적 파급 효과를 냈다는 것을 보여 준다. 당연히 전화 기술의 개선을 위한 연구에도 엄청나게 많은 비용이 투입되었다.

20세기 초에 전화기의 음질을 개선하기 위한 과학적 연구에 벨 연구소가 가장 앞서 갔다. 벨 연구소에는 대학에서 전기공학을 전공한 플레처(Harvey Fletcher, 1884~1981) 같은 사람들이 들어와서 수리 음향학적 지식을 바탕으로 더욱 양질의 통화 음질을 만들어 내려는 연구를 수행하였다. 전화 음질을 개선하기 위해서는 음성학에 대한 연구가 병행되어야 했다. 특정한 발음이 잘 안 들리는 현상을 해소하기 위해서는 음성의 특성을 이해할 필요가 있었기 때문이다. 플레처가 1916년부터 1949년까지 AT&T의 벨 연구소에서 도입한 사람의 청지각(auditory perception)에 대한 중요한 개념들은 현대 청음 연구의 토대가 되었으며 많은 새로운 기술의 발전에서 중요한 역할을 하였다. 1918년에 플레처는 사람이 어떻게 말소리를 듣고 이해하는지를 정량화하고 모델을 만드는 힘든 일을 시작했다. 그는 벨 연구소의 공학자들과 함께 세계에서 가장 큰 전화 네트워크에서 필요한 표준 기술을 수립하는 일을 수행했다.

유타주 프로보(Provo)에서 태어난 플레처는 아버지의 청과물 가게를 이어받으려는 소박한 꿈을 가지고 있었는데, 학교에서 과학 부문에서 뛰어난 성적을 내면서 그의 인생의 길은 조금씩 넓어지기 시작했다. 그는 브리검 영 대학(Brigham Young University)에서 우수한 성적을 얻고서 시카고 대학의 대학원에서 과학을 공부하려고 했다. 그렇지만 시카고 대학은 브리검 영 대학에서 공부한 것을 인정해 주지 않고 다시 4년의 학부 과정을 마칠 것을 요구했다. 플레처에게는 경제적으로 그럴 여유가 없었다. 그때, 당시 물리학과 조교수였던 밀리컨(Robert Millikan, 1868~1953)이 플레처의 사정을 알고 그를 특별 전형으로 받아들여 1년 과정으로 학부 과정을 보충하고 대학원에 들어올 수 있도록 배려해 주었다. 그 후 플레처는 밀리컨과 함께 연구할 수 있는 특권을 누리면서 기본 전하량을 측정하는 작업에도 참여했다.

1911년에 플레처가 졸업할 즈음에, 역시 시카고 대학을 졸업하고 MIT에서 교수를 하다가 서부 전기 회사로 온, 당시 그 회사의 부회장이었던 주윗(Frank Jewett, 1879~1949)이 전자 증폭에 대하여 공부한 학생을 밀리컨에게 추천해 달라고 했고 밀리컨은 플레처를 추천하였다. 그렇지만 플레처는 이 제안을 거절하고 자신의 모교인 브리검 영 대학 물리학과 교수로 갔다. 그곳에서 플레처는 자신의 역량을 충분히 발휘하지 못한다고 생각하고 1916년에야 다시 주윗의 부름에 응하여 서부 전기 회사 연구소에 들어갔다.[99]

그곳에서 그는 그의 멘토이자 동료인 전기 공학자 크랜들(I. B. Crandle,

99 이곳은 1925년 1월부터는 벨 연구소가 되었다.

1891~1927)과 함께 일했다. 1918년 제1차 세계대전 중에 크랜들과 플레처는 각자 연구를 수행하다가 전쟁이 끝난 후에 연구 프로그램을 통합하였다. 1927년에 크랜들이 사망하자 플레처는 그의 연구 성과를 이어받아 음향 연구소장으로서 그의 연구를 확장하고 심화하였다. 그는 1929년에 새로 설립된 미국음향학회의 초대 회장이 되었고 1933년에는 벨 연구소에서 물리 연구소장으로 승진했다. 1929년에 플레처는 그의 첫 저서인 『발화와 청취』(*Speech and Hearing*)를 출간하였는데, 그의 저서는 학계의 격찬을 받았다. 플레처가 전화 기술을 위해 주로 관심을 쏟은 것은 발화자와 청취자의 측면에서 목소리를 통한 의사소통을 향상시키는 것이었다. 그런 점에서 그는 의사소통 음향학(communication acoustics)을 개척한 사람으로 인정을 받는다.

1920년에 플레처와 그의 팀은 그 당시에 불확실하게 알려져 있었던 절대 청각역을 결정하는 일을 시작했다. 이 측정에는 압력 발생과 측정의 음향학적 기준 개발이 요구되었고 관련된 기술의 발전을 가져왔다. 1922년에 플레처는 청각역을 시험하는 장치인 오디오미터(audiometer)를 개발하기 시작했고 1926년에는 하울링(howling)의 문제, 즉 전기 음향 시스템의 양(+)의 피드백 현상을 연구했다. 이것은 네트워크 피드백을 수학적으로 연구한 최초의 사례였다.

1920년에 시작된 플레처의 발화 품질(speech quality)에 대한 연구에서는 전화 네트워크에서 발화 품질을 평가하는 문제를 해결해야 했다. 그와 그의 팀은 발화의 명료도(articulation)와 음량(loudness)을 측정하는 절차를 고안했다. 플레처가 정의한 명료도는 전화 채널에 의해 수정된 발화의 음소(phoneme)와 음절(syllable)을 음성 기호로 올바르게 나타낼 수 있는 가능성을 의미했다. 명료도는 말하는 사람, 채널, 듣는 사람의 결합된 특성으로, 내용의 이해를 요구하지 않았다. 이상적인 조건에서 명료도는 평균 98.5%였다. 반면에 이해도(intelligibility)는 전화로 전달되는 내용을 얼마나 이해할 수 있는가와 관계되었다. 그렇지만 명료도와 이해도가 항상 함께 가는 것은 아니었다. 외국어를 전달할 경우에는 명료도가 높아서 음소와 음절이 정확하게 전달되지만 내용은 전혀 이해가 안 될 수도 있었다.

플레처는 명료도를 테스트하는 표준적인 방법을 제시하였다. 그는 세계 여러 곳에서 '이해 가능성'(recognizability)을 놓고 테스트가 이루어지고 있지만 표준적인 방법이 확정되지 않아 비교가 불가능한 문제를 제기했다. 표준적인 발음을 하는 사람을 누구로 볼 것인가의 문제와 듣는 사람의 듣는 능력의 차이를 어떻게 비교할 것인가를 놓고 많은 논이가 이루어졌다. 전화 시스템에서 이해 가능성 테스트는 명료도 테스트라고 불렸다. 명료도 테스트에서 사용되는 발화는 주로 의미 없는 단음절이었다. 제대로 전달된 음절의 퍼센트를 음절 명료도(syllable articulation)라 하고 이것을 간단하게 '명료도'라고 불렀다. 음절이 잘못 전달되는 경우에는 음절을 구성하는 더 근본적인 소리 단위(곧 음소) 전달의 오류를 포함했다. 이러한 음소가 제대로 전달된 퍼센트를 소리 명료도(sound articulation)라고 불렀다. 그리고 특정한 문자에 대한 개별 소리 명료도(individual sound articulation)를 구할 수도 있었다. 가령, /b/라는 음소에 대하여 그 음이 등장한 총 횟수 중 그것을 /b/로 제대로 인지한 횟수의 비를 /b/에 대한 개별 소리 명료도라고 불렀다. 마찬가지로 자음 명료도, 모음 명료도라는 말도 썼다. 각각은 전체 자음 등장 횟수 중에서 제대로 인지된 횟수의 비율과 전체 모음 등장 횟수 중에서 제대로 인지된 횟수의 비율을 의미했다.

플레처는 이러한 개념을 단어나 문장으로 확장시켰을 때에는 더 이상 명료도라는 용어를 쓰는 것이 적절하지 않다고 보았다. 이제부터는 단어와 문장의 의미를 이해했는가를 보게 되므로 이때부터는 이해도(intelligibility)라는 말을 쓰는 것이 타당하다고 보았다. 그리하여 '단어 명료도'나 '문장 명료도'라는 말이 아니라 '단어 이해도'나 '문장 이해도'라는 용어를 제안했다. 그렇지만 어떤 단어나 문장을 테스트용으로 쓸 것인지를 결정하는 것은 어려운 문제였다. 플레처는 이러한 목적을 위하여 되도록 긴 리스트를 만드는 것이 안전하고 암기 효과를 피할 수 있다고 했다. 그런데 캠벨(G. A. Campbell)과 크랜들이 이미 음절 목록을 만든 것이 있었다. 플레처는 음절을 구성할 때 자음-모음, 모음-자음, 자음-모음-자음 등 다양하게 구성할 수 있다는 것을 인지하고 각각에 대하여 고르게 안배된 목록을 만들어야 한다는 인식에도 이르렀다. 실제로 영어에서 자주 등장하는 음절은 이러한 형태들이 모두 고르게 섞여 있다. 그렇지만 실제로 테스트용 음절을 뽑을 때에는 단순성을 위해 자음-모음-자음의 형태만을 택하기로 했다. 이를 위해 사용할 자음과 모음을 우선 확정해야 했다.

플레처가 1921년에 제시한 새로운 표준 음절 목록에는 미국음성학회가 제시한 65개의 자모음 소리보다 적은 40여 개가 제시되었다. 이것은 소리를 너무 복잡하게 구분할 필요가 없다는 판단에 따른 것이었다. 24개의 자음, 19개의 모음, 5개의 복모음(diphthong)이 포함되었다. 그 외에도 연속적인 발화라고 하여 반복해서 등장하는 소리의 연속인 /st/, /ing/ 등이 포함되었다.

새로운 표준 자음 목록을 만들 때에는 익히 알려진 단어가 목록에 포함되게 하기보다는 무작위로 뽑은 자음이나 모음으로 만든 샘플을 사용하게 했다. 그리고 테스트를 위해 피험자는 남자와 여자 각각 다섯 명으로 구성하여 성별에 따른 결과의 편향을 방지하였다. 그리고 피험자들에게는 자신이 들은 문장을 테스트 용지의 '관찰'(observed) 난에 적도록 하였다. 테스트가 끝나고 '제공'(called) 난에는 불러 준 원래의 소리가 기록되었다. 맞힌 개수를 세어서 테스트 용지 위쪽에 '소리 명료도' 난에 맞힌 퍼센트를 적었다. 실험 결과 남녀의 편향은 나타나지 않았다. 일반적으로 남성보다 여성의 목소리가 해독하기 어려운데, 특히 자음 중에 치찰음(sibilant)과 마찰음(fricative)이 더 그러했다. 그 이유는 여성의 경우에 이런 음은 미약하고 진동수가 높은 영역에 속하기 때문이었다.

그 밖에도 플레처가 한 일은 매우 다양하고 복잡해서 수행하는 데 여러 해가 걸렸지만 그것은 오늘날의 전화기가 있도록 하는 데 큰 기여를 했다. 전화로 의사소통을 원활하게 하도록 발화와 청음의 문제를 해명하는 데 그는 선구자였다. 음성학이라는 분야는 자연적 현상으로 음성에 대한 이해보다는 기술상의 발전을 얻으려는 요구에 의해 강하게 추동되었다. 과학과 기술이 수레의 두 바퀴처럼 나란히 서로를 돕는 역할을 한 사례를 여기에서 찾을 수 있다.

제6장

소리 VS 빛

소리 VS 빛

소리와 빛의 유비

유비(analogy)는 과학 탐구에서 매우 중요한 역할을 한다. 유비는 복잡한 대상을 나름대로 체계적으로 이해하려는 하나의 수단이라고 할 수 있는데, 대상을 어떤 식으로든 효과적으로 이해하고 기억하고 이용하려는 태도에서 나온 것이다. 유비는 사람의 사고 구조와 맞닿아 있기 때문에 널리 보편적으로 모든 시대를 통틀어 채용되어 온 문제 해결 방식이다. 다양한 차원의 유비를 생각할 수 있는데, 어떤 대상 사이에 유비를 통한 사고가 올바른 발견으로 인도하는 경우가 있는가 하면 오류에 빠지게 만드는 경우도 있다. 유비를 사용하면 이런저런 아이디어를 얻을 수 있다는 점에서는 도움이 많이 되지만 답을 찾는 데 믿을 만한 근거를 제시해 주는 것은 아니다. 그러므로 탐구를 시작할 때에는 유비가 가이드 역할을 하지만 이론이 성숙해 가는 과정에서는 그 역할이 미미해지는 것이 일반적이다.

역사상으로는 대우주와 소우주의 유비에 근거한 신비주의적 공감의 법칙이 유비 때문에 오도된 사례에 해당한다. 16세기에 스위스의 의사이자 연금술사인 파라켈수스(Parcelsus, 1493~1541)는 대우주로서 자연 전체와 소우주로서 인체가 유비적 관계에 있기 때문에 그 사이에 공감의 네트워크가 존재한다고 주장하였다. 그리하여 유비는 천체, 원소, 동물, 식물, 인체를 연결하는 공감의 네트워크를 구축하는 열쇠와 같은 역할을 했다. 파라켈수스는 이러한 유비에 따라 행성을 인체 장기와 연결시켰다. 가령, 목성은 간, 달은 뇌, 금성은 신장, 태양은 심장, 토성은 지라, 수성은 폐와 같은 성질을 가지고 있다고 했다. 이에 따라 행성이 가진 특성을 통해 장기의 특성을 이해할 수 있다고 보았다. 오늘날의 관점에서 보면 이러한 유비는 상상력에 의한 의미 없는 추정에 불과한 것 같지만 당시로서는 어떤 의미 체계를 구성하는 하나의 방법으로 효용이 있었다.

소리와 빛은 서양 과학의 역사에서 늘 가까운 대상으로 생각되었다. 소리에 대한 이해가 빛에 대한 이해를 가져오기도 하고 빛에 대한 이해가 소리에 대한 이해로 확장되기도 하였다. 소리와 빛은 모두 파동이라는 점에서 공통점을 갖지만 과거에는 파동이 아니라고 생각된 적도 있었고 그런 이유 때문에 다른 방식의 유비가 이루어지기도 하였다. 17세기에 뉴턴(Isaac Newton, 1642~1727)이 광학을 연구하면서 프리즘에 의해 만들어지는 색의 종류가 일곱 가지라고 한 것은 음악에서 한 옥타브 안에 들어가는 음의 수가 도(웃)[100], 레, 미, 파, 솔, 라, 시 등 일곱 개인 것

100 옛날에는 '도' 대신에 '웃'(ut)이 널리 쓰였고 '시' 대신에 '티'(ti)가 쓰이기도 했다.

을 감안해서였다. 프리즘에 의해 나타나는 색은 연속적인 분포를 보이기 때문에 정확하게 "다섯 개다, 일곱 개다"라고 말할 수 있는 성질의 것이 아니었지만 굳이 남색을 넣어서 빨강, 주황, 노랑, 초록, 파랑, 남색, 보라 등 일곱 가지 색으로 본 것은 자연의 통일성에 대한 믿음 때문이었다. 뉴턴은 빛이 입자라는 생각이 강했지만 빛이 보이는 파동성을 해명하기 위해 맥동(fit)이라는 성질을 넣었는데, 이를 통해 뉴턴의 고민을 엿볼 수 있다. 그는 빛을 파동으로 보고 공간을 메우는 입자를 생각하기보다는 공간을 비어 있는 것으로 보고 그곳을 자유자재로 날아다니는 빛 입자를 생각하는 것이 더 낫다고 보았다. 음계의 음이름을 모방해서 무지개 색에 이름을 붙인 것도 그런 고민의 반영이었다.

물리적 실체로서 빛과 소리의 유비에 그치지 않고 빛과 소리를 감지하는 감각기와 지각 과정 자체의 탐구에서도 빛과 소리의 유비는 적용되었다. 오래전부터 시각과 청각은 서로 유사한 과정을 거쳐 작동된다고 여겨졌다. 독일의 물리학자인 제벡(August Seebeck, 1805~1849)은 소리와 빛의 유비 가운데 소리에서 나타나는 공명과 유사하게 스펙트럼의 색들이 망막의 신경 속의 입자들과 공명하여 밝기를 감지한다는 주장을 제기하였다. 또한 생리광학에서 헬름홀츠가 영(Thomas Young, 1773~1829)의 삼색 수용기 이론을 받아들이는 과정에서 소리와 빛의 유비가 핵심적인 역할을 했다.[101]

레일리가 빛과 관련해서는 쉽게 관찰되는 그늘, 반사, 회절, 간섭 현상

101 Timothy Lenoir, "Helmholtz and the Materialities of Communication", *Osiris* 9 (1994), pp. 195-205.

을 소리에서도 검출하려고 애를 쓴 것은 늘 그가 빛과 소리의 유비를 생각하고 있었기 때문이다. 여러 연구자들이 소리의 파동성을 보여 주는 이러한 현상들을 검출하려고 노력하였지만 소리는 빛에 비하여 음향학적 진동에 대한 교란 요인이 많아 음파의 직진, 반사, 회절, 간섭을 명확하게 보이기 쉽지 않았다. 또한 일반적으로 음파는 빛에 비해서 파장이 길기 때문에 회절이나 간섭이 더욱 심하게 일어났고 소리의 직진성을 이용하기가 쉽지 않았다. 레일리는 광학과 음향학 두 분야에 모두 깊은 관심을 기울였고 이들 사이의 유비를 연구에 충분히 이용하였다. 그리하여 레일리는 빛의 성질로부터 소리의 성질을 실험을 통해 입증하기 위해 누구보다 많이 노력함으로써 실험 과학에 많은 발전을 가져왔다.

소리의 가시화

소리를 있는 그대로 청각적 진동으로 받아들여 청각으로 관찰하고 측정하는 데 만족하지 않고 소리를 가시화(visualization)하여 시각적 정보로 바꾸어 이해하려는 시도가 광범위하게 이루어졌다. 로마의 건축가 비트루비우스(Vitruvius)가 소리를 수면에 퍼져 나가는 물결파로 이해하려고 했을 때 이미 소리의 가시화 노력은 이루어지고 있었다. 음향학 연구자들은 소리 자체를 가시화하기 어렵다면 소리를 일으키는 진동을 가시화해 보려고 다양한 시도를 해 보았다. 그러한 장치들은 한결같이 소리를 탐구 대상으로 객관화하는 데 기여했다.

소리를 가시화한다는 말은 소리 자체를 시각적인 대체물로 표현하는 것일 수도 있고 진동 자체가 너무 빠르기 때문에 그것을 관찰할 수 있는 다른 수단을 동원하는 것을 의미할 수도 있다. 전자와 같이 소리를 시각적 대체물로 표현하는 데에는 민감 불꽃, 민감 분사물(연기와 분수), 원통 기록 장치 등이 사용되었고, 후자와 같이 빠른 진동을 관찰하는 데에는 리사주 곡선, 불꽃과 회전 거울, 스트로보스코프 등이 사용되었다.

진동의 가시화에 가장 일찍이 합류한 것은 리사주(Jules Antoine Lissajous, 1822~1880)의 비교기(comparateur)였다. 이 방법은 소리굽쇠의 한쪽 가지에 부착된 현미경의 대물렌즈와, 고정된 지지대에 부착된 경통, 접안렌즈로 구성되었다. 소리굽쇠를 진동시킨 상태에서 지지대의 접안렌즈와 진동하고 있는 대물렌즈를 통해서 정지해 있는 발광 물체를 바라보면 발광 물체의 상이 직선으로 나타났다. 현미경의 주축과 소리굽쇠의 진동 방향에 동시에 수직인 방향으로 진동하는 발광체를 현미경의 접안렌즈로 들여다보면 두 개의 직교하는 진동이 합쳐져 나타나는 리사주 곡선을 볼 수 있었다. 이 장치를 사용하면 발광체의 주기나 운동의 특징 등을 알아낼 수 있었다.

〈그림 6-1〉은 몇 가지 리사주 곡선을 보여 준다. 가로 방향과 세로 방향의 두 진동이 합쳐져서 2차원의 평면상에 일정한 궤적을 그리게 할 수 있다. 이 그림에 나오는 경우처럼 두 방향의 진동수가 정수배를 이룰 경우에는 고정된 궤적이 나타나게 된다. 그러므로 기준이 되는 진동의 진동수를 알고 있으면 비교가 되는 진동의 진동수를 알아낼 수 있다. 여기에 나타난 모든 곡선들은 닫힌 경로에 해당하므로 처음 출발할 지점에

서 다시 원래의 지점으로 돌아오기까지 가로 방향과 세로 방향으로 몇 번 진동하는지를 세어 보면 두 진동수의 비를 알 수 있다. 가령, A의 경우에는 한 점에서 출발하여 모든 경로를 다 돌아서 다시 그 점으로 돌아오기까지 가로 방향으로는 한 번, 세로 방향으로는 두 번 왕복이 일어난다. 그러므로 이때 진동수의 비는 1:2가 된다. B의 경우에는 한 점에서 출발하여 다시 그 점으로 돌아오기까지 가로 방향으로는 한 번, 세로 방향으로는 세 번 왕복이 일어난다. 그러므로 진동수의 비는 1:3이 된다. 마찬가지로 따지면 가로 운동 대 세로 운동의 진동수 비가 C는 1:4, D는 2:5, E는 3:5, F는 4:5이다.

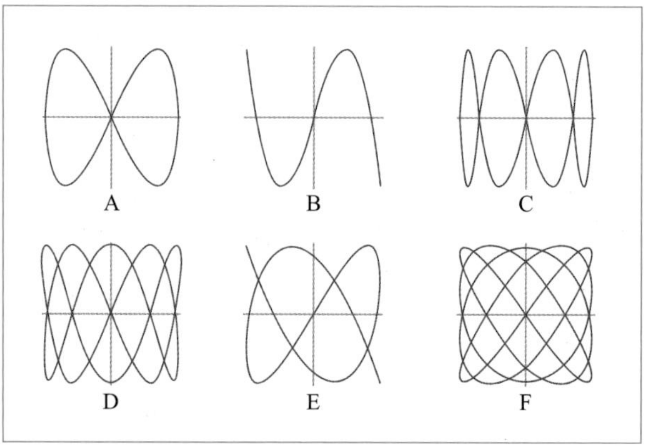

그림 6-1 리사주 곡선

비교기는 소리굽쇠가 진동하다가 멈추면 다시 소리굽쇠를 때려 주어야 해서 불편했다. 이런 문제를 단속적 전류에 의해 소리굽쇠를 지속적으로 진동시키는 방식으로 해결한 인물이 헬름홀츠였다. 헬름홀츠는 단속적인 전류에 의해 구동되는 전자석이 소리굽쇠의 가지를 잡아당기게 해서 소리굽쇠를 지속적으로 진동시켰고 소리굽쇠의 끝에 달린 접안렌즈로 진동하는 발광체를 볼 수 있게 했다. 헬름홀츠는 이 장치에 진동 현미경이라는 이름을 붙였다. 헬름홀츠는 이 장치를 써서 나타나는 리사주 곡선을 보고 바이올린 현이나 다른 진동체의 진동 모드를 알아낼 수 있었다. 그것은 진동 현미경에 장착되어 있는 소리굽쇠의 진동수를 알고 있었기 때문에 바이올린 현에 매달린 발광체가 그리는 곡선을 보면 나타나는 리사주 곡선을 보고 바이올린 현의 진동수를 알 수 있었다.

그림 6-2 진동 현미경

19세기 후반에 음향학자들은 빠르게 진동하는 물체를 볼 뿐 아니라 그것의 진동수를 잴 수 있는 장치를 고안하였다. 불꽃이 공기의 진동을 반영하여 교란될 때 그것을 볼 수 있게 해 주는 장치가 필요했다. 이를 위해 사용된 장치는 4면 회전 거울이었다. 빠르게 회전하는 4면 회전 거울에 반사되는 불꽃을 보면 불꽃이 진동하는 것이 보인다. 불꽃의 진동 주기와 거울면이 다음 거울면으로 대체되는 데 걸리는 시간이 일치하면 불꽃은 정지해 있는 것처럼 보인다. 이로써 회전 거울의 회전 주기를 알면 불꽃의 진동 주기를 알 수 있었다. 쾨니히는 공기의 진동으로 불꽃을 진동시키고 그 진동을 4면 회전 거울로 관찰함으로써 공기의 진동수를 알아낼 수 있었다.

한편 퇴플러(August Töpler, 1836~1912)에 의해 도입된 스트로보스코프(stroboscope)도 어떤 진동하는 물체든지 천천히 움직이는 모습으로 볼 수 있게 해 주었다. 스트로보스코프의 핵심은 단속적인 조망을 제공하는 것이었다. 퇴플러는 소리굽쇠의 끝에 구멍이 뚫린 원반을 장착하고 그 구멍 앞에 고정되어 있는 또 하나의 구멍을 놓아 소리굽쇠가 진동하는 동안 원반의 구멍을 통해서 진동하는 물체를 관찰하였다. 이 장치는 소리굽쇠를 계속해서 진동시키기 위한 장치가 필요했기에 퇴플러는 사이렌처럼 동심원의 형태로 구멍이 뚫린 회전하는 원반을 사용하기로 했다. 이 장치에서는 회전 운동의 주기를 일정하게 유지하는 것이 관건이었는데, 이는 작은 가감저항기(rheostat)로 속도가 조절되는 전자기적 장치에 의해 해결되었다. 퇴플러는 진동하는 불꽃처럼 빠르게 움직이는 물체를 이 장치로 들여다봄으로써 천천히 움직이는 물체를 볼 수 있었고 원반의 회전 속도를 조절하여 불꽃이 정지되어 보이도록 함으로써 불꽃의 진동수도 알아낼 수 있었다.

1883년에 미국의 물리학자 마이컬슨(Albert A. Michelson, 1852~1931)은 원반이 아니라 단속적인 조명을 이용하여 스트로보스코프를 만들었다. 주기적으로 밝아졌다가 어두워지는 조명등을 사용하면 구멍을 통해서 관찰하는 장치에 비해서 시야가 훨씬 넓다는 측면에서 장점이 많았다. 이러한 일이 가능해진 것은 가이슬러관(Geissler tube)을 이용할 수 있었기 때문이다. 가이슬러관은 독일의 과학자인 가이슬러(Heinrich Geissler, 1814~1879)가 1857년에 발명한 것으로, 밀봉된 유리관 속에 감압시킨 기체를 넣고 양쪽에 삽입한 전극에 높은 전압을 걸어 주면 안에 넣은 재료에 따라 독특한 색깔로 발광하는 관이다. 관 속에는 네온, 수은 증기, 아르곤 등의 기체가 주입되었다. 관 속에서는 높은 전압에 의해 재료 속의 전자가 유리되어 이온이 형성되었다가 다시 전자가 이온과 결합하면서 형광에 의해 빛이 난다. 이 반응이 반복해서 일어나면서 가이슬러관은 계속 빠르게 점멸하기 때문에 이를 이용하여 단속적인 조명을 할 수 있었던 것이다.

소리 그늘

빛이 비치지 않는 곳에는 그늘이 생긴다. 다른 말로는 그림자라고도 한다. 우리가 밤이라고 부르는 것은 사실 큰 그늘일 뿐이다. 햇빛이 둥근 지구를 비출 때에는 절반 밖에 비출 수 없어 절반은 빛이 이르고 절반은 빛이 이르지 못한다. 빛이 이르는 절반은 낮이고 이르지 못하는 절반은 밤이다. 밤이라는 큰 그늘 속에 들어갔다가 나오는 데 대략 열두 시간이 걸린다. 그런데 다른 그늘보다 밤이 더 어두운 이유는 무엇인가? 아무리 그늘에 있다고 해도 밤처럼 어두워 사물이 전혀 보이지 않는 것은 아니다. 이것은 그늘 안에도 빛이 도달한다는 것을 의미한다. 그늘에 빛이 많이 들어오면 그늘 속에서도 사물이 보일 것이고 그늘에 빛이 별로 들어오지 않으면 그늘이 매우 검어서 밤처럼 아무것도 보이지 않게 된다.

빛은 직진하여 그림자의 경계가 선명하게 보인다. 그렇지만 햇빛이라고 해서 전혀 회절이 안 되는 것은 아니다. 물론 빛은 소리처럼 많이 회절되지는 않는다. 소리에도 그늘이 있다. 그늘이 완벽하게 빛이 도달하지 않는 곳은 아니듯이 소리 그늘에도 소리가 전혀 도달하지 않는다고 보지는 않는다. 그러므로 그늘은 물리적 실재가 있기보다는 인간 감각과의 상호작용에서 형성되는 것이라고 보아야 한다. 그런 점에서 사람의 청각이 시각에 비하여 더 민감하다는 것이 소리 그늘이 관찰되기 어려운 이유가 된다. 기차의 기적 소리는 1km 떨어진 곳에서는 10m 밖에서 그 소리를 들을 때의 1만 분의 1로 줄어들지만 여전히 크게 들린다. 주변이 조용하다면 10km 밖에서의 기적 소리도 들린다. 이렇게 사람의 귀는 작은 소리도 잘 감지한다. 뿐만 아니라 들을 수 있는 진동수의 범위도 넓다. 사람의 귀는 16Hz에서 20,000Hz까지 듣는데, 이것은 2^{10}, 즉 10옥타브에 이르는 범위이다. 그렇지만 가시광선 영역은 넓게 잡아도 빨강색이 700nm(진동수로 4.3×10^{14}Hz)이고 보라색은 400nm(진동수로 7.5×10^{14}Hz)이다. 소리로 말하면 불과 1옥타브 정도의 좁은 범위에 이를 뿐이다. 그러므로 사람은 이 범위 안에 들지 않는 전자기파가 있는 곳에서는 어두움을 볼 뿐이다. 하지만 소리는 낮은 소리에서 높은 소리까지 10옥타브의 소리를 들으니 사람이 들을 수 있는 음파가 없는 곳을 찾기가 어렵다.

게다가 가청 주파수 범위의 소리는 우리 주변에서 많은 사물로부터 회절이 잘 된다. 소리가 도달하지 않는 지역이 있어야 소리 그늘이 생기는데, 웬만한 장애물 뒤에는 소리가 꺾여서 얼마든지 도달한다. 뿐만 아니라 우리 주변에는 빛에는 좋은 반사체가 아니지만 소리에는 좋은 반사체가 많다. 그렇기 때문에 어떤 곳에서 발생한 빛은 반사되어 그늘까지 도달하는 양이 적지만 어떤 곳에서 발생한 소리는 여러 번 반사되어 어느 곳이든지 도달한다. 따라서 과학자들은 소리 실험을 위해 한밤중에 반사체가 별로 없는 야외에서 실험을 하게 된다. 사방이 고요하다면 그곳은 소리 그늘이라고 볼 수 있다. 물론 사람의 귀에 들리지 않는 초음파가 도달할 수도 있지만 사람의 귀에 들리는 소리가 없다면 소리 그늘이 형성된 곳이라고 볼 수 있다. 그렇지만 사물과 사물이 부딪치거나 마찰을 일으키면 소리가 발생하면서 소리 그늘은 사라지게 된다. 이것은 마치 잔잔한 연못에 나뭇잎이 떨어지면서 잔물결이 일어나는 것과 같다.

앞서 논의한 대로 소리 그늘은 어떤 소리도 전혀 도달하지 않는 곳을 의미할 수도 있지만 특정한 음원에 대한 소리 그늘을 상정할 수 있다. 음원에 대하여 어떤 장애물이 있어서 그 음원에서 나온 소리가 장애물 뒤에 이르지 못한다면 그곳은 그 음원의 소리 그늘이라고 말할 수 있다. 그곳에는 다른 소리는 도달할 수도 있으나 해당 음원에서 나오는 소리는 도달하지 못한다. 음향학 실험에서 말하는 소리 그늘은 이런 의미인 경우가 많다.

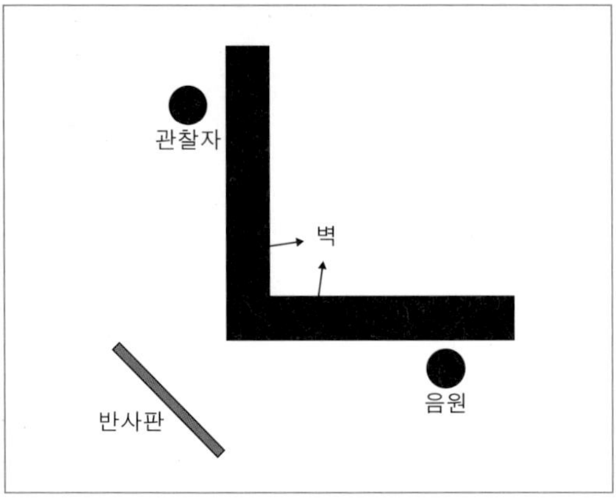

그림 6-3 레일리의 소리 그늘 실험

레일리는 1877년경에 소리 그늘이 존재하는 것을 보이는 실험을 계획하였다. 그는 주된 장애물로 큰 건물의 모서리를 선택했다. 그는 다양한 음원을 써서 소리 그늘이 형성되는 것을 확인하였다. 그가 사용한 음원에는 목소리, 소리굽쇠, 호각, 전동종 등이 있었다. 이 중에서 레일리는 전동종이 쓰기 가장 좋았다. 그가 사용한 모서리는 남서쪽을 향하고 있었고 남쪽을 향한 벽면과 서쪽을 향한 벽면의 사이에 있었다. 그는 음원을 남쪽 벽면 가까이에 놓고 관찰자는 서쪽 벽면에 기대서게 했다. 모서리에서 8 내지 10m 떨어진 남쪽 벽면 가까이에 음원을 놓고 서쪽 벽면에 있는 사람이 그 소리를 들을 수 있는지 알아보았다. 전동종을 썼을 때 관찰자는 음원의 소리를 들을 수 없었다. 그러자 레일리는 적당한 크기의 화판을 모서리에서 적당한 거리만큼 떨어진 위치에 세워서 소리가 반사되어 관찰자에게 가도록 했다. 그러자 관찰자는 소리를 들을 수 있었다.

이로써 앞서 형성되었던 소리 그늘이 사라진 것을 확인할 수 있었다.[102]

레일리는 소리의 반사가 잘 이루어지는 반사판의 상태에 대해 실험해 보았다. 그는 잡지를 잘라서 둥근 테에 붙인 종이판이 화판만큼 소리를 잘 반사하는 것을 확인했다. 이에 비해 옥양목(calico)은 반사능이 현저하게 떨어졌는데, 옥양목에 물을 축이면 반사능이 크게 개선되는 것을 확인했다. 이러한 결과들은 틴들의 실험 결과와 일치했다.

소리의 회절과 간섭

소리의 회절은 일상적으로 많이 일어나기 때문에 소리가 직진한다는 것을 오히려 알기 힘들다. 우리 주변에 많은 기물들의 변두리가 장애물이 되어 소리의 진로를 가로막을 때 소리는 장애물 뒤쪽으로 휘어져 들어간다. 그래서 담 너머에 빛은 도달하지 못하지만 소리는 도달한다. 물론 담 자체가 빛만큼 소리를 완전히 차단하지는 못한다. 그러므로 담을 투과하여 전달되는 소리도 있지만 담 너머로 휘어져 들어가는 음파가 더 강력하다. 소리의 회절은 파장이 길수록 더 심하게 일어나서 담 너머에서는 높은 음의 소리는 잘 들리지 않고 낮은 음의 소리는 잘 들린다.

이런 문제는 실제로 요즈음에 도로와 주택가 사이에 많이 설치되는 소음 장벽에서 발생하는 문제이다. 소음 장벽을 설치했을 때 장벽 바로

102 구자현, 「소리의 그늘, 반사, 간섭, 회절의 검출을 위한 레일리의 선구적 실험에 대한 연구」, 『한국음향학회지』 26 (2007), pp. 55-60 (56).

뒤에 가까이 붙어 있는 집에 진동수가 높은 소리는 잘 도달하지 못하지만 진동수가 낮은 소리는 잘 도달한다. 그러므로 이런 곳에서 더 문제가 되는 소리는 트럭이나 버스와 같은 대형차가 만들어 내는 둔탁한 소음이다. 승용차와 같은 작은 차가 내는 소리는 대형차에 비해 진동수가 높은 편인데, 이런 소리는 소음 장벽을 넘어서 별로 심하게 회절하지 않지만 저음들은 많이 회절하여 장벽 바로 아래쪽에도 미치게 된다. 그러므로 이것을 막으려면 장벽을 더 높이 또는 음원 쪽으로 휘어지게 세워야 한다.

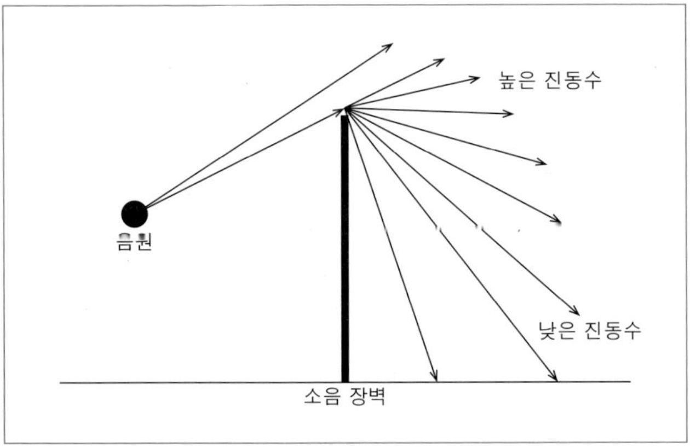

그림 6-4 소음 장벽에서의 회절

소리가 간섭을 일으킨다는 것을 체험하기는 그렇게 어렵지 않다. 진동수가 비슷한 두 현이 함께 울리면 맥놀이가 일어난다. 웅웅거리면서 소리가 커졌다 작아졌다 하는 것을 체험할 수 있다. 현을 조율할 때 맥놀이가 이용된다. 즉 기타에서 이웃하는 두 현 중 굵은 현을 짚고 두 현을 동시에 뚱겨서 같은 음이 나도록 할 때, 음이 정확하게 조율되어 있으면 맥놀이가 들리지 않는다. 그렇지만 두 음이 정확하게 같지 않아 진동수에 약간의 차이가 있으면 두 현을 함께 울릴 때 맥놀이가 일어난다. 두 현의 진동수가 차이가 많이 날수록 맥놀이는 빠르게 일어난다. 이는 맥놀이 진동수가 두 진동수의 차에 해당하기 때문이다.

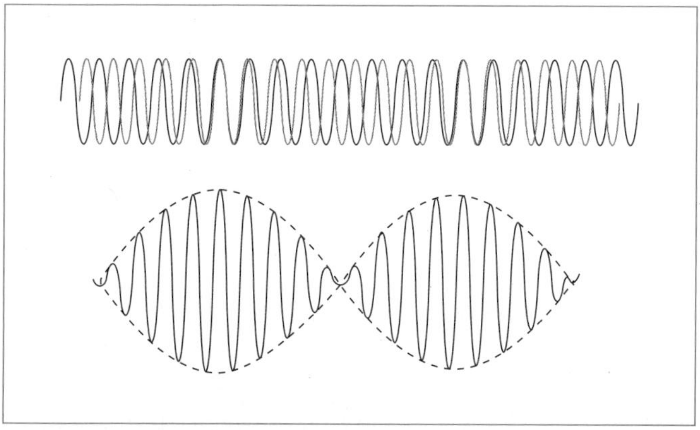

그림 6-5 맥놀이 형성

영의 간섭 실험과 같은 광학 실험에서 볼 수 있는 간섭무늬를 소리를 가지고도 만들 수 있을까? 레일리는 소리 사이의 간섭무늬를 만들어 내기 위해 T자형 관을 사용했다. 고압의 기체 노즐에 T자형 관을 꽂고 열린 양쪽 끝에는 단면이 타원인 나팔을 긴 직경이 수직이 되도록 장치하였다. 두 나팔의 간격은 40cm 정도 떨어뜨렸다. 이제 고압 노즐에서 공기가 나오면 나팔에서 소리가 나는데, 정확하게 두 나팔의 대칭선에 놓인 민감 불꽃은 교란되었다. 한쪽 나팔을 가리면 불꽃의 흔들림이 줄어드는 것에서 보강 간섭이 일어나고 있음을 알 수 있었다. 그는 T자형 관이 고정되어 있는 밑판을 약간 돌려서 민감 불꽃이 전혀 교란되지 않는 각도를 찾을 수 있었다. 그 점에서 상쇄 간섭이 일어나 침묵점이 발생했음을 알 수 있었다. 이때에도 손으로 나팔 하나를 가리면 교란이 다시 시작되는 것에서 간섭이 일어나고 있음을 확인할 수 있었다. 그 소리의 한쪽 경로에 콜로이돈 막으로 둘러싼 상자 A를 놓고 소리를 그 안에 있는 이산화탄소를 통과시키면 그 부분에서 음속이 달라지면서 민감 불꽃에 도달하는 음파의 위상이 변하게 된다. 그리하여 상쇄 간섭이 일어나던 곳이 보강 간섭이 일어나는 위치로 바뀔 수 있었다. 그다음에는 다른 쪽 경로에도 똑같은 상자 B를 놓고 소리를 그 안에 있는 이산화탄소를 통과시키면 민감 불꽃에서는 다시 상쇄 간섭이 일어나게 된다. 그런 다음 상자 A에서 이산화탄소를 빼고 공기를 주입하면 다시 보강 간섭이 일어나는 것을 확인할 수 있었다. 이러한 레일리의 실험 설계는 이미 광학 간섭 실험에서 빛의 경로에 굴절률이 다른 투명 재료를 놓아 스크린 상에서 위상차가 발생하게 한 것과 동일한 효과를 내게 되어 있다. 여기에서 레일리는 빛과 마찬가지로 소리도 간섭을 일으켜야 한다고 생각했는데, 빛과 소리의 유비가 그의 탐구 활동의 가이드 역할을 한 것이다.[103]

빛과 마찬가지로 소리도 간섭과 회절을 한다는 것이 실험으로 확증된 것은 20세기 초에 이르러서였다. 이렇게 늦은 시기에야 비로소 이러한 실험이 이루어진 것은 소리의 직진성을 보장받고, 소리 그늘을 만드는

103 같은 글, pp. 57-58.

것이 어렵기 때문이었다. 왜냐하면 소리는 너무나도 쉽게 회절을 일으키기 때문에 주변에서 오히려 소리의 그늘, 회절, 간섭을 검출하기가 어려웠던 것이다. 게다가 사람의 청각이 시각에 비해서 훨씬 폭넓은 주파수에 대하여 감각할 수 있는 능력을 갖는다는 것도 한몫했다. 그렇지만 레일리는 뛰어난 실험 설계로 이러한 난점을 극복하고 소리의 그늘, 회절, 간섭을 광학적 현상과 유비적 관계에서 밝혀낼 수 있었다.

음속과 광속

물리 상수를 측정하는 것은 그 물리 상수에 대한 인식이 우선해야 하고 측정을 위한 사전 조건이 갖추어져 있어야 가능한 일이다. 어떤 물리 상수가 존재한다는 것을 인식하고 그것을 재야 할 필요성을 느꼈다 하더라도 그것을 잴 수 있는 수단이 마련되지 않았다면 측정은 이루어질 수 없다. 음속을 재는 데 널리 사용된 가정은, 광속은 음속에 비하여 그 값이 엄청나게 커서 무한대에 가깝다고 본 것이다. 광속은 앞서 라디오에 관한 절에서 설명했던 것처럼 빛이 전자기파의 일종이라는 것이 인식되면서 19세기 말에 파동 방정식으로부터 이론적으로 유도되었다. 그렇지만 광속을 물리적으로 재려는 노력은 그 이전부터 다양하게 전개되었고 그로부터 광속이 음속에 비하여 엄청나게 크다는 것이 알려지면서 음속 측정을 위한 도구로 광속을 널리 활용하였다.

음속이 유한하다는 것은 이미 고대에도 알려져 있었다. 민감한 관찰자는 먼 거리에서 도끼로 나무를 벨 때 나무를 치는 동작이 있고 나서 한참 있다가 나무를 치는 소리가 들리는 현상으로부터 음속이 유한하다는 것을 인식하였다. 17세기에 이르러 갈릴레오는 빛의 속도를 측정할 수 있는 방안을 제시했다. 갈릴레오는 램프 두 개와 빛 가리개를 준비하여 한밤중에 높은 산에 올라가 A라는 실험자가 램프를 가렸던 가리개를 열어 램프의 불빛을 보이게 하고 멀리 떨어져 있던 B가 불빛을 보자마자 자신의 램프의 가리개를 열어 A가 빛을 보게 하면 그 거리를 왕복하는 데 걸리는 빛의 속도를 구할 수 있을 것이라고 생각했다. 이 실험이 실제로 수행되었는지는 확실하지 않지만 사람의 반응 속도가 개입하는 상황에서 충분히 먼 거리까지 빛을 전달할 수 있는 강력한 광원을 마련할 수 없다는 한계 때문에 성공할 수 없었을 것이다.

비슷한 시기에 음속을 실제로 측정한 사람은 가상디(Pierre Gassendi, 1592~1655)였다. 그는 총을 쏠 때 불빛을 보고 잠시 뒤에 총소리를 들을 수 있기 때문에 빛이 소리보다 빠르다고 확신했다. 가상디는 먼 곳에서 총을 쏠 때 불빛을 본 후에 총소리가 들릴 때까지 시간을 쟀다. 총을 쏜 곳까지의 거리를 알고 있었으므로 그는 계산을 했고 시속 1,000마일(1,609km)이라는 결과를 내놓았다. 그것은 447m/s로 너무 큰 값이었다. 소리의 속도 측정이 분명히 실용적 목적에 의해 추동된 것은 아니었다. 그런 점에서 음속은 최초로 측정된 물리 상수였다.[104]

104 Ku, Ja Hyon, "Resources for Success in Experiment: Goldingham's Measurement of the Velocity of Sound", *The Journal of the Acoustical Society of Korea* 31 (2012), pp. 253-259 (259-260).

소리의 속도에 영향을 미치는 요소에 대한 다양한 고려가 있었다. 소리의 진동수와 크기는 속도에 영향을 미치지 않는다는 것은 아리스토텔레스의 제자이자 뤼케이온의 제2대 교장이 된 테오프라스토스(Theophrastos)도 이미 알아차렸다. 그는 멀리서 음악을 들어 보았는데, 멀리서 들리는 음악이 가까이에서 듣는 음악에 비해 소리가 작아진 것 외에는 달라진 것이 없다는 사실로부터 음의 높이와 세기는 음속에 영향을 미치지 못한다는 이성적인 판단을 했다. 습도, 온도, 기압, 풍향 등의 기상 요소가 음속에 미치는 영향을 고려하여야 한다는 생각이 18세기 내내 일어났다. 그리하여 음속 측정을 행할 때 이러한 조건들을 꼭 측정하여 명시하는 일이 많아졌다. 이러한 요소들을 얼마나 민감하게 고려하였느냐가 측정의 신뢰도를 높이는 데 기여했다.

이러한 기상 요소를 모두 고려하여 가장 많은 케이스에 대하여 가장 오래 음속을 측정한 사람은 골딩햄(John Goldingham, 1767~1849)이다. 골딩햄의 방법도 기본적으로 광속과 음속의 차이를 이용한 방법이었다. 골딩햄은 영국의 식민지였던 인도에서 마드라스 군대(Madras Army)의 자원을 활용하여 음속을 측정하였고 이로부터 신뢰할 만한 데이터를 얻어 냈다. 그의 실험 보고는 1823년에 유명한 영국의 학술지인 『런던 왕립 학회 철학 회보』(*Philosophical Transactions of the Royal Society of London*)에 실렸고 이후 많은 책과 학술지와 백과사전에 언급되었다. 그는 1820년 후반부터 이듬해까지 측정한 데이터를 열한 개의 표로 정리하였다. 그렇게 오랜 기간에 걸쳐서 그렇게 많은 횟수로 음속을 측정한 사람은 없었다. 그는 1802년부터 인도 마드라스 천문대의 천문대장이었으며 국가로부터 인정받는 과학자였다. 같은 해에 그는 인도 표준시의 기초가 될 마드라스 시간을 지정했다. 영국 정부는 그의 천문 연구 활동이 국가의 이익을 위하여 봉사한다는 점을 인정해 주었다. 더구나 식민지에서 과학을 한다는 것은 식민지를 이해하고 식민지를 잘 통치하기 위한 자료를 얻는다는 측면에서도 중요했다. 그러한 노력이 영국의 과학의 깊이를 심화시키는 역할을 했다는 것은 부인할 수 없는 사실이었다. 그랬기 때문에 그는 음속 측정에 병행되는 대기 상태를 알기 위한 다양한 측정 도구들, 온도계, 기압계, 습도계를 확보할 수 있었다.

음속 측정의 토대가 된 것은 거리 측정이었다. 속도는 거리를 시간으로 나눈 값이므로 속도를 재기 위해서는 거리와 시간을 모두 재야 했다. 그런 점에서 거리를 정확하게 재는 것은 매우 중요한 문제였다. 전통적으로, 지도를 만들고 측량을 하는 것은 천문학자의 일이었다. 천문학자는 하늘의 별의 위치만을 재는 것이 아니라 땅의 거리를 재는 일도 맡았다. 천체의 운동을 잼으로써 시간의 운행을 재던 천문학자가 거리를 재는 일까지 담당하게 된 것은 거리를 재는 장비가 기본적으로 천문 장비와 다를 바가 없었기 때문이다. 삼각 측량에서 중요한 일은 각도를 재는 일이었다. 기준선의 길이를 잰 다음부터 다음 측량의 정확성을 담보하는 것은 각도를 재는 일이었다. 각도를 재는 일은 천문학에서 별과 별 사이의 각도를 재는 것으로, 이미 천문학자들 사이에서는 널리 행해지던 일이었다. 그렇게 해서 나오게 된 장비들이 육분의, 사분의, 경위의(theodolite) 등의 장치였다. 이러한 장치들의 특징은 천문 관측을 위하여 각도를 재는 장치들이라는 점이다.

하늘을 보니 지구 위에 자신의 위치를 알 수 있었다는 것은 천문학과 지리학을 연결 짓는 중요한 부분이다. 육분의로는 수평선 위에 떠오른 북극성의 고도를 측정할 수 있었다. 북극성의 고도를 측정함으로써 배가 있는 위도를 정확하게 잴 수 있었다. 여기에 추가하여 경도만 정확하게 알면 되었는데, 경도를 정확하게 알기 위해서는 정확한 시계가 필요했다. 그리하여 존 해리슨(John Harrison, 1693~1776)의 H4 시계가 나왔다. 이 해상 시계를 통해서 배가 떠나 온 모항구의 시각을 알 수 있었고 이것을 배가 있는 지역의 태양이 남중하는 시간과 비교함으로써 두 지점 사이의 경도 차이를 정확하게 알 수 있었다. 이를 통해 경도를 알게 되면 배의 정확한 위치를 파악할 수 있는 것이다. 이와 같이 항해술을 위해 필요한 천문학 지식과 기술은 음속을 측정하기 위해 요구되는 거리 측정(또는 각도 측정), 시간 측정에 필요한 것들과 사실상 같았다. 그러므로 각도와 시간의 전문가인 천문학자는 곧 음속을 측정하는 데에도 능력을 발휘할 수 있는 과학 전문가였다.

18세기 말과 19세기 초에 이브리스트(George Everest, 1790~1866)를 비롯한 많은 측량 기사들이 인도의 지도를 만들기 위한 측량 작업에 관여하였다. 이로써 인도의 전 지역을 포괄하는 지도가 제작되었다. 이로부터 알려진 지도상의 두 지점의 거리를 사전에 알 수 있었고 그 사이를 소리가 통과하는 시간을 재기 위한 방법이 고안되기만 하면 충분했다. 그렇지만 골딩햄은 거기에서 만족하지 않고 소리가 전달되는 거리를 알기 위해 직접 측량 작업을 전개하였다. 또한 시간을 재기 위한 정밀한 시계인 아놀드 시계(Arnold's chronometer)를 확보하였다. 그 밖에도 대기의 상태를 정확하게 측정하기 위한 측정 기구들이 필요하였다. 이로써 습도, 풍속, 풍향, 온도, 기압 등의 물리량을 정확하게 측정하는 작업이 병행되었다.[105] 골딩햄은 관측 결과를 분석하여 기온이 1°F 올라가면 음속은 0.36m/s 빨라지고 습도가 1도 올라가면 음속은 0.42m/s 빨라지며, 대기압이 0.1인치 올라가면 음속은 2.8m/s 올라간다고 결론지었다. 또한 온화한 바람이 소리의 방향으로 불면 음속이 3m/s 빨라진다는 것도 발견했다.

골딩햄이 소속되어 있던 마드라스 천문대에서 골딩햄은 인도인 조수 두 명에게 다음과 같이 음속을 측정하게 했다. 아침과 저녁에 북동쪽으로 8.95km 떨어져 있는 세인트 토마스 산(St. Thomas Mount)과 북서쪽으로 4.22km 떨어져 있는 세인트 조지 요새(Fort St. George)에서 대포를 쏜 다음, 대포 불빛을 본 시점부터 대포 소리를 들을 때까지 걸리는 시간을 두 사람이 동시에 측정하도록 했다. 천문대에서 두 지점까지의 거리는 정확하게 측정해 놓았기 때문에 대포 불빛을 본 시각과 대포 소리를 들은 시각을 측정하면 두 값으로부터 음속을 계산할 수 있었다. 골딩햄은 1820년부터 1년이 넘는 기간 동안 거의 매일 아침 또는 저녁에 이와 같이 음속을 측정하였다. 측정할 때마다 기온, 풍향, 습도, 기압, 날씨도 함께 기록하였다.

대포를 발사하는 데는 비용이 많이 드는데, 이렇게 장기간의 실험을

105 John Goldingham, "Experiments for ascertaining the velocity of sound at Madras in the East Indies", *Philosophical Transactions of the Royal Society* 113 (1823), pp. 98-139.

수행할 수 있었던 것은 군대의 적극적인 협조가 결정적이었다. 대포를 관찰자를 향해 놓고 매일 정해진 시각에 일정한 화약으로 발사하였다. 그러한 작업을 1년여 동안 지속한 이유는 기온과 습도, 풍향이 바뀌는 효과를 제대로 알아보기 위해서였다. 특히 이 지역은 계절풍 지대에 있었기 때문에 계절에 따라 대기 상태가 크게 차이를 보였다. 또한 천문대를 중심으로 거의 반대쪽 방향에 있는 두 지점에 음원을 둠으로써 바람의 방향이 음속에 미치는 효과를 더욱 확실히 알 수 있도록 설계하였다. 세인트 토마스 산에서 520회, 세인트 조지 요새에서 288회 대포를 발사해 그때마다 음속을 측정하였다. 골딩햄은 본토에서 임명한 공식 천문학자였기 때문에 인도 식민지 지역 정부의 도움을 받아 이러한 측정 사업을 수행할 수 있었다.

물리량의 측정이 어떤 점에서 의미가 있는지를 묻는다면 당장의 의미를 제시하기는 어려울 것이다. 그렇지만 그러한 연구조차도 충분히 가치가 있으며 그러한 연구를 통하여 쌓인 데이터가 다른 분야의 발전을 위한 초석이 되는 경우는 얼마든지 있다. 자연에 대한 총체적 이해를 위하여 정확한 상수의 확보가 중요하다는 인식이 19세기 초에 광범위하게 이루어졌다는 점이 중요했다.

음속을 측정하는 데 총이나 대포를 이용하지 않아 광속을 무한대로 상정할 필요 없이 측정이 이루어질 수 있는 방안도 다양하게 고안되었다. 이러한 방법들은 사람이 소리를 듣고 시계를 읽는 과정이 들어가기 때문에 오차가 발생하는 문제를 인식하고 그러한 오차를 줄일 수 있는 방안들을 포함하였다. 이러한 실험을 1864년에 수행한 사람은 실험의 대

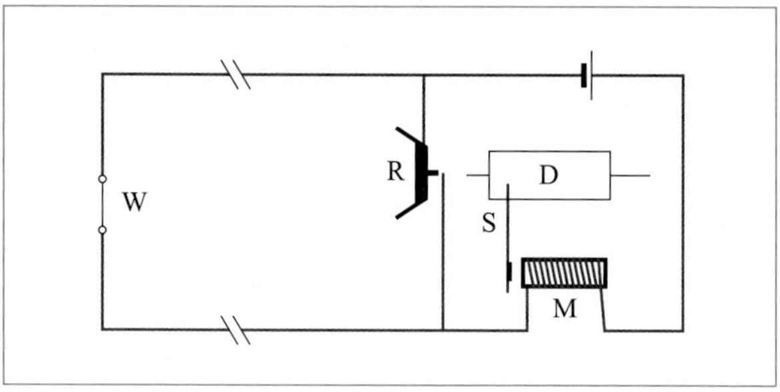

그림 6-6 르뇨의 음속 측정 장치

가로 명성을 날린 프랑스의 과학자인 르뇨(Henri Regnault 1810~1878)였다. 르뇨는 권총과 자동 회전 원통을 이용하여 사람이 소리를 듣고 시계를 읽는 인지적 과정을 개입시키지 않고 음속을 잴 수 있는 방법을 고안하였다(그림 6-6). 르뇨는 회전하는 원통 D에 종이를 감았다. 그리고 그것이 돌아갈 때 선을 그릴 수 있는 펜 S를 마련하였다. 총이 W에서 발사되면서 그곳의 회로를 끊어 놓았고 전자석 M에 의해 당겨져 있던 펜 S가 놓이면서 회전하는 원통 D 위의 종이에 선을 그리기 시작한다. 잠시 후에 소리가 박막 R에 도달하면 박막이 진동하면서 회로를 일시적으로 연결시키면서 펜 S가 다시 순간적으로 당겨져서 원통 D 위의 종이에 그 흔적을 남기게 된다. 이런 방식으로 총에서 나온 소리가 박막에 이르기까지 경과한 시간이 원통 위에 그려진 선에 의해 표시가 된다. 원통이 회전하는 속도를 알고 있기 때문에 그동안에 경과한 시간을 알 수 있다. 이런 방식으로 음속을 재게 되면 사람의 인지적 반응 시간이 개입하지 않고 오로지 도선으로 신호가 전달되는 속도만이 관여하게 되는데, 그 시

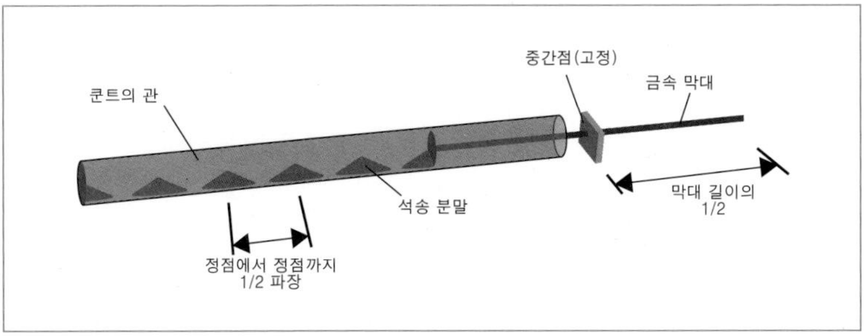

그림 6-7 쿤트의 관 실험

간은 음속에 비하여 엄청나게 빠르기 때문에 무시할 만하다. 이 방법에서는 광속을 사용하지는 않고 빠른 전기 신호의 전달 속도를 이용하였다. 이 실험에서도 물론 정확한 음속을 측정하기 위해서는 소리가 전달되는 거리를 충분히 확보할 필요가 있었다.[106]

그렇지만 음속을 측정하기 위해 꼭 먼 거리를 확보해야 하는 것은 아니었다. 소리의 다른 특성을 활용하여 음속을 측정하려는 시도도 나왔다. 그중에 유명한 것이 쿤트의 관이다. 독일의 물리학자 쿤트(August Kundt, 1839~1899)는 1866년에 가운데를 고정시킨 금속 막대의 고유 진동수를 알아내고 그러한 진동수에 공명하는 관 내부에 형성되는 정상파의 파장을 알아냄으로써 소리의 파장을 알아내고 진동수와 파장을 곱하여 음속을 계산해 내었다.

쿤트의 관은 한쪽이 막혀 있는 투명한 관으로, 관 내부에는 석송 가루

106 구자현, 『레일리의 음향학 연구의 성격과 성과』, pp. 87-89.

와 같이 가벼운 가루를 뿌려 놓았다. 그리고 관에 느슨하게 끼워지는 마개를 넣고 그 마개의 끝에는 금속 막대를 끼웠다. 그 금속 막대는 가운데를 고정시킴으로써 양쪽에 배가 형성되는 모드로 진동하게 되어 있었다. 그러므로 금속 막대의 길이는 금속에서 전파되는 진동의 반 파장에 해당했다. 한쪽이 막혀 있기 때문에 관 내부로 전달된 음파는 관의 끝에서 반사되었고 그렇게 반사된 파동과 금속 막대의 진동으로 계속 전달되는 음파가 서로 간섭을 일으켜 관 속에 보강점과 상쇄점을 번갈아 형성하였다. 그 결과 석송 가루가 일정한 간격을 두고 모였다. 가루가 모인 간격을 측정하면 그 간격이 관 속의 음파의 반 파장이라고 확신할 수 있었다. 그러므로 공기 속에서의 음파의 파장과 금속 막대에서의 파장의 비는 곧 공기 속에서의 음속과 금속 막대에서의 음속의 비와 같다고 볼 수 있었다. 금속에서의 음속은 금속의 탄성을 측정함으로써 계산될 수 있었으므로 이로부터 공기 중에서의 음속을 알 수 있었다. 쿤트는 이 실험을 여러 기체 속에서 수행하여 그 기체에서의 음속을 구할 수 있었다.[107] 이 실험은 먼 거리를 확보하거나 시간을 잴 필요가 없어 간접적으로 음속을 계산할 수 있는 방법을 제시했으므로 음속 측정의 다양성을 확보하는 면에서 장점이 있었다.

107 Beyer, 앞의 책, pp. 132-133.

책을 마치며

소리는 우리 주변에서 다양한 얼굴을 내민다. 아름다운 음악을 통하여 우리의 마음을 즐겁게 하기도 하고, 마음이 괴로운 사람을 위로하기도 하며, 몸과 마음에 질병이 있는 사람들에게 치료 효과를 발휘하기도 한다. 반대로 시끄러운 소음에 노출되는 사람은 신경 쇠약이나 주의력 결핍이 유발되기도 하고 신체적인 질병을 얻기도 한다. 이렇게 소리는 우리가 원하든 원하지 않든 우리 삶에 중요한 영향을 미친다.

소리를 어떻게 지각을 할 것인지는 심리학적 문제라고 볼 수 있지만 소리의 지각을 이해하는 데에는 소리의 본성에 대한 이해가 토대가 된다. 헬름홀츠의 소리 지각 탐구는 그 지점에서 시작되었다. 헬름홀츠는 소리의 감각을 이해하기 위해서 악음의 본성부터 이해하려고 하였다. 그의 노력은 푸리에와 옴이 제시한 바와 같이 소리가 단조화 진동의 여러 성분인 부분음으로 구성되어 있다는 인식에서 출발하여, 그러한 사실을 공명기를 사용하여 물리적으로 증명하는 데로 나아갔다. 소리의 실체를 그렇게 증명하게 되자 헬름홀츠는 공명기와 같은 기계적 장치를 귓속에

끌어들여 그러한 기계적 작동에 의해 청각이 일어난다는 것을 증명하려고 하였다. 이러한 사고 과정에는 헬름홀츠가 환원주의적 생리학을 표방하는 그룹에 속해 있었다는 것이 중요한 영향을 미쳤다. 헬름홀츠는 물리적·화학적 현상으로 생리적 현상을 모두 설명할 수 있다는 믿음을 가지고 평생 과학적 연구에 종사하였다. 그리하여 그는 귓속의 공명기를 찾아내어 공명에 의해 청각 메커니즘을 제안하는 데까지 갔다. 비록 그의 이론이 세부적인 사실에서는 그릇되었을지라도 기계적 메커니즘을 귀에 도입하여 현상을 기술하려고 했던 것은 20세기에 청각의 메커니즘이 옳게 이해되는 기초가 되었다.

헬름홀츠와 별개로 레일리는 19세기 말과 20세기 초에 소리의 방향지각에 대한 실험 연구를 통해 그 분야에서 중요한 발전을 이루었다. 레일리는 실험 연구에 대한 훈련을 받은 적이 없지만 자신이 고안한 실험 설계와 실험 장치를 이용해서 사람이 소리의 방향을 감각하는 메커니즘을 밝혀냈다. 그것은 사람이 두 귀를 사용해서 무의식적 추론의 과정을 거쳐서 경험을 통해 방향을 지각하는 능력을 갖추는 것이었다. 그의 연구는 기본적으로 소리의 물리적 속성, 즉 파동으로서 직진과 회절의 속성을 바탕으로 하였다.

아름다운 음악은 악기의 음색에서 비롯된다. 아름다운 음색은 악기가 진동할 때 거기에서 만들어지는 독특한 부분음의 성분들에 의해 야기된다. 크고 작은 진폭을 갖는 부분음의 스펙트럼은 모든 악기가 다르기 때문에 악기마다 내는 소리가 달라진다. 이에 대해서 헬름홀츠는 실험 연구를 통해서 악기 음색의 본질을 분석적으로 탐구하였다. 이러한 분석

작업에 사용된 도구가 공명기였다. 더 나아가서 헬름홀츠는 악기의 소리를 소리굽쇠의 단음을 가지고 합성해 내려고 시도하였다. 이를 위하여 제작된 기구가 소리 합성기였다. 이 기구는 각각의 부분음을 내는 소리굽쇠와 짝을 이룬 공명기의 작동을 조절함으로써 부분음의 진폭을 다르게 할 수 있었고 이에 따라 합성되는 소리의 음색이 달라지는 것을 보일 수 있었다. 그리하여 헬름홀츠는 악기의 음색이 부분음의 조합에서 비롯된다는 것을 음의 분해와 합성의 양방향에서 입증하였다. 그렇지만 그는 부분음이 갖는 위상은 음색에 영향을 미치지 않는다고 주장하였고 이에 대해서는 쾨니히가 파동 사이렌을 만들어 음색의 변화가 악음에 미치는 영향을 실험을 통해 밝힘으로써 음색의 새로운 요소로 부분음의 위상이 추가되었다.

눈에 보이지 않는 빛이 있듯이 귀에 들리지 않는 소리가 있다는 것은 지금의 상식으로는 당연해 보이지만 불과 200년 전에는 그러한 사실이 너무 이상해서 받아들이기 어려웠다. 소리의 본질은 귀로 들을 수 있다는 것인데, 귀에 들리지 않는 '소리'가 있다는 것은 모순 같았다. 스팔란차니는 박쥐의 반향 지각 능력을 보고 박쥐는 사람이 듣지 못하는 소리를 들을 수 있다는 생각으로부터 박쥐의 귀를 빌려 와서 사람에게 들리지 않는 공기 진동에 '소리'라는 지위를 부여할 수 있다고 생각하였다. 그러나 1800년에 이른 시점에서도 당시에 뛰어난 과학자이자 비교해부학자인 퀴비에에게는 그러한 사실이 받아들일 수 없는 궤변처럼 여겨졌다. 그의 의견에 동의했던 이들에 의해 박쥐의 반향 지각 능력은 소리나 귀와는 무관한 현상으로 생각되어, 100년 넘게 지나서야 다시 과학계의 관심을 끌게 되었다. 이것은 인간의 감각 능력에 대한 신뢰와 그에 의한 인식론이라는 것이 인지적으로 취약한 본성을 가지고 있다는 것을 드러낸 사건이었다.

그럼에도 주의 깊은 관찰자들은 곧 사람마다 가청 주파수 대역이 차이가 난다는 것으로부터 어떤 사람에게는 소리인 것이 어떤 사람에게는 소리가 아닐 수 있다고 인식하게 되었다. 월러스턴은 의사로서, 사람의 가청 주파수에 대한 많은 면담 관찰을 통하여 사람마다 가청 능력이 차이가 나고 아무리 그 능력이 뛰어난 사람일지라도 한계가 있다는 것을 알았다. 그는 이러한 인식을 통해 사람에게 들리지 않는 소리가 있다는 것을 과학적 사실로 만들었다. 이러한 인식을 토대로 사바르는 톱니바퀴를 회전시켜 가청 주파수의 한계를 정량적으로 측정하는 데 성공하였다. 그의 실험을 통하여 사람에게 들리지 않는 초음파가 존재한다는 것은 기정 사실화되고 초음파와 가청 음파는 진동수와 파장 외에는 본질적으로 다른 것이 없다는 인식이 가능해졌다. 이렇게 초음파를 통제하는 기술이 발전하면서 초음파를 여러 가지 탐구에 활용하려는 시도가 나타나게 된다.

그러한 탐구로서 가장 쉬운 것은 여러 가지 동물의 가청 주파수를 측정하는 일이었을 것이다. 일찍이 이러한 일을 수행한 사람은 영국의 박식가인 골턴이었다. 그는 창의적 사고를 극대화하여 특수하게 제작한 호각을 이용하여 초음파를 발생시키고 그것을 가지고 여러 동물의 가청 주파수를 측정하는 방법을 고안하였다. 이 방법을 써서 주변에서 접할 수 있는 다양한 동물들의 가청 주파수 능력이 판이하게 다르다는 사실이 분명해졌고, 사람의 청각 능력이 다른 동물에 비하여 결코 뛰어나지 않다는 것도 알게 되었다.

초음파를 실용적으로 이용할 수 있는 가장 좋은 공간은 실험실이었다. 레일리는 일찍부터 초음파를 이용하여 음향학 연구에서 큰 혜택을 볼 수 있으리라 생각했고 그의 음향학 연구에서 초음파를 마음대로 발생시키고 초음파를 검출할 수 있는 기구를 확보함으로써 실험실 실험에서 초음파를 여러 용도로 활용할 수 있었다. 그가 고안한 초음파 발생 장치는 새소리 호각이었는데, 고압의 기체를 얇은 틈 사이로 빠져나가게 함으로써 초음파를 발생시키는 방법이었다. 이러한 초음파 발생 장치를 실험에서 용이하게 이용할 수 있게 된 데에는 틴들과 같은 이들이 민감 불꽃이라는 음파 검출 장치를 고안하여 사용하고 있었던 것이 중요했다. 레일리는 실험실에서 사용할 수 있는 초음파 발생 장치와 검출 장치를 갖추고 있었기 때문에 음향학 실험을 쉽게 수행할 수 있었다. 특히 초음파가 파장이 짧기 때문에 실험실 내의 기물들에 의해 간섭이나 회절이 잘 되지 않고 그 직진성을 이용하여 소리의 직진, 반사, 굴절, 회절, 간섭 실험을 쉽게 수행할 수 있었다. 또한 큰 규모로는 재현할 수 없는 실험을 실험실 규모로 재현할 수 있었다. 이 경우에는 오히려 초음파를 사람이 들을 수 없고 오로지 불꽃이 뛰노는지 잠잠한지만 시각적으로 확인함으로써 소리를 검출한다는 것이 장점이었다.

시각은 근대 과학 정신의 중추를 이루었다. 근대 과학이 경험주의의 정신에 입각하여 관찰되는 것을 사실로 인정하기로 한 후에 모든 감각 중에서 시각은 가장 믿을 만한 감각으로 부상하였다. 관찰에 있어서 핵심적인 행위는 보는 것이었으며, 보는 것을 돕기 위한 장치인 망원경, 현미경이 근대 과학의 기초를 놓았다. 그리고 보이지 않는 것은 무엇이든지 계량화하기 위하여 눈에 보이는 '눈금'으로 표현되게 만들어졌다. 그리하여 측정 기구에서 눈금은 널리 사용되게 되었고, 눈금화를 가능하게 해 주는 다양한 장치들이 등장하였다. 온도계의 눈금, 기압계의 눈금, 전류계의 눈금, 전압계의 눈금 등 모든 계기는 눈금을 기본으로 장착하였고 눈금을 읽는 행위는 곧 관측 행위가 되었다. 가시화는 대상을 객관화하기 위한 초석으로 여겨졌으며 정량화와 수학화를 이루어 엄밀 과학(exact science)으로 나아가기 위한 교두보로 간주되었다.

그 결과 청각은 제2의 감각으로 전락했으며 근대적 정신을 제대로 구현하지 못하는 감각으로 격하되었다. 그렇지만 19세기에 들어와 음향학이 발전하면서 청각이 새롭게 관심을 끌기 시작했다. 빛과 소리의 유비가 과학적 탐구에서 더욱 적극적으로 사용되면서 소리에 대한 깊이 있는 이해가 진동계에 대한 이해의 초석으로 간주되기 시작했다. 자연계에 존재하는 많은 사물들의 기계적 진동은 음파와 비슷한 파동을 방출하고 파동과 진동을 이해하는 데 초석이 된 음향학은 물리학의 기초 과목으로서 주목을 끌게 되었다.

또한 19세기를 거치면서 음악이 예술로서 대중화의 길을 걸어가면서 음악이 인간에게 미치는 효과에 대하여 새로운 관심이 일어났고 음악의 본성에 대한 이해의 일환으로서 청각과 소리에 대한 탐구가 부상하였다. 특히 기악이 크게 융성하면서 다양한 악기들이 만들어지고 개선되었으며 가사가 없는 음악이 널리 연주되고 악기가 발생시키는 소리가 심미적으로 일으키는 효과에 대한 철학적 논의도 심화되었다. 또한 악기를 물리적으로 개선하고 개발하기 위하여 음향학적 지식이 더욱 요구되자 소리에 대한 관심도 더불어 심화되었다. 더구나 19세기 말이 되면 소리 기술의 혁신이 일어나 축음기를 통해 소리의 저장과 재현이 이루어지고, 전화기를 통해 소리를 먼 곳까지 보내 재생시킬 수 있게 되었으며 라디오를 통해 무선으로 소리를 전송하는 것도 실현되었다. 이제 원음과 재생음이 공존하는 세상이 되었고 소리의 재현 기술 자체가 큰 산업이 되어 엄청난 부를 창출하고 그와 더불어 음향학도 크게 융성하였다.

그렇지만 소리의 재현 기술이 등장하기 이전에도 이미 소리 기술은 존재하였다. 소리 기술의 실용적 가치가 크게 주목을 받게 된 것은 소리가 보이지 않는 것을 감지하는 방법으로 활용되면서부터였다. 청진기는 소리를 통해서 신체 내부를 들여다볼 수 있게 하고 잠수함과 비행기 음향 탐지는 소리를 통해서 보이지 않는 잠수함과 비행기를 탐지하게 해 주었으며, 초음파 비파괴 검사는 소리를 통해서 신체나 사물의 내부를 들여다보게 해 주었다. 이러한 소리 기술을 통하여 소리는 자본화·상품화되었다.

또한 우리는 이 시기에 기술사적 의미에서 소리 기술(sonic technology)뿐 아니라 문화사적으로 청취 기술(audile technique)에 주목해야 한다.[108] 소리 기술은 소리 매체(sonic media)를 출현하게 했을 뿐 아니라

108 technology와 technique 둘 다 우리말로는 '기술'이라는 단어를 쓰지만 영어 단어로 technology는 유형의 물적 편익 추구의 산물인 반면에 technique은 습득되거나 훈련되는 목적을 가진 정형화된 실행을 지칭한다.

'듣기'가 갖는 인식론적 가치를 변화시켰다. 이에 대한 논의 또한 소리에 대한 논의를 풍부하게 해 주는 요소이다. 청취 기술은 신체 기술의 하나로서 훈련과 교육을 통해서 습득되며 그러한 인위적으로 구성된 기술은 문화적 산물이다. 기술이 개발되고 전수되는 과정은 일반적으로 독특한 제도를 요구하는데, 초기 단계에서는 적어도 반복된 실행을 정당화해 줄 수 있는 신념의 출현이 선행되어야 한다. 첫 번째 도구로서 신체를 정보 습득에 사용하기 위해서는 그 사용법에 대해 습득하는 과정이 필요하고 그 과정을 통하여 합리성이 체득되는 것을 볼 수 있다. 브루디외(Pierre Bourdieu)의 용법에 따르면 아비투스(habitus)는 사회적으로 조건 지어진 주관성으로서 사회적 삶을 구성하는 비공식적 지식의 모든 형태들을 종합한 것으로 관습, 신체 기술, 사회적 관점, 스타일, 지향(orientation)의 혼합물이다. 아비투스가 사회적으로 조건 지워진 것이므로 사회적 지위와 주관적 기호(disposition)는 함께 움직이면서 서로 영향을 주고받는다. 청취 문화는 이러한 아비투스의 일부로서 존재한다. 19세기를 거치면서 '귀 기울임'이 하나의 청취 기술로서 새롭게 등장했으며 이를 통해 사회의 권력관계(power relations)가 새롭게 재편되었다. 이는 청각이 다른 감각에서 분리되고 강화되고 초점화되고 재건되는 과정에서 이루어졌다.

사람의 귀에 들리지 않는 초음파를 사용하여 사람의 눈에 보이지 않는 곳을 들여다본다는 것은 상상하기 어렵다. 그렇지만 초음파는 뛰어난 직진성과 투과성을 이용해서 보이지 않는 인체 속과 물속과 재료 속을 들여다볼 수 있는 길을 열었다. 이러한 장치들을 만들어 내는 데에는 효과적인 초음파 발생 장치가 중요한 역할을 했는데, 압전 효과와 자왜 효과를 이용하는 것이 대표적이다. 아무런 실용적 가치가 없을 것처럼 보여도 자연 물질들의 자연적인 성질을 이용하여 그 효율을 증진시키면 초음파 진동을 얻어내고 그것의 활용도가 매우 높다는 것을 누구도 쉽게 예상하지 못했다. 이러한 초음파 장치를 이용하여 눈에 보이지 않는 대상을 이미지화하는 것은 결국 박쥐나 돌고래가 자연 상태에서 사용하는 반향 지각을 활용한 기술이다. 이로써 소리가 보이지 않는 세계를 들여다보는 도구가 되었다. 박쥐가 사용하는 자연적인 방법이 인간의 기술로 실현된 것이다. 인간에게는 소리가 공간을 파악하는 도구로서 기능하지 않았는데, 박쥐나 고래 같은 특별한 동물들이 이용하는 방법을 인간이 이용하게 되면서 인간은 사이보그, 즉 개선된 신체를 가진 인간이 된 것이다. 기술이 가진 일반적인 속성이 그러하다. 인간에게는 나는 기능이 없었으나 날개를 닮으로써 인간은 날 수 있는 새와 같은 존재가 되었다. 인간의 능력을 뛰어넘는 신체 개조의 꿈이 실현된 것이다.

또 한 가지 주목할 것은 제2차 세계대전 중에 잠수함을 탐지하기 위해 연구되었던 많은 기법이 전후에 의료용, 산업용 초음파 검사 장치를 만드는 데 토대가 되었다는 것이다. 전시에 개발되었던 기술이 평화적인 용도로 사용되어 많은 사람들의 생명을 구하고 산업상의 발전을 가져왔다는 사실은 과학 기술의 중립성을 잘 보여 준다. 군사 연구를 위해서 엄청난 연구비를 투입하여 새롭게 창출한 지식과 기술이 다른 용도로 사용되면서 인간의 삶에 유익을 가져다주는 신기술이 된 사례가 무수히 많다. 제2차 세계대전 중에 군사용 로켓 개발한 것이 전후에 우주 개발을 위한 초석이 되었던 사례에서도 확인할 수 있다. 초음파 기술도 그런 사례 중 하나로 기억되어야 할 것이다.

전화기 발명의 역사에서는 라이스와 그레이라는 선행 연구자가 있었음에도 불구하고, 이 분야의 연구에 뒤늦게 뛰어든 벨이 전화기 발명자로 인정을 받게 된 점에 주목할 수 있다. 라이스와 그레이는 모두 당시 음향학과 전기 기술에 대해 전문지식을 갖고 있었는데, 그러한 지식들이 그들의 발명에 도움을 주지만은 않았던 것 같다. 헬름홀츠가 했던 것처럼 소리의 부분음 분석을 전화기에도 채용하는 것이 마땅하다고 생각하였던 그레이는 부분음 하나하나를 수용하고 전달하려는 시도를 하느라 헤매었고, 헬름홀츠처럼 단속적 전류를 발생시키는 원리로 소리를 전달하려고 했던 라이스는 악음을 전달하는 데에는 문제가 없었지만 말을 전달하는 데에는 문제가 있는 발명품을 내놓았다. 더구나 라이스는 자신의 발명품을 기술적 발전으로 여겨 특허를 받고 상업화하는 데 치중하기보다는 과학자로 인정을 받고자 과학계에 논문을 발표하고 과학계에 자신의 발명을 알리는 데 더 열심을 내었다. 그 결과 벨의 선행 연구자들은 효과적으로 말을 전달하는 전화기를 만들고 특허를 내고 상업화하는 데 실패하여 결국 벨에게 뒤처지고 말았다. 벨은 음향학과 전기 기술에 대한 전문지식이 결여되어 있었기 때문에 오히려 혁신적인 방법을 도입하여 당면한 문제를 풀어 나갔다. 그는 말을 전달하는 데 효과적인 전화기에 대한 특허를 누구보다 빨리 내고 실용적인 장치를 먼저 만들어 상업화에도 성공할 수 있었다.

축음기의 발명은 우연한 발견에서 비롯되었다. 그리고 당초에 그 실용적 가치도 전혀 엉뚱하게 사무용 받아쓰기 기계로 상정되었다. 발명자인 에디슨 자신도 이 발명품에 별다른 애정을 가지고 있지 않았기에 발명 이후에 장치를 개선하기 위한 노력을 경주하지 않다가 경쟁 상품이 출현한 이후에야 개선을 위해 노력하였고 음악을 재생하는 기능을 새롭게 발견하면서 축음기의 상업적 가치가 서서히 인식되기에 이르렀다. 불과 몇 십 초에 불과했던 재생 시간이 길어져 더 긴 곡을 저장할 수 있게 되면서 이 기계의 상품 가치는 더욱 올라가게 되었다. 경쟁과 상품 가치에 대한 인식은 이 제품에 관련된 기술을 더욱 발전시키는 계기가 되었고 이로써 방대한 상품 시장이 열리게 되었다. 더구나 축음기는 음반이라는 새로운 상품의 시장을 열어 놓음으로써 두 분야의 시장이 시너지 효과를 내면서 서로의 품질 개선을 이끌어 가는 형세로 발전하게 되었다.

무선 통신은 전기와 자기에 대한 패러데이의 실험 연구와 그것에 대한 독창적인 해석에서 시작되었다. 패러데이는 자신의 발견을 설명하기 위해 대륙의 물리학자들에게는 생소한 역선과 장 개념을 만들어 냈고, 맥스웰은 그것을 수학적으로 정식화하는 과정에서 네 가지 방정식을 수립하였다. 그리고 이 수학적 산물인 방정식은 전자기파라는 새로운 물리적 실체를 예견하였는데, 독일의 물리학자 헤르츠가 그것의 실체를 증명하였다. 떨어져 있는 두 지점 사이의 공간을 스파크가 뛰어넘어 전달될 수 있다는 것에서 통신의 가능성을 발견하고 그것을 실현시킨 사람은 마르코니였다. 마르코니의 무선 전신을 연속파 도입을 통하여 무선 전화로 만든 인물은 페센덴과 디포리스트였다. 무선으로 사람의 목소리나 음악을 전달할 수 있게 되자 통신 산업에는 일대 혁명이 일어났고 그것은 새로운 시장을 창출하였다.

소리와 빛이 유사한 성질을 가질 것이라는 생각은 오래전부터 사람들의 관심을 끌었고 두 물리적 실체 사이의 유비는 광학과 음향학의 발전에 견인차 역할을 했다. 무지개의 일곱 가지 색과 한 옥타브 안의 일곱 개의 음의 유비와 같이 터무니없는 경우도 있었지만 소리의 파동에서 빛의 파동의 성질을 알아내려는 시도와, 빛의 파동에서 소리의 파동의 성질을 알아내려는 시도는 꾸준하게 성공적인 성과를 이끌어 냈다. 특히 소리에도 그늘이 있고, 당연히 굴절, 회절, 간섭과 같은 현상들이 나타나야 한다는 생각이 이런 부문의 실험 연구를 이끌었고 레일리는 초음파와 같은 파장이 짧은 소리와 민감 불꽃과 같은 소리의 가시화 검출 장치를 이용하여 소리의 파동성을 입증하는 실험을 성공적으로 완수하였다.

음속이 유한하다는 인식은 고대부터 있었고 음높이나 음의 세기와 무관하게 일정한 값을 갖는다는 것을 테오프라스토스는 알고 있었다. 음속을 측정할 수 있을 것이라는 생각을 하게 된 것은 17세기에 이르러서였다. 광속이 음속에 비하여 매우 큰 값을 갖는다는 사실에 근거하여 총의 불빛과 총소리를 이용해서 음속을 재려는 시도가 시작되었다. 음속 측정이 거듭되면서 음속에 영향을 미치는, 대기의 상태에 관련된 다양한 요소들이 고려되어야 할 필요성이 대두되었다. 장기적으로 이러한 요소들을 모두 고려한 측정을 선구적으로 수행한 인물은 골딩햄이었다. 골딩햄이 당시로서는 어려운 이 장기 프로젝트를 성공적으로 마칠 수 있었던 데에는 정부 차원의 지원과 식민지 군대의 도움이 지대한 공헌을 했다.

인간이 개입하지 않도록 하여 인지 과정에서 소모되는 시간을 줄이는 방법이나 먼 거리에서 소리가 이동하는 시간을 재지 않고 진동수를 알고 음파를 관 속에 넣어서 간섭을 일으켜 파장을 재어서 그것으로부터 음속을 계산하는 방법도 출현하였다.

소리에는 수많은 얼굴이 있다. 그것은 소리라는 단어를 들을 때 사람들이 떠올리는 이미지만큼이나 많다. 그것은 단순히 청세포에 자극을 일으키는 기계적 진동만은 아니다. 때로는 무미건조한 물리적 실체가 아니라 아름다움으로 사람의 마음을 움직이는가 하면, 몸속 깊숙이 파고 들어가 숨겨진 장기의 이상을 정확하게 찾아내기도 한다. 소리는 귀 기울여 들어야 하는 특수한 대상이기도 하고, 때로는 사람의 귀와 무관하게 존재하기도 한다. 소리는 그렇게 다양한 얼굴을 우리 삶의 여기저기에서 내민다. 그런가 하면 소리는 과학과 기술의 발전과 함께 얽히면서 그 현장에서 변환되어 더 복잡한 얼굴을 드러낸다. 그러므로 소리의 얼굴을 살피다 보면 우리 문명을 살피게 되고 거기에서 우리 자신의 모습을 더 잘 보게 되는 것이다.

이쯤에서 우리의 짧은 소리 여행을 마무리 짓는다. 이 책에 소개된 내용은 수많은 소리의 얼굴 중 몇 가지에 지나지 않는다. 이 책이 계기가 되어 독자가 우리 주변의 소리에 대해 관심을 갖게 된다면, 필자로서 소기의 목적을 달성한 셈이다. 이 책이 소리와 함께하는 더 긴 여행을 위한 하나의 출발점이 될 것이라 믿으며, 기쁜 마음으로 펜을 놓는다.

참고 문헌

Beyer, Robert T., "Rudolph Koenig, 1832~1902", *Echoes* (The Newsletter of the Acoustical Society of America) 9 (spring, 1999), pp. 1-6.

_____________, *Sounds of Our Times: Two Hundred Years of Acoustics*. New York: Springer-Verlag, 1999.

Boring, Edwin G., *Sensation and Perception in the History of Experimental Psychology*. New York: Appleton-Century-Crofts, 1942.

Brenni, Paolo, "The Triumph of Experimental Acoustics: Albert Marloye (1795~1874) and Rudolph Koenig (1832~1901)", *Bulletin of the Scientific Instrument Society* 44 (1995), pp. 13-17.

James Burke, *Connections*. New York: Simon & Schuster, 1995.

Brooks, John, *Telephone: The First Hundred Years*. New York: Harper & Row, 1976.

Harvey Fletcher, "Book Review of The Theory of Sound by Lord Rayleigh", *Proceeding of the Institute of Radio Engineers* 16 (1928), pp. 181-191.

Hackman, W. D., "Underwater Acoustics and the Royal Navy, 1893-1930", *Annals of Science*, 36 (1979), pp. 255-278.

Hui, Alexandra, *The Psychophysical Ear: Musical Experiments, Experimental Sounds, 1840-1910*. Cambridge: MIT Press, 2013.

Kapranos, P., "The Sounds of Silence: An Historical Insight into the Development of Ultrasonics", *Insight* 40 (1998), pp. 439-443.

Ku, Ja Hyon, "British Acoustics and its Transformation from the 1860s to the 1910", *Annals of Science* 63 (2006), pp. 395-423.

__________, "Uses and Forms of Instruments: Resonator and Tuning Fork in Rayleigh's Acoustical Experiments", *Annals of Science* 66 (2009), pp. 371-395.

__________, "Resources for Success in Experiment: Goldingham's Measurement of the Velocity of Sound", *The Journal of the Acoustical Society of Korea* 31 (2012), pp. 253-259.

__________, "Alfred M. Mayer and Acoustics in Nineteenth-Century America", *Annals of Science* 66 (2013), pp. 229-256.

Le Conte, John, "On the Adequacy of Laplace's Explanation to Account for the Discrepancy between the Computed and the Observed Velocity of Sound in Air and Gases", *Philosophical Magazine* 27 (1864), pp. 1-32.

Lenoir, Timothy, "Helmholtz and the Materialities of Communication", *Osiris* 9 (1994), pp. 185-207.

Pantalony, David, *Altered Sensations: Rudolph Koenig's Acoustical Workshop in Nineteenth-Century Paris*. New York: Springer, 2009.

Rayleigh, "Our Perception of the Direction of a Source of Sound", *Nature* 14 (1876), pp. 32-33.

_______, "Interference of Sound", *Royal Institution Proceedings* 17 (1902), pp. 1-7.

_______, "Shadows", *Royal Institution Proceedings*, Jan. 15 (1904).

_______, "On the Acoustic Shadow of A Sphere", *Philosophical Transactions* 203 A (1904), pp. 87-110.

_______, "On Our Perception of Sound Direction", *Philosophical Magazine* 13 (1907), pp. 214-232.

_______, *The Theory of Sound*, 2 vols. New York: Dover, 1945.

Russell, Collin A., *Michael Faraday: Physics and Faith*. Oxford: Oxford University Press, 2000.

William A. Sethares, *Tuning, Timbre, Spectrum, Scale*. London: Springer, 1999.

Sterne, Jonathan, *Audible Past: Cultural Origins of Sound Reproduction*. Durham and London: Duke University Press, 2003.

Stevens, W. Le Conte, "Sketch of Rudolph Koenig", *Popular Science Monthly* 37 (1890), pp. 545-550.

Taylor, William B., "On Recent Research in Sound", *American Journal of Science and Arts*, January and February (1876), pp. 1-26.

Terraine, John, *Business in Great Waters: U-Boat Wars 1916-1945*. Leo Cooper, 1989.

Thompson, Silvanus P., *Philip Reis: Inventor of the Telephone*. London: E. & F. N. Spon, 1883.

Tyndall, John, *On Sound*. New York: Greenwood Press, 1969.

Zupanc, G. K. H. *Behavioral Neurobiology: Integrative Approach*. Oxford: Oxford University Press, 2010.

구자현, 「소리의 그늘, 반사, 간섭, 회절의 검출을 위한 레일리의 선구적 실험에 대한 연구」, 『한국음향학회지』 26 (2007), pp. 55-60.

_____, 『레일리의 음향학 연구의 성격과 성과』, 파주: 한국학술정보, 2008.

_____, 『쉬운 과학사』, 파주: 한국학술정보, 2009,

_____, 『앨프레드 메이어와 19세기 미국 음향학의 발전』, 서울: 한울 아카데미, 2010.

_____, 「라이스의 전화기 발명과 통화 품질의 문제」, 『한국음향학회지』29 (2010), pp. 395-401.

_____, 『공생적 조화: 19세기 영국의 음악 과학』, 서울: 서강대학교출판부, 2012.

_____, 『음악과 과학의 만남: 역사적 조망』, 부산: 경성대학교출판부, 2013.

_____, 「19세기 후반 음악 음향학의 발전: 헬름홀츠와 엘리스의 연구를 중심으로」, 『사총』, 81 (2014), pp. 451-479.

데에스트, 힌리히 반, 『음악 치료』, 공찬숙 옮김(서울: 시유시, 1998).

스턴, 조너선, 『청취의 과거: 청각적 근대성의 기원들』, 윤원화 옮김(서울: 현실문화, 2010).

그림 출처

그림 1-1 Hermann Helmholtz, *On the Sensations of Tone*, New York: Dover, 1954, p. 42.

그림 1-2 Hermann Helmholtz, *On the Sensations of Tone*, New York: Dover, 1954, p. 43.

그림 1-4 Alfred M. Mayer, "Researches in Acoustics", No 9, *The American Journal of Science* 47, 1894, p. 7.

그림 2-3 Robert Fludd, *History of the Macrocosm and the Microcosm*, 1617, Tractate I, p. 90.

그림 2-5 Johannes Kepler, *Mysterium Cosmographicum*, 1596.

그림 2-6 Johannes Kepler, *Mysterium Cosmographicum*, 1596.

그림 2-7 Johannes Kepler, *Harmonices Mundi*, 1619의 그림을 다시 그림.

그림 2-9 Hermann Helmholtz, *On the Sensations of Tone*, New York: Dover, 1954, p. 193의 그림을 다시 그림.

그림 2-14 D. C. Miller, *Anecdotal History of the Science of Sound*, New York: Macmillan Company, 1935, pp. 92-93.

그림 3-1 "Wave-Action in Nature", *The Popular Science Monthly* 3, 1873, pp. 7-8.

그림 3-2 Walter Stevens, *A Sketch of Prof. John Le Conte: Sensitive Flames and Sound-Shadows,* New York: D. Appleton, 1889, p. 18.

그림 4-1 Rene Laenec, *De l'Auscultation Médiate, ou, Traité du Diagnostic des Maladies des Poumons et du Coeur*, 1819의 그림을 다시 그림.

그림 5-1 S. P. Thompson, *Philip Reis: Inventor of the Telephone*, London: E. & F. N. Spon, 1883, pp. 27, 34.

그림 5-2 S. Garner, *The Telephone*, London: Simkin, Marshall, and Co. 1878, p. 13의 그림을 다시 그림.

그림 5-7 빅터 사의 축음기 광고 사진, 위키피디아.

그림 6-2 Hermann Helmholtz, *On the Sensations of Tone*, New York: Dover, 1954, p. 81.

그림 6-6 Henri Victor Regnault, *Comptes Rendus des Séances de l'Académie des Sciences Paris* 66, 1868, p. 209의 그림을 다시 그림.

찾아보기

ㅈ

ㅎ

A

B

C

M

P

숫자